MENTOR ABITUR-

Band 650

Mathematik
Oberstufe

Lineare Algebra und Analytische Geometrie

Mit Musteraufgaben und ausführlichem Lösungsteil

Mit Lerntipps!

Helmuth Preckur

Mentor Verlag München

Über den Autor:

Helmuth Preckur, Studiendirektor, Fachbetreuer für Mathematik
an der Berufsoberschule für Technik

Lerntipps:

Reiner Kleinert, Studienrat für Deutsch und Biologie

Redaktion: Dr. Hans-Peter Waschi

Mathematische Abbildungen: Dr. Hans-Peter Waschi, Holzkirchen

Illustrationen: Pieter Kunstreich, Hamburg

Layout: Barbara Slowik, München

Titelgestaltung: Iris Steiner, München

Umwelthinweis: Gedruckt auf chlorfrei gebleichtem Papier.

Auflage:	7.	6.	5.	4.	3.	letzte Zahlen
Jahr:	05	04	03	02	01	maßgeblich

Satz/Repro: Fotosatz-Service Köhler GmbH, Würzburg
Druck: Druckhaus „Thomas Müntzer", Bad Langensalza
Printed in Germany • ISBN 3-580-63650-2

Inhalt

Vorwort 5

Benutzerhinweise 6

1. Vektoren 7

1.1 Kartesische Koordinatensysteme 7
1.1.1 Ebenes kartesisches Koordinatensystem 7
1.1.2 Räumliches kartesisches Koordinatensystem 8

1.2 Erklärung des Vektors 10
1.2.1 Vektoren in der Ebene 10
1.2.2 Vektoren im Raum 12

1.3 Rechenregeln für Vektoren 13
1.3.1 Gleichheit zweier Vektoren 13
1.3.2 Addition von Vektoren 14
1.3.3 Subtraktion eines Vektors 18
1.3.4 Länge eines Vektors 20
1.3.5 S-Multiplikation 22
1.3.6 Einheitsvektoren 25

1.4 Lineare Abhängigkeit von Vektoren 26
1.4.1 Lineare Abhängigkeit von zwei Vektoren 26
1.4.2 Lineare Abhängigkeit von drei Vektoren 28
1.4.3 Koordinatendarstellung der linearen Abhängigkeit . . 32
1.4.4 Basis und Dimension eines Vektorraums 35
1.4.5 Lineare Unabhängigkeit als Beweisprinzip 37

1.5 Teilverhältnis 42
1.5.1 Erklärung des Teilverhältnisses 44
1.5.2 Grundaufgaben zum Teilverhältnis 45
1.5.3 Harmonische Teilung 48

1.6 Skalarprodukt 50
1.6.1 Erklärung des Skalarprodukts 50
1.6.2 Eigenschaften des Skalarprodukts 51
1.6.3 Winkel zwischen zwei Vektoren 52
1.6.4 Senkrechte Projektion eines Vektors 54

1.7 Flächeninhalte 56
1.7.1 Flächeninhalt eines Parallelogramms 57

1.8 Vektorprodukt 60
1.8.1 Erklärung des Vektorprodukts 60
1.8.2 Praktische Berechnung des Vektorprodukts 62

1.9 Spatprodukt 64

2 Lineare Gleichungssysteme 66

2.1 Zwei Gleichungen mit zwei Variablen 66
2.1.1 CRAMER'sche Regel 67
2.1.2 GAUSS'sches Eliminationsverfahren 72

2.2 Drei Gleichungen mit drei Variablen 76
2.2.1 GAUSS'sches Eliminationsverfahren 76
2.2.2 Homogene und inhomogene Gleichungssysteme . . 84

3 Analytische Geometrie . . . 85

3.1 Gleichungen von Geraden und Ebenen . . . 85
3.1.1 Gleichung einer Geraden in der Ebene . . . 85
3.1.2 Gleichung einer Geraden im Raum . . . 94
3.1.3 Gleichung einer Ebene . . . 99

3.2 Lotvektor; Abstandsformel . . . 111
3.2.1 HESSE'sche Normalenform . . . 115

3.3 Geraden in der Ebene . . . 118
3.3.1 Gegenseitige Lage von zwei Geraden im $\mathbb{R}^2$ . . . 118
3.3.2 Schnittwinkel zweier Geraden im $\mathbb{R}^2$ . . . 122
3.3.3 Abstand Punkt – Gerade im $\mathbb{R}^2$ . . . 126
3.3.4 Spiegelpunkte . . . 128
3.3.5 Winkelhalbierende Geraden . . . 129

3.4 Geraden im Raum . . . 132
3.4.1 Gegenseitige Lage von zwei Geraden im $\mathbb{R}^3$ . . . 132
3.4.2 Schnittwinkel zweier Geraden im $\mathbb{R}^3$ . . . 137
3.4.3 Winkel zwischen windschiefen Geraden . . . 138
3.4.4 Abstand Punkt – Gerade im $\mathbb{R}^3$ . . . 139
3.4.5 Abstand paralleler Geraden im Raum . . . 141
3.4.6 Abstand windschiefer Geraden . . . 141
3.4.7 Winkelhalbierende Geraden . . . 144

3.5 Ebenen . . . 146
3.5.1 Gegenseitige Lage von zwei Ebenen . . . 146
3.5.2 Winkel zwischen zwei Ebenen . . . 148
3.5.3 Schnittgerade zweier Ebenen . . . 149
3.5.4 Abstand Punkt – Ebene . . . 153
3.5.5 Abstand windschiefer Geraden . . . 154
3.5.6 Spiegelpunkte . . . 156
3.5.7 Winkelhalbierende Ebenen . . . 158

3.6 Gerade und Ebene . . . 160
3.6.1 Gegenseitige Lage von Gerade und Ebene . . . 160
3.6.2 Abstand Punkt – Gerade im $\mathbb{R}^3$ . . . 162
3.6.3 Winkel zwischen Gerade und Ebene . . . 164

Bezeichnungen; logische Zeichen . . . 167

Lerntipps . . . 168

Lösungsteil . . . 175

Stichwortverzeichnis . . . 203

Vorwort

Liebe Schülerin, lieber Schüler,

diese Abiturhilfe wurde für den Einsatz in der Oberstufe aller weiterführenden Schulen geschrieben. Bei der Auswahl der Lerninhalte wurden auch die Lehrpläne der Fachoberschulen und Berufsoberschulen berücksichtigt.

Der Band ist für alle diejenigen gedacht, die noch einmal von Anfang an in dieses Teilgebiet der Mathematik einsteigen wollen oder sich auf eine Abschlussprüfung vorbereiten. Die Darstellung des Stoffes geht daher bewusst davon aus, dass Sie momentan den Überblick verloren haben.
Sie können beruhigt sein, denn im Gegensatz zur Analysis genügt für die Vektorrechnung und die analytische Geometrie die Kenntnis der Rechengesetze der reellen Zahlen. Ein gutes räumliches Vorstellungsvermögen kann von Nutzen sein.

Sie werden schon beim Lesen der ersten Kapitel merken, dass in diesem Band die Geometrie nicht axiomatisch begründet wird, sondern die Ebenen und der Raum im Vordergrund stehen, die wir aus unserer Anschauung kennen. Aus dem Geometrieunterricht der Mittelstufe benötigen wir nur den Lehrsatz des PYTHAGORAS.

Zu allen Problemstellungen der analytischen Geometrie finden Sie in diesem Buch ausführlich vorgerechnete Musterbeispiele. Dabei wird immer darauf hingewiesen, wie Sie zu einer rechentechnisch einfachen Lösung kommen. Sie werden so schnell herausfinden, wie man unnötige und meist auch nur umständlich zu lösende Gleichungssysteme vermeiden kann.

Ich danke meinen Schülerinnen und Schülern, die an vielen Stellen im Buch einfachere Formulierungen und Merkregeln durchgesetzt haben.

Verlag und Autor wünschen Ihnen und sich, dass Sie erfolgreich mit diesem Band arbeiten und in der Prüfung möglichst gut abschneiden.

Helmuth Preckur

Benutzerhinweise

Diese Piktogramme und Symbole begleiten Sie durch den ganzen Band. Sie stehen für:

Beginn eines Beispiels

Ende eines Beispiels

Zusätzlich finden Sie bei größeren Beispielen dieses Piktogramm:

Definition

Satz, Lehrsatz bzw. Gesetz

Merksatz

Eine Übersicht über **Bezeichnungen** und **logische Zeichen** finden Sie auf Seite 167.

Übrigens: Die Rechtschreibung dieses Buches entspricht den Regelungen der Reform.

Vektoren

1.

Kartesische Koordinatensysteme

1.1

Ebenes kartesisches Koordinatensystem

1.1.1

Um die Punkte einer Ebene durch Zahlen beschreiben zu können, führen wir in dieser Ebene ein so genanntes **kartesisches Koordinatensystem** ein. Dazu wählen wir in der Ebene zunächst einen festen Bezugspunkt O (origo, lat.: Ursprung). Durch den Punkt O legen wir nun zwei Geraden, die aufeinander senkrecht stehen und mit „x_1-Achse" bzw. mit „x_2-Achse" bezeichnet werden. Vom Ursprung O ausgehend legen wir dann unter Verwendung einer festen Längeneinheit 1 L.E. auf den beiden Achsen die Einheitspunkte E_1 und E_2 fest. Dadurch werden die beiden Achsen zu Zahlengeraden und wir können dann die Lage eines Punktes dieser Ebene durch Zahlen (= Koordinaten) beschreiben.

Figur 1

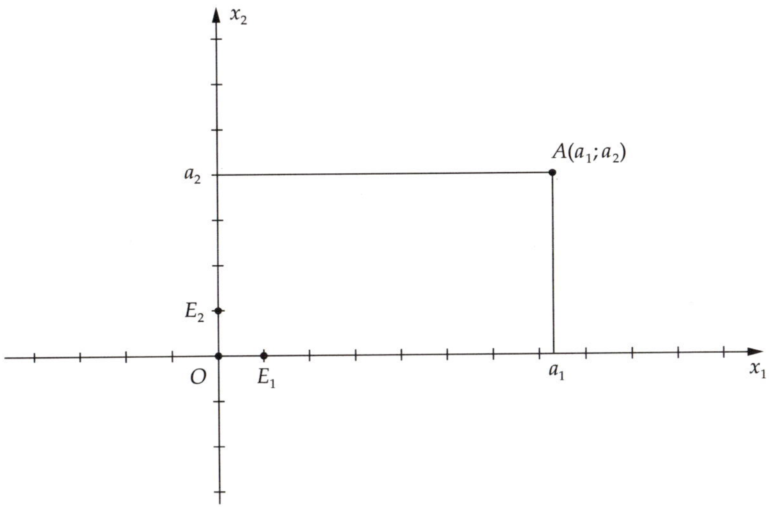

Vergleichen Sie in der Figur 1:
Wenn der Punkt A *nicht* mit dem Ursprung O zusammenfällt, dann zeichnen wir durch den Punkt A die Parallelen zur x_1-Achse und zur x_2-Achse. Wir erhalten so das in der Figur 1 eingezeichnete Rechteck und damit auf den Achsen die reellen Zahlen a_1 und a_2.

Die Zahlen a_1 und a_2 heißen die **Koordinaten** des Punktes A und wir schreiben: $A\,(a_1; a_2)$
Für den Koordinatenursprung O legen wir $O\,(0; 0)$ fest.

Da man die Reihenfolge der Koordinaten a_1 und a_2 *nicht vertauschen* darf (Ausnahme: $a_1 = a_2$), nennt man $(a_1; a_2)$ auch ein **geordnetes Zahlenpaar**.

Die Menge aller geordneten Zahlenpaare $(a_1; a_2)$ mit $a_1, a_2 \in \mathbb{R}$ wird mit $\mathbb{R} \times \mathbb{R} = \mathbb{R}^2$ (lies: *r zwei*) bezeichnet.

Ist nun umgekehrt ein festes Zahlenpaar $(a_1; a_2)$ vorgegeben, dann ist dadurch der Punkt $A(a_1; a_2)$ im Koordinatensystem eindeutig bestimmt.

Wir stellen zusammenfassend fest:

Nach Einführung eines kartesischen Koordinatensystems in der Ebene besteht zwischen den Punkten dieser Ebene und der Menge $\mathbb{R}^2$ aller geordneten Zahlenpaare $(a_1; a_2)$ eine *umkehrbar eindeutige* Zuordnung. Man verwendet daher für die Ebene auch die Bezeichnung $\mathbb{R}^2$.

1.1.2 Räumliches kartesisches Koordinatensystem

Nach der Wahl eines festen Bezugspunktes O im *Raum* legen wir durch O drei Geraden, die paarweise aufeinander senkrecht stehen und mit „x_1-Achse“, „x_2-Achse“ und „x_3-Achse“ bezeichnet werden.
Mit der festen Längeneinheit 1 L.E. werden auf den Achsen die Einheitspunkte E_1, E_2 und E_3 festgelegt. Dadurch werden die Koordinatenachsen zu Zahlengeraden und wir können dann die Lage eines Punktes des Raums durch Zahlen (= Koordinaten) beschreiben.

Figur 2

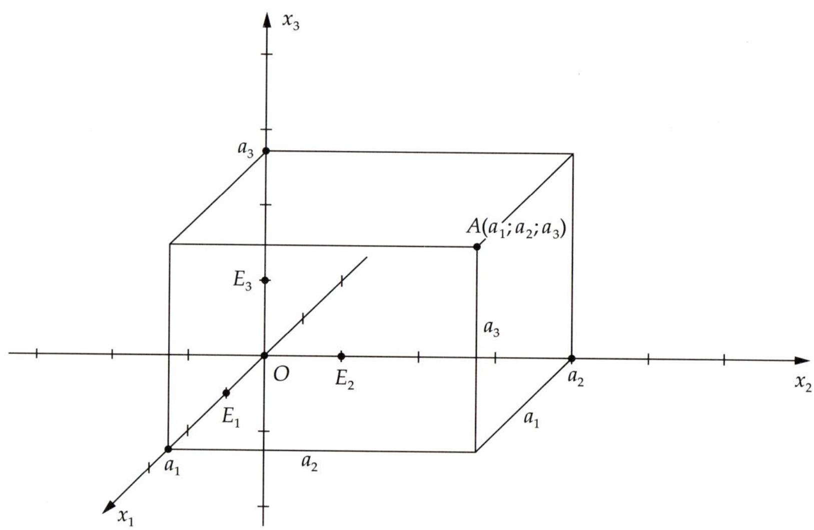

Für die Bezeichnung der Achsen ist die folgende Vereinbarung zu beachten:

Dreht man den *positiven* Teil der x_1-Achse über den *kleineren* Zwischenwinkel in den *positiven* Teil der x_2-Achse, so bewegt man sich im Sinne einer **Rechtsschraube** in die Richtung des *positiven* Teils der x_3-Achse.
Solche Koordinatensysteme heißen auch **Rechtssysteme**.

Liegen wie in der Figur 2 die x_2- und x_3-Achse in der Zeichenebene, dann zeigt der positive Teil der x_1-Achse zum Betrachter hin.

Vergleichen Sie in der Figur 2:
Wenn der Punkt A *nicht* mit dem Koordinatenursprung O zusammenfällt, dann legen wir durch den Punkt A Parallelebenen zur x_1-x_2-Ebene, zur x_2-x_3-Ebene und zur x_1-x_3-Ebene. Wir erhalten so den in der Figur 2 eingezeichneten Quader und damit auf den Achsen die reellen Zahlen a_1, a_2 und a_3.

Die reellen Zahlen a_1, a_2 und a_3 heißen die **Koordinaten** des Punktes A und wir schreiben: $A(a_1; a_2; a_3)$
Für den Koordinatenursprung O legen wir $O(0; 0; 0)$ fest.

Da man die Reihenfolge der Koordinaten a_1, a_2 und a_3 *nicht vertauschen* darf (Ausnahme: $a_1 = a_2 = a_3$), nennt man $(a_1; a_2; a_3)$ ein **geordnetes Zahlentripel**.

Die Menge aller geordneten Zahlentripel $(a_1; a_2; a_3)$ mit $a_1, a_2, a_3 \in \mathbb{R}$ wird mit $\mathbb{R} \times \mathbb{R} \times \mathbb{R} = \mathbb{R}^3$ (lies: *r drei*) bezeichnet.

Ist nun umgekehrt ein festes Zahlentripel $(a_1; a_2; a_3)$ vorgegeben, dann ist dadurch der Punkt $A(a_1; a_2; a_3)$ im Koordinatensystem eindeutig bestimmt.

Wir stellen zusammenfassend fest:

Nach Einführung eines kartesischen Koordinatensystems im Raum besteht zwischen den Punkten des Raums und der Menge $\mathbb{R}^3$ aller geordneten Zahlentripel $(a_1; a_2; a_3)$ eine *umkehrbar eindeutige* Zuordnung.
Man verwendet daher für den Raum auch die Bezeichnung $\mathbb{R}^3$.

1.2 Erklärung des Vektors

1.2.1 Vektoren in der Ebene

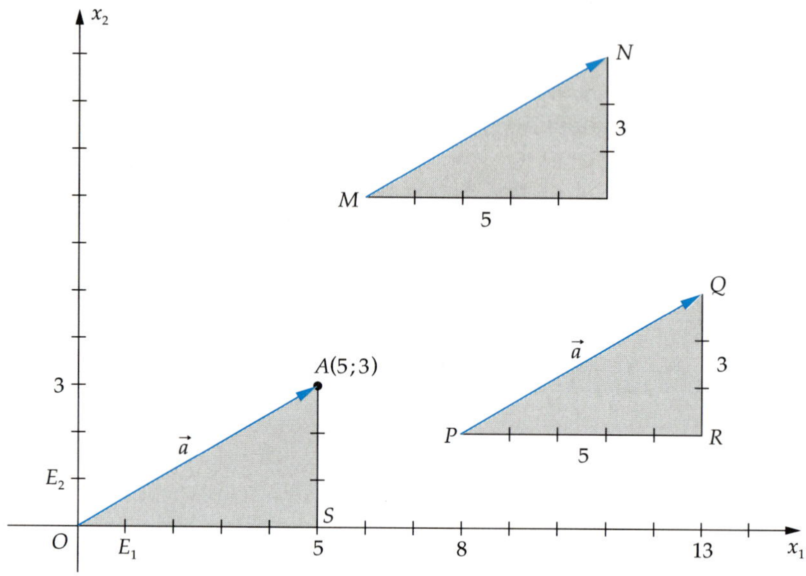

Figur 3

Im ebenen Koordinatensystem der Figur 3 ist durch den Punkt $A(5;3)$ auch der vom Ursprung O ausgehende **Pfeil** $\overrightarrow{OA}$ festgelegt.

Wir erklären allgemein:

Für jeden Punkt A $(A \neq O)$ eines ebenen Koordinatensystems heißt der von O ausgehende Pfeil $\overrightarrow{OA}$ der **Ortsvektor** des Punktes A.

Zur Bezeichnung von Ortsvektoren verwendet man meist die zu den *Spitzen* $A, B, C, \ldots$ der von O ausgehenden Pfeile gehörenden kleinen Buchstaben und setzt einen Pfeil darüber:

$\overrightarrow{OA} = \vec{a},\ \overrightarrow{OB} = \vec{b},\ \overrightarrow{OC} = \vec{c}, \ldots$

Vergleichen Sie in der Figur 3:
Wir erhalten die Spitze $A(5;3)$ des Ortsvektors $\overrightarrow{OA}$, wenn wir von O ausgehend zunächst 5 Einheiten auf der x_1-Achse nach rechts zurücklegen und dann 3 Einheiten parallel zur x_2-Achse nach oben gehen.

Das heißt aber, dass wir mit den Koordinaten des Punktes $A(5;3)$ auch den Ortsvektor $\overrightarrow{OA} = \vec{a}$ eindeutig beschreiben können. Wir vereinbaren die Schreibweise: $\overrightarrow{OA} = \vec{a} = \begin{pmatrix} 5 \\ 3 \end{pmatrix}$

Allgemein legen wir fest:

In einem ebenen Koordinatensystem gehört zum Punkt $A(a_1; a_2)$ der Ortsvektor $\overrightarrow{OA} = \vec{a} = \begin{pmatrix} a_1 \\ a_2 \end{pmatrix}$.
Fällt der Punkt A mit dem Koordinatenursprung O zusammen, dann ist $\overrightarrow{OO} = \vec{o} = \begin{pmatrix} 0 \\ 0 \end{pmatrix}$ und wir nennen $\vec{o}$ den **Nullvektor**.

Verschieben wir nun in der Figur 3 das Dreieck OSA zum Beispiel um 8 Einheiten nach rechts und anschließend um 2 Einheiten nach oben, so erhalten wir das Dreieck PRQ. Da wir dabei zwei Parallelverschiebungen nacheinander ausgeführt haben, sind die Dreiecke OSA und PRQ kongruente Dreiecke, deren einander entsprechende Seiten nicht nur gleich lang sind, sondern auch zueinander parallel liegen.
Mit anderen Worten heißt dies, dass wir in der Figur 3 den Pfeil $\overrightarrow{OA}$ durch eine Parallelverschiebung in den Pfeil $\overrightarrow{PQ}$ überführen können. Die Pfeile $\overrightarrow{OA}$ und $\overrightarrow{PQ}$ heißen daher auch **parallelgleiche** Pfeile.

Wird in der Figur 3 das Dreieck OSA durch eine Parallelverschiebung (= Translation) so verschoben, dass dabei der Ursprung O in einen beliebigen festen Punkt M übergeht, dann wird der Ortsvektor $\overrightarrow{OA} = \vec{a} = \begin{pmatrix} 5 \\ 3 \end{pmatrix}$ in den parallelgleichen Pfeil $\overrightarrow{MN}$ mit dem Anfangspunkt M verschoben. Die Spitze N des Pfeils $\overrightarrow{MN}$ können wir auch ohne Ausführung der Translation leicht konstruieren:
Wir gehen vom Punkt M zuerst 5 Einheiten parallel zur x_1-Achse nach rechts und dann 3 Einheiten parallel zur x_2-Achse nach oben.

Wir können auch sagen: Der Pfeil $\overrightarrow{MN}$ hat bezüglich des Anfangspunktes M dieselben Koordinaten $\begin{pmatrix} 5 \\ 3 \end{pmatrix}$ wie der Pfeil $\overrightarrow{OA} = \vec{a} = \begin{pmatrix} 5 \\ 3 \end{pmatrix}$.

Wir erklären nun allgemein den Begriff des Vektors:

In einem ebenen Koordinatensystem ist mit dem Punkt $A(a_1; a_2)$ auch der Ortsvektor $\overrightarrow{OA} = \vec{a} = \begin{pmatrix} a_1 \\ a_2 \end{pmatrix}$ gegeben.
Die Menge *aller* Pfeile, die parallelgleich zum Ortsvektor $\overrightarrow{OA}$ liegen, heißt der **Vektor** $\vec{a} = \begin{pmatrix} a_1 \\ a_2 \end{pmatrix}$.

- Der Ortsvektor $\overrightarrow{OA} = \vec{a}$ ist ein **Repräsentant** (= Vertreter) des Vektors $\vec{a}$.
- Der Vektor $\vec{a}$ hat bezüglich des Koordinatensystems die so genannte **Spaltendarstellung** $\vec{a} = \begin{pmatrix} a_1 \\ a_2 \end{pmatrix}$.
- Die Zahlen a_1 und a_2 heißen die Koordinaten des Vektors $\vec{a}$.

1.2.2 Vektoren im Raum

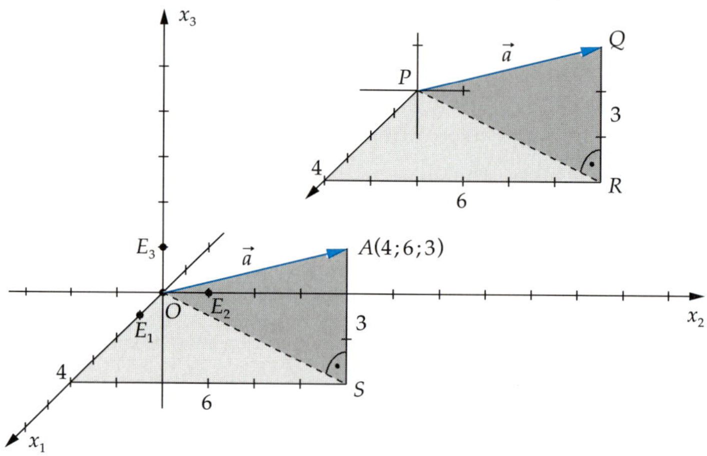

Figur 4

Im räumlichen Koordinatensystem der Figur 4 ist zum Beispiel durch den Punkt $A\,(4; 6; 3)$ auch der vom Ursprung O ausgehende Pfeil $\overrightarrow{OA}$ festgelegt. Wir erhalten die Spitze $A\,(4; 6; 3)$ des Ortsvektors $\overrightarrow{OA}$, wenn wir von O ausgehend zunächst 4 Einheiten auf der x_1-Achse zurücklegen, dann um 6 Einheiten parallel zur x_2-Achse nach rechts gehen und schließlich noch 3 Einheiten parallel zur x_3-Achse nach oben anfügen.
Wir sehen, dass auch im $\mathbb{R}^3$ die Koordinaten des Punktes $A\,(4; 6; 3)$ eindeutig den Ortsvektor $\overrightarrow{OA} = \vec{a}$ beschreiben.

Wir vereinbaren die Schreibweise: $\overrightarrow{OA} = \vec{a} = \begin{pmatrix} 4 \\ 6 \\ 3 \end{pmatrix}$

Allgemein legen wir fest:

In einem räumlichen Koordinatensystem gehört zum Punkt $A(a_1; a_2; a_3)$ der Ortsvektor $\overrightarrow{OA} = \vec{a} = \begin{pmatrix} a_1 \\ a_2 \\ a_3 \end{pmatrix}$.

Fällt der Punkt A mit dem Koordinatenursprung O zusammen, dann ist $\overrightarrow{OO} = \vec{o} = \begin{pmatrix} 0 \\ 0 \\ 0 \end{pmatrix}$ und wir nennen $\vec{o}$ den **Nullvektor**.

Wird in der Figur 4 das Dreieck *OSA* durch eine Translation so verschoben, dass der Punkt *O* in den beliebigen festen Punkt *P* übergeht, dann sind die Pfeile $\overrightarrow{OA}$ und $\overrightarrow{PQ}$ parallelgleich. Die Lage des Punktes *Q* lässt sich nun einfach ermitteln, wenn Sie den Punkt *P* als Ursprung eines neuen, zum ursprünglichen Koordinatensystem achsenparallelen Koordinatensystems auffassen.

Wir erklären nun allgemein den Begriff des Vektors im $\mathbb{R}^3$:

> In einem räumlichen Koordinatensystem ist mit dem Punkt $A(a_1;\, a_2;\, a_3)$ auch der Ortsvektor $\overrightarrow{OA} = \vec{a} = \begin{pmatrix} a_1 \\ a_2 \\ a_3 \end{pmatrix}$ gegeben. Die Menge *aller* Pfeile, die parallelgleich zum Ortsvektor $\overrightarrow{OA}$ liegen, heißt der **Vektor** $\vec{a} = \begin{pmatrix} a_1 \\ a_2 \\ a_3 \end{pmatrix}$.

Rechenregeln für Vektoren **1.3**

Gleichheit zweier Vektoren **1.3.1**

Wir betrachten im $\mathbb{R}^3$ die beiden Vektoren $\vec{a}$ und $\vec{b}$, die bezüglich eines Koordinatensystems durch $\vec{a} = \begin{pmatrix} a_1 \\ a_2 \\ a_3 \end{pmatrix}$ und $\vec{b} = \begin{pmatrix} b_1 \\ b_2 \\ b_3 \end{pmatrix}$ gegeben sind.

Aus dem Vektor $\vec{a}$ wählen wir den Repräsentanten $\overrightarrow{OA}$ mit dem Anfangspunkt *O* und der Spitze $A(a_1; a_2; a_3)$ und aus dem Vektor $\vec{b}$ den Repräsentanten $\overrightarrow{OB}$ mit der Spitze $B(b_1; b_2; b_3)$.
Fallen nun die beiden Spitzen *A* und *B* der Ortsvektoren $\overrightarrow{OA}$ und $\overrightarrow{OB}$ zusammen, dann sagen wir, dass die beiden Vektoren $\vec{a}$ und $\vec{b}$ **gleich** sind und schreiben: $\vec{a} = \vec{b}$

> Zwei Vektoren $\vec{a}$ und $\vec{b}$ heißen gleich, wenn in ihren Koordinatendarstellungen auf den entsprechenden Plätzen gleiche Zahlen stehen.
>
> $$\vec{a} = \vec{b} \quad \Rightarrow \quad \begin{pmatrix} a_1 \\ a_2 \\ a_3 \end{pmatrix} = \begin{pmatrix} b_1 \\ b_2 \\ b_3 \end{pmatrix} \quad \Rightarrow \quad \begin{matrix} a_1 = b_1 \\ a_2 = b_2 \\ a_3 = b_3 \end{matrix}$$

1.3.2 Addition von Vektoren

Wir werden im Folgenden die Addition von zwei Vektoren im Raum $\mathbb{R}^3$ erklären. Bei Rechnungen in der Ebene $\mathbb{R}^2$ entfällt dann jeweils die dritte Koordinate in der Spaltendarstellung der Vektoren.

Gegeben sind die beiden Vektoren $\vec{a} = \begin{pmatrix} a_1 \\ a_2 \\ a_3 \end{pmatrix}$ und $\vec{b} = \begin{pmatrix} b_1 \\ b_2 \\ b_3 \end{pmatrix}$.

Figur 5

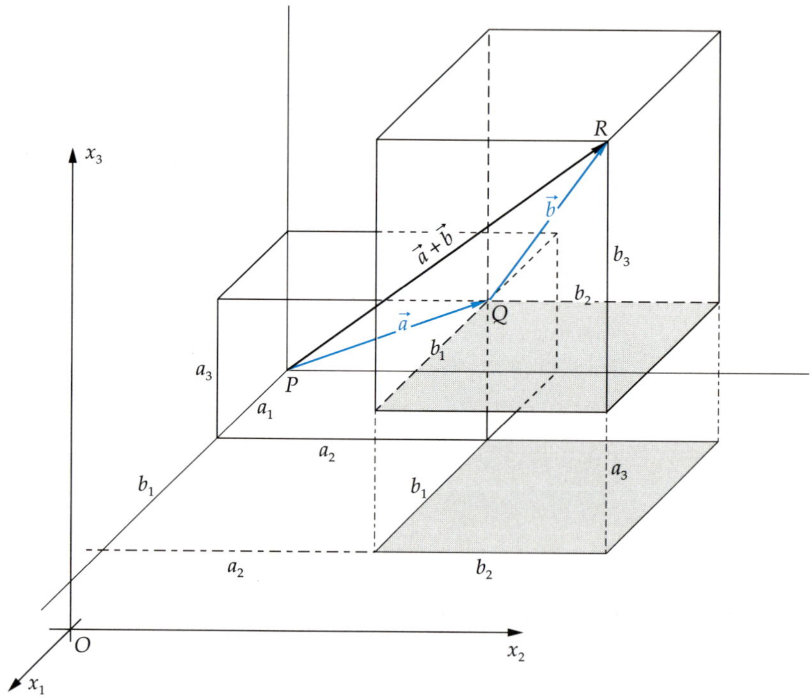

Verfolgen Sie in der Figur 5, wie die beiden Vektoren $\vec{a}$ und $\vec{b}$ addiert werden. Die räumliche Vorstellung fällt Ihnen sicher leichter, wenn Sie in der Figur 5 die beiden Punkte P und Q jeweils als Koordinatenursprung von Koordinatensystemen auffassen, die zum gegebenen Koordinatensystem mit der x_1-Achse, x_2-Achse und x_3-Achse achsenparallel liegen.

Schritt 1:

Wir wählen im Raum einen beliebigen festen Punkt und nennen ihn P.

Schritt 2:

Aus dem Vektor $\vec{a}$ (= Menge aller parallelgleicher Pfeile) wählen wir nun denjenigen Repräsentanten (= ein Pfeil) aus, dessen Anfangspunkt der Punkt P ist. Die Koordinaten a_1, a_2 und a_3 des Vektors $\vec{a}$ legen nun im Koordinatensystem mit dem Ursprung P eindeutig den Punkt Q als Spitze des Vektors $\overrightarrow{PQ} = \vec{a}$ fest.

Schritt 3:

Aus dem Vektor $\vec{b}$ (= Menge aller parallelgleicher Pfeile) wählen wir nun denjenigen Repräsentanten (= ein Pfeil) aus, dessen Anfangspunkt der Punkt Q ist. Die Koordinaten b_1, b_2 und b_3 des Vektors $\vec{b}$ legen jetzt im Koordinatensystem mit dem Ursprung Q eindeutig den Punkt R als Spitze des Vektors $\overrightarrow{QR} = \vec{b}$ fest.

Schritt 4:

Der Pfeil $\overrightarrow{PR}$, der vom Anfangspunkt des ersten Pfeils zur Spitze des im Punkt Q angehängten Pfeils zeigt, ist dann ein Repräsentant des **Summenvektors** $\vec{a} + \vec{b}$.

Die Koordinaten des Summenvektors $\vec{a} + \vec{b}$ erhalten wir aus der Figur 5, indem wir die Koordinaten des Punktes R bezüglich des Koordinatensystems mit dem Ursprung P bestimmen.
Sie gelangen vom Punkt P zum Punkt R, wenn Sie von P ausgehend zunächst die Strecke $a_1 + b_1$ parallel zur x_1-Achse zurücklegen, dann parallel zur x_2-Achse die Strecke $a_2 + b_2$ anhängen und schließlich die Strecke $a_3 + b_3$ parallel zur x_3-Achse nach oben gehen. Der im Punkt P beginnende Repräsentant $\overrightarrow{PR}$ des Summenvektors $\vec{a} + \vec{b}$ hat demnach die folgenden Koordinaten:

$$\overrightarrow{PR} = \vec{a} + \vec{b} = \begin{pmatrix} a_1 \\ a_2 \\ a_3 \end{pmatrix} + \begin{pmatrix} b_1 \\ b_2 \\ b_3 \end{pmatrix} = \begin{pmatrix} a_1 + b_1 \\ a_2 + b_2 \\ a_3 + b_3 \end{pmatrix}$$

Zwei Vektoren werden addiert, indem man in ihren Koordinatendarstellungen die entsprechenden Koordinaten addiert.

Betrachtet man in der Figur 5 das Dreieck PQR mit $\overrightarrow{PQ}$ als Repräsentant des Vektors $\vec{a}$ und $\overrightarrow{QR}$ als Repräsentant des Vektors $\vec{b}$, dann gilt: $\overrightarrow{PQ} + \overrightarrow{QR} = \overrightarrow{PR}$
Diese Gleichung wird auch als **Dreiecksregel** bezeichnet.

Addition von mehreren Vektoren

Werden mehr als zwei Vektoren addiert, so bildet man eine so genannte **Vektorkette**, indem man den Anfangspunkt des nächsten Vektors immer im Endpunkt des Vorgängers anhängt. Der Summenvektor zeigt dann immer vom Anfangspunkt des ersten Vektors zur Spitze des zuletzt addierten Vektors.

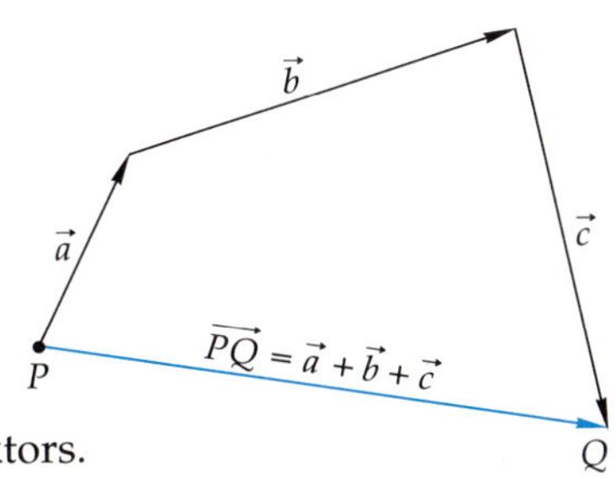

Figur 6

Da eine räumliche Darstellung sehr kompliziert und unübersichtlich wird, ist es in der Vektorrechnung üblich, die Figuren in einer Ebene zu zeichnen.

Nullvektor

Figur 7 Ein Sonderfall tritt ein, wenn bei der Addition von mehreren Vektoren der Endpunkt des zuletzt addierten Vektors mit dem Anfangspunkt des ersten Vektors zusammenfällt. Wir erhalten dann eine **geschlossene Vektorkette**, wie in der Figur 7 zu sehen ist.

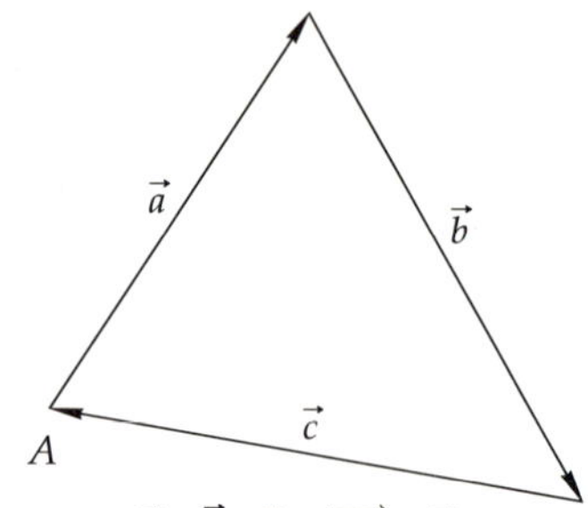

$\vec{a} + \vec{b} + \vec{c} = \overrightarrow{AA} = \vec{o}$

In der Figur 7 gilt: $\vec{a} + \vec{b} + \vec{c} = \overrightarrow{AA} = \vec{o}$

Der Vektor $\overrightarrow{AA}$, dem wir keine Länge und keinen Durchlaufsinn zuordnen können, ist der **Nullvektor** $\vec{o}$.

Ebenso gilt für beliebige Punkte $P, C, \ldots, B$: $\overrightarrow{PP} = \overrightarrow{CC} = \ldots = \overrightarrow{BB} = \vec{o}$

Eine geschlossene Vektorkette hat immer den Nullvektor als Summenvektor.

Der Nullvektor $\vec{o}$ spielt bei der Addition von Vektoren die Rolle des *neutralen Elements*: $\vec{a} + \vec{o} = \vec{o} + \vec{a} = \vec{a}$

Gegenvektor ($-\vec{v}$) zum Vektor $\vec{v}$

Wir überlegen nun, welchen Vektor man zum Vektor $\overrightarrow{AB} = \vec{v}$ addieren muss, um als Summenvektor den Nullvektor zu erhalten.

Der Repräsentant des gesuchten Vektors muss nach der Festlegung der Vektoraddition jedenfalls den Anfangspunkt B haben. Den unbekannten Endpunkt bezeichnen wir mit X.

Es gilt also: $\overrightarrow{AB} + \overrightarrow{BX} = \vec{o}$ (Forderung)
und $\overrightarrow{AB} + \overrightarrow{BX} = \overrightarrow{AX}$ (Dreiecksregel)

Aus $\overrightarrow{AX} = \vec{o}$ folgt aber $X = A$ und wir erhalten damit für den gesuchten Vektor $\overrightarrow{BX}$ den Vektor $\overrightarrow{BA}$.

Es gilt also: $\overrightarrow{AB} + \overrightarrow{BA} = \vec{o}$

Die beiden Vektoren $\overrightarrow{AB} = \vec{v}$ und $\overrightarrow{BA}$ unterscheiden sich nur im Durchlaufsinn. Es liegt daher nahe, den Vektor $\overrightarrow{BA}$ als **Gegenvektor** des Vektors $\overrightarrow{AB}$ zu bezeichnen und zu schreiben:

$\overrightarrow{BA} = -\overrightarrow{AB} = -\vec{v}$

Es gilt also: $\overrightarrow{AB} + (-\overrightarrow{AB}) = \vec{o}$ bzw. $\vec{v} + (-\vec{v}) = \vec{o}$

Der Gegenvektor $(-\vec{v})$ spielt bei der Addition von Vektoren die Rolle des inversen Elements: $\vec{v} + (-\vec{v}) = (-\vec{v}) + \vec{v} = \vec{o}$

Die Addition von Vektoren hat noch zwei wichtige Eigenschaften:

Eigenschaft 1: Die Vektoraddition ist *kommutativ*: $\vec{a} + \vec{b} = \vec{b} + \vec{a}$

Der anschaulich geometrische Beweis folgt sofort aus der Figur 8.

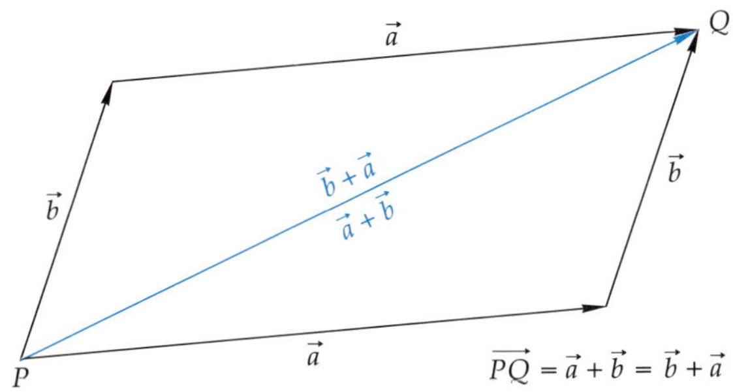

Figur 8

Verwenden wir die Koordinatendarstellung der Vektoren $\vec{a}$ und $\vec{b}$, dann folgt der algebraische Beweis aus $a_i + b_i = b_i + a_i$ $(i = 1, 2, 3)$, da die Addition von reellen Zahlen kommutativ ist.

Eigenschaft 2:

Die Addition von mehr als zwei Vektoren ist *assoziativ*, das heißt, das Ergebnis ist von der Reihenfolge der Einzeladditionen unabhängig. Mit anderen Worten: Wir dürfen unter Beibehaltung der Reihenfolge der Vektoren beliebig Klammern setzen oder auch ganz weglassen:

$(\vec{a} + \vec{b}) + \vec{c} = \vec{a} + (\vec{b} + \vec{c}) = \vec{a} + \vec{b} + \vec{c}$

Der anschauliche Beweis folgt sofort aus der Figur 9.

In der Koordinatendarstellung der Vektoren $\vec{a}$, $\vec{b}$ und $\vec{c}$ folgt der Beweis aus
$(a_i + b_i) + c_i = a_i + (b_i + c_i) = a_i + b_i + c_i$
$(i = 1, 2, 3)$, da die Addition von reellen Zahlen assoziativ ist.

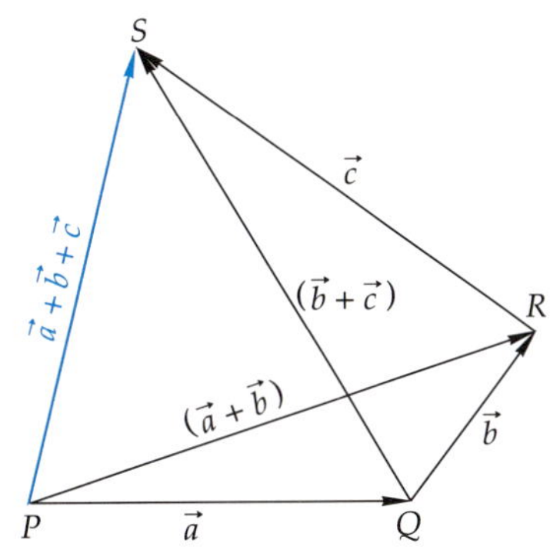

Figur 9

Wir stellen zusammenfassend fest:

Die Menge der Vektoren des $\mathbb{R}^3$ (bzw. des $\mathbb{R}^2$) bildet mit der Vektoraddition als Verknüpfung eine **kommutative Gruppe**.

(Zum Begriff der kommutativen Gruppe vergleichen Sie die Ausführungen in Kapitel 1.6.1 in Analysis 1, Mentor Abiturhilfe 645.)

1.3.3 Subtraktion eines Vektors

Figur 10

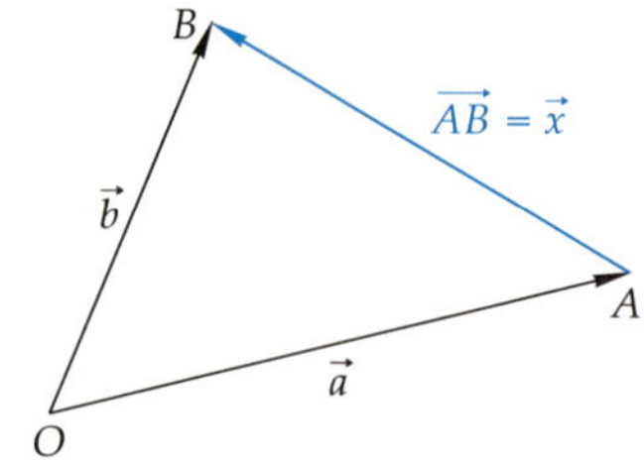

In der Figur 10 sind im Raum oder in einer Ebene die beiden Punkte A und B durch ihre vom Ursprung O ausgehenden Ortsvektoren $\vec{a}$ und $\vec{b}$ eingetragen.
Der Vektor $\overrightarrow{AB} = \vec{x}$ soll mithilfe der beiden Vektoren $\vec{a}$ und $\vec{b}$ dargestellt werden.
Nach der Erklärung der Vektoraddition ist in der Figur 10 der Vektor $\vec{b}$ der Summenvektor aus den Vektoren $\vec{a}$ und $\vec{x}$. Es gilt also: $\vec{a} + \vec{x} = \vec{b}$

Diese Gleichung können wir nun unter Verwendung der Gruppeneigenschaft der Vektoraddition wie folgt nach dem Vektor $\vec{x}$ auflösen:
Wir addieren zunächst auf beiden Seiten der Gleichung den Gegenvektor $(-\vec{a})$ des Vektors $\vec{a}$ und verwenden dann die Beziehung $\vec{a} + (-\vec{a}) = \vec{o}$.

$$\begin{aligned} \vec{a} + \vec{x} &= \vec{b} \qquad\qquad |+(-\vec{a}) \\ \vec{a} + (-\vec{a}) + \vec{x} &= \vec{b} + (-\vec{a}) \\ \vec{o} + \vec{x} &= \vec{b} + (-\vec{a}) \end{aligned}$$

Jetzt verwenden wir die Eigenschaft $\vec{o} + \vec{x} = \vec{x}$ und erhalten damit:

$$\vec{x} = \vec{b} + (-\vec{a})$$

Statt $\vec{b} + (-\vec{a})$ schreibt man kürzer $\vec{b} + (-\vec{a}) = \vec{b} - \vec{a}$ und kann dann die Gleichung $\vec{b} - \vec{a} = \vec{b} + (-\vec{a})$ so lesen:

Ein Vektor $\vec{a}$ wird subtrahiert, indem man seinen Gegenvektor $(-\vec{a})$ addiert.

Beim praktischen Rechnen mit Vektoren, die durch Zahlentripel gegeben sind, bildet man bei der Subtraktion eines Vektors nicht den Gegenvektor, sondern führt die Subtraktion sofort zeilenweise aus:

$$\begin{pmatrix} 7 \\ -2 \\ 3 \end{pmatrix} - \begin{pmatrix} 12 \\ 3 \\ -5 \end{pmatrix} = \begin{pmatrix} 7-12 \\ -2-\ 3 \\ 3+\ 5 \end{pmatrix} = \begin{pmatrix} -5 \\ -5 \\ 8 \end{pmatrix}$$

Die obige Gleichung $\vec{b} + (-\vec{a}) = \vec{b} - \vec{a}$ lautet in Worten:

„Der Gegenvektor $(-\vec{a})$ wird addiert, indem man den Vektor $\vec{a}$ subtrahiert".

Die Addition von Gegenvektoren tritt bei der Bildung von geschlossenen Vektorketten immer dann auf, wenn wir beim Durchlaufen der Vektorkette auf einen Vektor stoßen, der von der Spitze zum Anfangspunkt hin durchlaufen wird. Die Erklärung der Vektoraddition verlangt aber, dass der zu addierende Vektor mit seinem Anfangspunkt in der Spitze des Vorgängers angesetzt wird. Vergleichen Sie in der Figur 10:

Wir umlaufen in O beginnend die geschlossene Vektorkette ($OABO$) und erhalten: $\vec{a} + \overrightarrow{AB} + (-\vec{b}) = \vec{o}$
Ersetzen wir nun nach der obigen Regel die Addition des Gegenvektors durch die Subtraktion des zugehörigen Vektors, dann folgt: $\vec{a} + \overrightarrow{AB} - \vec{b} = \vec{o}$
und daraus: $\overrightarrow{AB} = \vec{b} - \vec{a}$

Sind im $\mathbb{R}^3$ oder im $\mathbb{R}^2$ die Punkte A und B durch ihre Ortsvektoren $\overrightarrow{OA} = \vec{a}$ und $\overrightarrow{OB} = \vec{b}$ gegeben, dann gilt:

$$\overrightarrow{AB} = \vec{b} - \vec{a}$$

Beispiel 1

Bezüglich eines Koordinatensystems im $\mathbb{R}^3$ sind die Punkte $A\,(3; -2; 5)$ und $B\,(-7; 6; -2)$ gegeben. Wie lautet der Vektor $\overrightarrow{AB}$?

$$\overrightarrow{AB} = \vec{b} - \vec{a} = \begin{pmatrix} -7 \\ 6 \\ -2 \end{pmatrix} - \begin{pmatrix} 3 \\ -2 \\ 5 \end{pmatrix} = \begin{pmatrix} -7-3 \\ 6+2 \\ -2-5 \end{pmatrix} = \begin{pmatrix} -10 \\ 8 \\ -7 \end{pmatrix}$$

Beispiel 2

In der Figur 11 soll der Vektor $\overrightarrow{PQ}$ durch die eingetragenen Vektoren dargestellt werden.

Figur 11

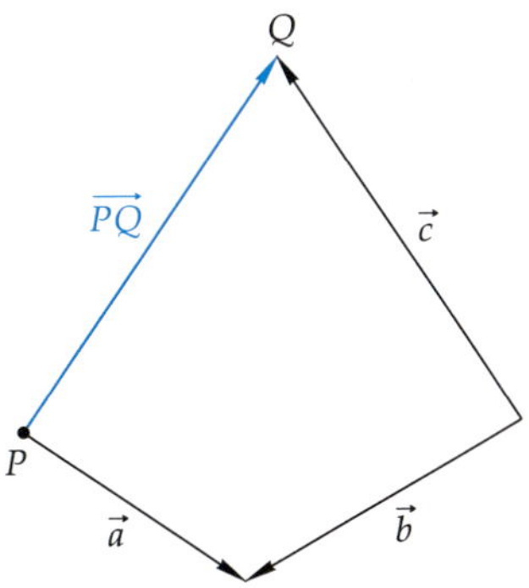

Lösung 1 (mit geschlossener Vektorkette)

Damit wir gleich den gesuchten Vektor $\overrightarrow{PQ}$ erhalten, umlaufen wir das in der Figur eingetragene Viereck im Uhrzeigerdrehsinn und beginnen mit dem Vektor $\overrightarrow{PQ}$:

$$\overrightarrow{PQ} + (-\vec{c}) + \vec{b} + (-\vec{a}) = \vec{o}$$

Wir ersetzen nun die Addition der Gegenvektoren durch die Subtraktion der jeweils zugehörigen Vektoren und erhalten:

$$\overrightarrow{PQ} - \vec{c} + \vec{b} - \vec{a} = \vec{o}$$

$$\overrightarrow{PQ} = \vec{a} - \vec{b} + \vec{c}$$

Lösung 2: $\overrightarrow{PQ}$ als Summenvektor der Vektoren $\vec{a}$, $(-\vec{b})$ und $\vec{c}$

$$\overrightarrow{PQ} = \vec{a} - \vec{b} + \vec{c}$$

Aufgabe 1 Die Figur 12 zeigt das von den Vektoren $\vec{a}$ und $\vec{b}$ aufgespannte Parallelogramm $PQRS$. Drücken Sie die Vektoren $\overrightarrow{QP}$, $\overrightarrow{QR}$, $\overrightarrow{RQ}$, $\overrightarrow{SR}$, $\overrightarrow{PR}$ und $\overrightarrow{SQ}$ durch die Vektoren $\vec{a}$ und $\vec{b}$ aus.

Figur 12

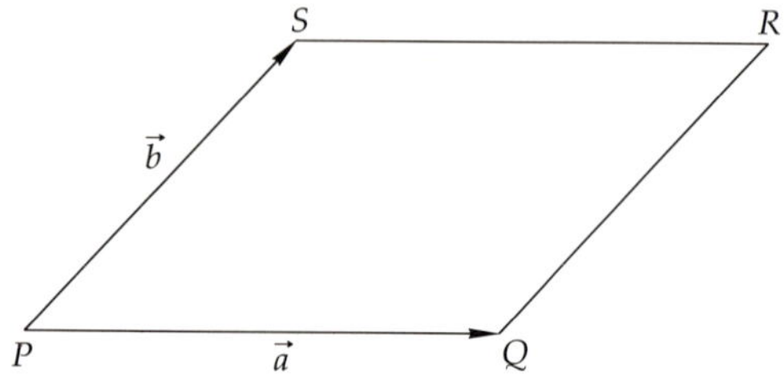

Aufgabe 2 Durch die Vektoren $\vec{a}$, $\vec{b}$ und $\vec{c}$ ist das Tetraeder in der Figur 13 gegeben. Drücken Sie die Vektoren $\overrightarrow{QR}$, $\overrightarrow{SR}$, $\overrightarrow{SQ}$, $\overrightarrow{QS}$, $\overrightarrow{SP}$ und $\overrightarrow{QP}$ durch die Vektoren $\vec{a}$, $\vec{b}$ und $\vec{c}$ aus.

Figur 13

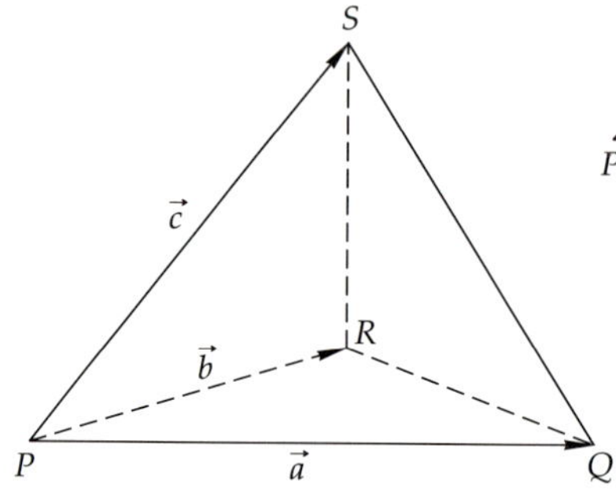

1.3.4 Länge eines Vektors

Länge des Ortsvektors

In der Figur 14 sind im $\mathbb{R}^2$ bzw. im $\mathbb{R}^3$ die Punkte $A(a_1; a_2)$ bzw. $A(a_1; a_2; a_3)$ mit den zugehörigen Ortsvektoren $\overrightarrow{OA}$ eingetragen.

Figur 14

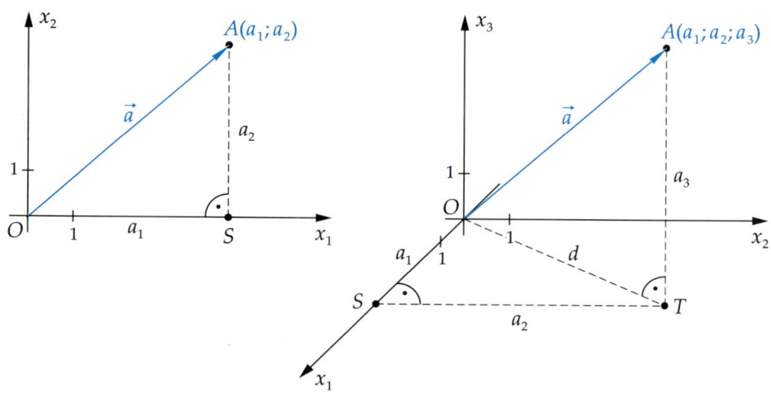

Bezeichnen wir die Länge des Vektors $\overrightarrow{OA} = \vec{a}$ mit $\overline{OA} = |\vec{a}| = a$, dann erhalten wir aus der Figur 14 im $\mathbb{R}^2$ nach dem Lehrsatz von PYTHAGORAS:

$$|\vec{a}| = \sqrt{a_1^2 + a_2^2}$$

Im $\mathbb{R}^3$ folgt ebenfalls aus der Figur 14:

$$|\vec{a}| = \sqrt{d^2 + a_3^2} = \sqrt{a_1^2 + a_2^2 + a_3^2}$$

Der Vektor $\vec{a} = \begin{pmatrix} a_1 \\ a_2 \\ a_3 \end{pmatrix}$ hat die Länge $|\vec{a}| = \sqrt{a_1^2 + a_2^2 + a_3^2}$.

In der Ebene, also im $\mathbb{R}^2$, entfällt die dritte Koordinate.

Länge des Verbindungsvektors $\overrightarrow{AB}$

Durch zwei Punkte A und B mit $A \neq B$ wird in der Ebene bzw. im Raum eindeutig der Pfeil $\overrightarrow{AB}$ festgelegt.
Unter dem *Abstand* der Punkte A und B verstehen wir dann die Länge des Pfeils $\overrightarrow{AB}$.

Für die Punkte $A(a_1; a_2; a_3)$ und $B(b_1; b_2, b_3)$ können wir den **Verbindungsvektor** $\overrightarrow{AB}$ in der Koordinatendarstellung angeben:

$$\overrightarrow{AB} = \vec{b} - \vec{a} = \begin{pmatrix} b_1 \\ b_2 \\ b_3 \end{pmatrix} - \begin{pmatrix} a_1 \\ a_2 \\ a_3 \end{pmatrix} = \begin{pmatrix} b_1 - a_1 \\ b_2 - a_2 \\ b_3 - a_3 \end{pmatrix}$$

Betrachten wir nun den Vektor $\overrightarrow{AB}$ als einen Repräsentanten aller zu ihm parallelgleichen Pfeile und nennen wir diese Menge $\vec{v}$, dann gilt:

$$\vec{v} = \overrightarrow{AB} = \vec{b} - \vec{a} = \begin{pmatrix} b_1 - a_1 \\ b_2 - a_2 \\ b_3 - a_3 \end{pmatrix}$$

Die Länge des Vektors $\vec{v}$ lässt sich nun einfach berechnen, wenn wir denjenigen Repräsentanten aus dem Vektor $\vec{v}$ betrachten, der seinen Anfangspunkt im Ursprung O des Koordinatensystems hat. So kommen wir auf diesem kleinen Umweg zur Länge des Vektors $\overrightarrow{AB}$:

$$|\overrightarrow{AB}| = \left| \begin{pmatrix} b_1 - a_1 \\ b_2 - a_2 \\ b_3 - a_3 \end{pmatrix} \right| = \sqrt{(b_1 - a_1)^2 + (b_2 - a_2)^2 + (b_3 - a_3)^2}$$

Beispiel 1

Gesucht ist der Abstand der beiden Punkte $A(3; -5)$ und $B(-2; 8)$.

Aus $\overrightarrow{AB} = \vec{b} - \vec{a} = \begin{pmatrix} -2 \\ 8 \end{pmatrix} - \begin{pmatrix} 3 \\ -5 \end{pmatrix} = \begin{pmatrix} -5 \\ 13 \end{pmatrix}$ erhalten wir dann:

$$|\overrightarrow{AB}| = \overline{AB} = \sqrt{(-5)^2 + 13^2} = \sqrt{25 + 169} = \sqrt{194}$$

Beispiel 2 Gesucht ist der Abstand der beiden Punkte $Q(-2; 7; -6)$ und $R(5; -8; 10)$.

Mit $\overrightarrow{QR} = \vec{r} - \vec{q} = \begin{pmatrix} 5 \\ -8 \\ 10 \end{pmatrix} - \begin{pmatrix} -2 \\ 7 \\ -6 \end{pmatrix} = \begin{pmatrix} 7 \\ -15 \\ 16 \end{pmatrix}$ gilt dann:

$$|\overrightarrow{QR}| = \overline{QR} = \sqrt{7^2 + (-15)^2 + 16^2} = \sqrt{49 + 225 + 256} = \sqrt{530}$$

1.3.5 S-Multiplikation

Unter der S-Multiplikation versteht man das Produkt $r \cdot \vec{a}$, also die Multiplikation eines Vektors $\vec{a}$ mit einer reellen Zahl r.
Der Name S-Multiplikation wurde gewählt, da die reellen Zahlen $\mathbb{R}$ auch als **Skalare** bezeichnet werden.

In der geometrischen Auffassung der Vektoren als Pfeile werden Sie auf die Frage, was $2 \cdot \vec{a}$ bedeuten könnte, ohne zu zögern antworten: „Unter $2 \cdot \vec{a}$ stelle ich mir einen Pfeil vor, der denselben Durchlaufsinn wie der Pfeil $\vec{a}$, aber die doppelte Länge des Pfeils $\vec{a}$ hat".
Ebenso können wir das Produkt $(-3) \cdot \vec{a}$ geometrisch deuten als $3 \cdot (-\vec{a})$, also als einen Pfeil, der die 3fache Länge des Pfeils $\vec{a}$, aber den entgegengesetzten Durchlaufsinn des Pfeils $\vec{a}$ hat.

Wir legen nun fest, wie die S-Multiplikation von Vektoren in der Koordinatendarstellung ausgeführt wird:

Ein Vektor wird mit einer reellen Zahl r multipliziert, indem man jede Koordinate des Vektors mit der Zahl r multipliziert.
Durch $r \cdot \vec{a} = r \cdot \begin{pmatrix} a_1 \\ a_2 \\ a_3 \end{pmatrix} = \begin{pmatrix} r \cdot a_1 \\ r \cdot a_2 \\ r \cdot a_3 \end{pmatrix}$ wird dem Vektor $\vec{a}$ wieder ein Vektor zugeordnet.

Sind r und s reelle Zahlen und $\vec{a}$, $\vec{b}$ Vektoren, dann genügt die S-Multiplikation den folgenden Gesetzen:

$$r \cdot (s \cdot \vec{a}) = (r \cdot s) \cdot \vec{a} \qquad S_1$$

$$(r + s) \cdot \vec{a} = r \cdot \vec{a} + s \cdot \vec{a} \qquad S_2$$

$$r \cdot (\vec{a} + \vec{b}) = r \cdot \vec{a} + r \cdot \vec{b} \qquad S_3$$

$$1 \cdot \vec{a} = \vec{a} \qquad S_4$$

Die Gültigkeit dieser Gesetze können Sie unter Verwendung der obigen Definition für $r \cdot \vec{a}$ und den für reelle Zahlen geltenden Rechengesetzen leicht nachweisen.

Wir zeigen nun, dass auch in der Koordinatendarstellung der Vektoren die eingangs gemachten geometrischen Überlegungen ihren Sinn beibehalten.

Ist $r > 0$, dann gilt zum Beispiel für $r = 2$:

$$2 \cdot \vec{a} = 2 \cdot \begin{pmatrix} a_1 \\ a_2 \\ a_3 \end{pmatrix} = \begin{pmatrix} 2 \cdot a_1 \\ 2 \cdot a_2 \\ 2 \cdot a_3 \end{pmatrix} = \begin{pmatrix} a_1 + a_1 \\ a_2 + a_2 \\ a_3 + a_3 \end{pmatrix} = \begin{pmatrix} a_1 \\ a_2 \\ a_3 \end{pmatrix} + \begin{pmatrix} a_1 \\ a_2 \\ a_3 \end{pmatrix}$$

Nach der Erklärung der Vektoraddition in der Koordinatendarstellung erhalten wir also den Vektor $2 \cdot \vec{a}$, indem wir an den Vektor $\vec{a}$ nochmal den Vektor $\vec{a}$ anhängen. Der Vektor $2 \cdot \vec{a}$ ist daher als Pfeil betrachtet doppelt so lang wie der Pfeil $\vec{a}$ und hat denselben Durchlaufsinn wie der Pfeil $\vec{a}$.

Ist $r < 0$, dann gilt zum Beispiel für $r = -3$:

$$-3 \cdot \vec{a} = 3 \cdot (-\vec{a}) = 3 \cdot \begin{pmatrix} -a_1 \\ -a_2 \\ -a_3 \end{pmatrix} = \begin{pmatrix} -a_1 \\ -a_2 \\ -a_3 \end{pmatrix} + \begin{pmatrix} -a_1 \\ -a_2 \\ -a_3 \end{pmatrix} + \begin{pmatrix} -a_1 \\ -a_2 \\ -a_3 \end{pmatrix}$$

Nach der Erklärung der Vektoraddition in der Koordinatendarstellung erhalten wir jetzt den Vektor $-3 \cdot \vec{a}$, indem wir an den Gegenvektor $-\vec{a}$ noch zweimal den Vektor $-\vec{a}$ anhängen.
Da die Vektoren $\vec{a}$ und $-\vec{a}$ sich nur durch ihren Durchlaufsinn unterscheiden, haben sie die gleiche Länge und wir können den Vektor $-3 \cdot \vec{a}$ als einen Vektor auffassen, der die 3fache Länge des Vektors $\vec{a}$, aber entgegengesetzten Durchlaufsinn wie $\vec{a}$ hat.

Für $r = 0$ bzw. $\vec{a} = \vec{o}$ setzen wir fest: $0 \cdot \vec{a} = \vec{o}$ bzw. $r \cdot \vec{o} = \vec{o}$

Dass der Vektor $r \cdot \vec{a}$ die $|r|$-fache Länge des Vektors $\vec{a}$ hat, können wir auch durch Rechnung zeigen:

$$|r \cdot \vec{a}| = \left| \begin{pmatrix} r \cdot a_1 \\ r \cdot a_2 \\ r \cdot a_3 \end{pmatrix} \right| = \sqrt{r^2 \cdot a_1{}^2 + r^2 \cdot a_2{}^2 + r^2 \cdot a_3{}^2} = \sqrt{r^2 \cdot (a_1{}^2 + a_2{}^2 + a_3{}^2)} = |r| \cdot |\vec{a}|$$

Aufgabe 3

Warum sind die folgenden Vektorgleichungen unsinnig?

3.1 $5\vec{x} - 7\vec{a} = (2 - \vec{x})\,\vec{a}$ 3.2 $7\vec{x} - 5\vec{a} + 13\vec{b} = 21$

Aufgabe 4

Lösen Sie die folgenden Vektorgleichungen jeweils nach dem Vektor $\vec{x}$ auf:

4.1 $2\vec{x} - 3\vec{a} = (\vec{a} - \vec{x}) \cdot 5$ 4.2 $2 \cdot (\vec{x} - \vec{b}) = 6 \cdot (\vec{a} - 3\vec{x})$

Abschließend zeigen wir in einem Beispiel, dass unsere bisherigen Kenntnisse schon ausreichen, eine allgemeine geometrische Behauptung recht einfach zu beweisen.

Die Vektoren $\vec{a}$, $\vec{b}$, $\vec{c}$ und $\vec{d}$ bilden in der Ebene oder im Raum ein Viereck mit positivem Umlaufsinn (entgegen dem Drehsinn des Uhrzeigers). Es soll vektoriell nachgewiesen werden, dass die Verbindungsvektoren jeweils benachbarter Seitenmitten ein Parallelogramm bilden.

In der Figur 15 sehen Sie das Viereck $PQRS$ mit den vorgegebenen Seitenvektoren $\overrightarrow{PQ} = \vec{a}$, $\overrightarrow{QR} = \vec{b}$, $\overrightarrow{RS} = \vec{c}$ und $\overrightarrow{SP} = \vec{d}$. Die aufeinander folgenden Seitenmitten sind die Punkte A, B, C und D.

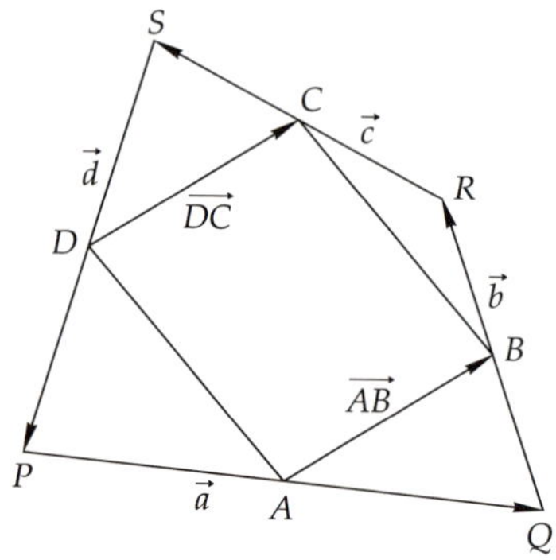

Figur 15

Damit gilt:

$$\overrightarrow{PA} = \overrightarrow{AQ} = \frac{1}{2}\vec{a}\,;\ \overrightarrow{QB} = \overrightarrow{BR} = \frac{1}{2}\vec{b}\,;$$

$$\overrightarrow{RC} = \overrightarrow{CS} = \frac{1}{2}\vec{c} \text{ und } \overrightarrow{SD} = \overrightarrow{DP} = \frac{1}{2}\vec{d}$$

Das Viereck $ABCD$ ist genau dann ein Parallelogramm, wenn zwei gegenüberliegende Seiten, zum Beispiel AB und DC, parallel und gleich lang sind. Können wir nachweisen, dass die Pfeile $\overrightarrow{AB}$ und $\overrightarrow{DC}$ parallelgleich sind, dann sind auch die Pfeile $\overrightarrow{AD}$ und $\overrightarrow{BC}$ parallelgleich.
Der Pfeil $\overrightarrow{AB}$ kann durch die gegebenen Vektoren ausgedrückt werden, wenn wir das Dreieck ABQ umlaufen und eine geschlossene Vektorkette mit dem Summenvektor $\vec{o}$ bilden.

$$\overrightarrow{AB} + \overrightarrow{BQ} + \overrightarrow{QA} = \vec{o} \quad \Rightarrow \quad \overrightarrow{AB} - \frac{1}{2}\vec{b} - \frac{1}{2}\vec{a} = \vec{o} \quad \Rightarrow \quad \overrightarrow{AB} = \frac{1}{2}(\vec{b} + \vec{a})$$

Ebenso erhalten wir durch Umlaufen des Dreiecks DCS:

$$\overrightarrow{DC} + \overrightarrow{CS} + \overrightarrow{SD} = \vec{o} \quad \Rightarrow \quad \overrightarrow{DC} + \frac{1}{2}\vec{c} + \frac{1}{2}\vec{d} = \vec{o} \quad \Rightarrow \quad \overrightarrow{DC} = \frac{1}{2}(-\vec{c} - \vec{d})$$

Es scheint, dass wir in eine Sackgasse geraten sind, denn aus der obigen Darstellung der Pfeile $\overrightarrow{AB}$ und $\overrightarrow{DC}$ können wir nicht erkennen, dass diese Pfeile parallelgleich sind.
Kommen wir schließlich auf die Idee, auch das Viereck $PQRS$ zu umlaufen, dann liegt die Lösung auf der Hand:

$$\overrightarrow{PQ} + \overrightarrow{QR} + \overrightarrow{RS} + \overrightarrow{SP} = \vec{o} \quad \Rightarrow \quad \vec{a} + \vec{b} + \vec{c} + \vec{d} = \vec{o} \quad \Rightarrow \quad \vec{a} + \vec{b} = -\vec{c} - \vec{d}$$

Damit erhalten wir: $\overrightarrow{AB} = \frac{1}{2}(\vec{a} + \vec{b}) = \frac{1}{2}(-\vec{c} - \vec{d}) = \overrightarrow{DC}$ also: $\overrightarrow{AB} = \overrightarrow{DC}$

Die Pfeile $\overrightarrow{AB}$ und $\overrightarrow{DC}$ sind daher Repräsentanten desselben Vektors. Sie unterscheiden sich nur dadurch, dass der Pfeil $\overrightarrow{AB}$ den Anfangspunkt A und der parallelgleiche Pfeil $\overrightarrow{DC}$ den Anfangspunkt D hat. Das Viereck $ABCD$ ist also ein Parallelogramm!

Die Vektoren $\vec{a}$, $\vec{b}$ und $\vec{c}$ bilden in der Ebene oder im Raum das Dreieck PQR mit positivem Umlaufsinn. Zeigen Sie vektoriell, dass die Verbindungsvektoren jeweils benachbarter Seitenmitten ein Dreieck bilden, sodass eine beliebige Seite dieses „Mittendreiecks" immer parallel zu einer bestimmten Seite des Dreiecks PQR liegt und halb so lang wie diese ist. Vergleichen Sie dazu die Figur 16.

Aufgabe 5

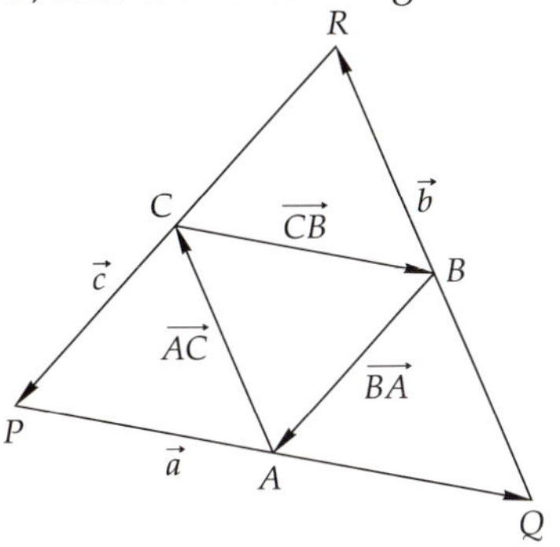

Figur 16

In der Aufgabe 5 ist zum Beispiel zu zeigen:

$$\overrightarrow{CB} = \frac{1}{2}\,\overrightarrow{PQ},\ \overrightarrow{BA} = \frac{1}{2}\,\overrightarrow{RP} \text{ und } \overrightarrow{AC} = \frac{1}{2}\,\overrightarrow{QR}$$

Aufgabe 6

6.1 Berechnen Sie: $\begin{pmatrix} 3 \\ -5 \\ 4 \end{pmatrix} + 2 \cdot \begin{pmatrix} 1 \\ -2 \\ 4 \end{pmatrix} - 3 \cdot \begin{pmatrix} 6 \\ -5 \\ -2 \end{pmatrix}$

6.2 Berechnen Sie $2\vec{a} + 3\vec{b} - 5\vec{c}$ mit $\vec{a} = \begin{pmatrix} 2 \\ -7 \\ 1 \end{pmatrix}$, $\vec{b} = \begin{pmatrix} -3 \\ 0 \\ 4 \end{pmatrix}$, $\vec{c} = \begin{pmatrix} 0 \\ 5 \\ -8 \end{pmatrix}$.

6.3 Berechnen Sie die reellen Zahlen u und v, wenn gilt: $\begin{pmatrix} u \\ 3 \end{pmatrix} = \begin{pmatrix} 2 \\ u+v \end{pmatrix}$

6.4 Berechnen Sie die reellen Zahlen a und b: $\begin{pmatrix} 6 \\ a \end{pmatrix} = b \cdot \begin{pmatrix} 3 \\ 4 \end{pmatrix}$

6.5 Berechnen Sie die reellen Zahlen a, b und c, wenn gilt:

$$a \cdot \begin{pmatrix} 1 \\ 0 \\ 0 \end{pmatrix} + b \cdot \begin{pmatrix} 1 \\ 1 \\ 0 \end{pmatrix} + c \cdot \begin{pmatrix} 1 \\ 1 \\ 1 \end{pmatrix} = \begin{pmatrix} 2 \\ -3 \\ 4 \end{pmatrix}$$

Einheitsvektoren

1.3.6

Wir überlegen uns zunächst, wie wir das folgende Problem mithilfe der Vektorrechnung lösen können:

Gesucht sind die Koordinaten des Punktes Q, den man erhält, wenn man von einem festen Punkt P um 5 L.E. in Richtung eines bekannten Vektors $\vec{a}$ geht.

Ein Vektor $\vec{a}^{\,0}$, der in Richtung des Vektors $\vec{a}$ liegt und die Länge 1 L.E. hat, würde das gestellte Problem sofort lösen: Dann könnten wir mithilfe der Vektorgleichung $\vec{q} = \vec{p} + 5 \cdot \vec{a}^{\,0}$ die Koordinaten des Punktes Q berechnen.

Für den Vektor $\vec{a} \neq \vec{o}$ erhalten wir einen solchen Vektor $\vec{a}^{\,0}$, wenn wir den Vektor $\vec{a}$ durch seine Länge dividieren, oder, was dasselbe ist, mit $\frac{1}{|\vec{a}|}$ multiplizieren.

Der Vektor $\vec{a}^{\,0} = \frac{1}{|\vec{a}|} \cdot \vec{a} = \frac{\vec{a}}{|\vec{a}|}$ heißt **Einheitsvektor** in Richtung des Vektors $\vec{a}$.

Umgekehrt kann man dann jeden Vektor $\vec{a} \neq \vec{o}$ unter Verwendung von $\vec{a}^{\,0}$ und seiner Länge $|\vec{a}|$ so darstellen: $\vec{a} = |\vec{a}| \cdot \vec{a}^{\,0}$

Gegeben sind die Punkte $A(-4; -2)$ und $B(-1; 2)$.
Gesucht ist der Vektor $\overrightarrow{AB}^0$ mit der Länge 1 und der Richtung von $\overrightarrow{AB}$.

Lösungsansatz: $\overrightarrow{AB}^0 = \frac{1}{|\overrightarrow{AB}|} \cdot \overrightarrow{AB}$

Nebenrechnungen: $\overrightarrow{AB} = \vec{b} - \vec{a} = \begin{pmatrix} -1 \\ 2 \end{pmatrix} - \begin{pmatrix} -4 \\ -2 \end{pmatrix} = \begin{pmatrix} 3 \\ 4 \end{pmatrix}$

$$|\overrightarrow{AB}| = \sqrt{3^2 + 4^2} = \sqrt{9 + 16} = \sqrt{25} = 5$$

Mit den Ergebnissen der Nebenrechnungen erhalten wir dann:

$$\overrightarrow{AB}^0 = \frac{1}{5} \cdot \begin{pmatrix} 3 \\ 4 \end{pmatrix} = \begin{pmatrix} \frac{3}{5} \\ \frac{4}{5} \end{pmatrix}$$

Wenn wir zur Probe die Länge des Vektors $\overrightarrow{AB}^0$ berechnen, erhalten wir:

$$|\overrightarrow{AB}^0| = \sqrt{\left(\frac{3}{5}\right)^2 + \left(\frac{4}{5}\right)^2} = \sqrt{\frac{9}{25} + \frac{16}{25}} = \sqrt{\frac{25}{25}} = \sqrt{1} = 1$$

Auch die Darstellung $\overrightarrow{AB} = |\overrightarrow{AB}| \cdot \overrightarrow{AB}^0$ wollen wir in diesem Beispiel nachprüfen:

$$\overrightarrow{AB} = 5 \cdot \begin{pmatrix} \frac{3}{5} \\ \frac{4}{5} \end{pmatrix} = \begin{pmatrix} 3 \\ 4 \end{pmatrix}$$

1.4. Lineare Abhängigkeit von Vektoren

1.4.1 Lineare Abhängigkeit von zwei Vektoren

Wir betrachten zunächst zwei Vektoren $\vec{a}_1 \neq \vec{o}$ und $\vec{a}_2 \neq \vec{o}$ im Raum oder in einer Ebene. Beginnen die beiden Vektoren in einem festen Punkt P des Raums oder der Ebene, dann können nur die folgenden Fälle eintreten:

Fall 1:

Die beiden Vektoren $\vec{a}_1$ und $\vec{a}_2$ sind wie in der Figur 17 gleichsinnig parallel oder sie sind gegensinnig parallel.

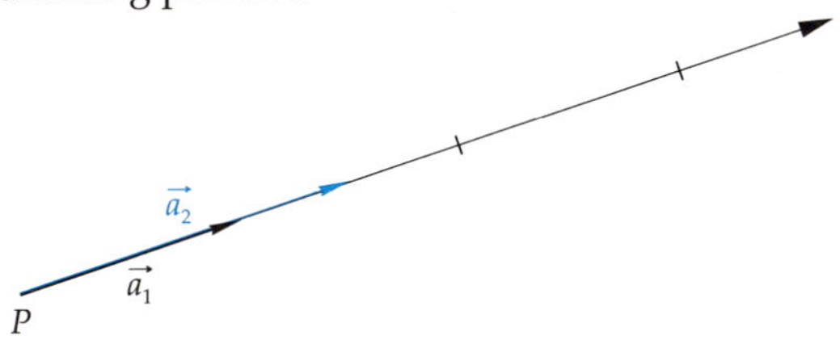

Figur 17

In der Figur 17 gilt zum Beispiel: $3\vec{a}_1 = 2\vec{a}_2$

Diese Gleichung können wir entweder nach $\vec{a}_1$ oder nach $\vec{a}_2$ auflösen:

$$\vec{a}_1 = \frac{2}{3} \cdot \vec{a}_2 \quad \text{bzw.} \quad \vec{a}_2 = \frac{3}{2} \cdot \vec{a}_1$$

Mit anderen Worten heißt dies, dass wir im Raum oder in der Ebene nach Vorgabe von zwei parallelen Vektoren $\vec{a}_1 \neq \vec{o}$ und $\vec{a}_2 \neq \vec{o}$ immer einen der beiden Vektoren durch den anderen Vektor ausdrücken können.
Subtrahieren wir in der Gleichung $3\vec{a}_1 = 2\vec{a}_2$ auf beiden Seiten den Vektor $2\vec{a}_2$, so erhalten wir:

$$3\vec{a}_1 - 2\vec{a}_2 = \vec{o}$$

bzw. $3\vec{a}_1 + (-2)a_2 = \vec{o}$

Die Vektorsumme $3\vec{a}_1 + (-2)\vec{a}_2$ heißt eine *Linearkombination* der Vektoren $\vec{a}_1$ und $\vec{a}_2$ mit den *Skalarfaktoren* 3 und (-2).

Allgemein legen wir fest:

Die Summe $k_1\vec{a}_1 + k_2\vec{a}_2$ mit den **Skalarfaktoren** k_1 und k_2 (also $k_1, k_2 \in \mathbb{R}$) heißt **Linearkombination** der Vektoren $\vec{a}_1$ und $\vec{a}_2$.

Liegen die beiden Vektoren $\vec{a}_1 \neq \vec{o}$ und $\vec{a}_2 \neq \vec{o}$ des Raums (bzw. der Ebene) zueinander parallel, dann kann man immer entweder $\vec{a}_1$ durch $\vec{a}_2$ oder $\vec{a}_2$ durch $\vec{a}_1$ ausdrücken. Dies heißt aber, dass in der Gleichung $k_1\vec{a}_1 + k_2\vec{a}_2 = \vec{o}$ die Skalarfaktoren k_1 und k_2 beide von null verschieden sein müssen.
Die Vektoren $\vec{a}_1$ und $\vec{a}_2$ heißen in diesem Fall *linear abhängig*.

Erfüllen zwei Vektoren $\vec{a}_1$ und $\vec{a}_2$ (beide $\neq \vec{o}$) des $\mathbb{R}^3$ oder des $\mathbb{R}^2$ die Gleichung $k_1\vec{a}_1 + k_2\vec{a}_2 = \vec{o}$ mit $k_1 \neq 0$ und $k_2 \neq 0$, dann heißen die Vektoren $\vec{a}_1$ und $\vec{a}_2$ **linear abhängig**.
Die zu diesen Vektoren gehörenden Pfeile liegen in diesem Fall zueinander parallel.

Fall 2:

Figur 18

Die beiden Vektoren $\vec{a}_1$ und $\vec{a}_2$ (beide $\neq \vec{o}$) des $\mathbb{R}^3$ bzw. des $\mathbb{R}^2$ mit dem gemeinsamen Anfangspunkt P haben die in der Figur 18 gezeichnete Lage und spannen das Dreieck PQR auf.

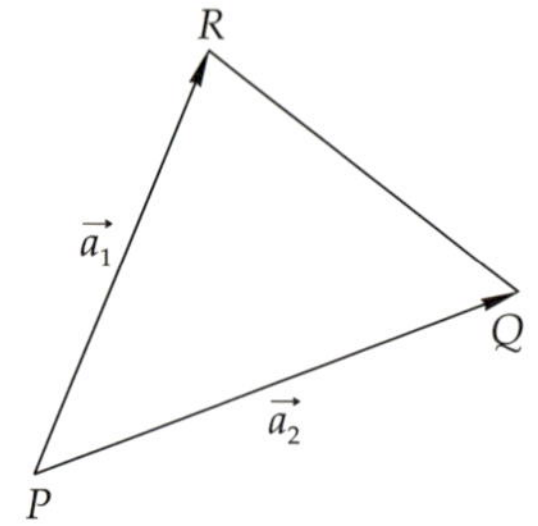

Da in der Figur 18 die beiden Vektoren $\vec{a}_1$ und $\vec{a}_2$ *nicht* zueinander parallel liegen, kann man weder den Vektor $\vec{a}_2$ durch $\vec{a}_1$ noch den Vektor $\vec{a}_1$ durch $\vec{a}_2$ ausdrücken.
Dies heißt aber mit anderen Worten, dass die Gleichung $k_1\vec{a}_1 + k_2\vec{a}_2 = \vec{o}$ nur für $k_1 = k_2 = 0$ bestehen kann.

Ist für die Vektoren $\vec{a}_1 \neq \vec{o}$ und $\vec{a}_2 \neq \vec{o}$ des $\mathbb{R}^3$ bzw. des $\mathbb{R}^2$ die Gleichung $k_1\vec{a}_1 + k_2\vec{a}_2 = \vec{o}$ *nur* für $k_1 = k_2 = 0$ erfüllt, dann heißen die Vektoren $\vec{a}_1$ und $\vec{a}_2$ **linear unabhängig.**
Sowohl im Raum wie auch in der Ebene spannen dann diese Vektoren ein Dreieck auf.

Es gilt aber auch die Umkehrung dieser Feststellung:

Sind die beiden Vektoren $\vec{a}_1 \neq \vec{o}$ und $\vec{a}_2 \neq \vec{o}$ des $\mathbb{R}^3$ bzw. des $\mathbb{R}^2$ linear unabhängig, dann müssen in der Gleichung $k_1\vec{a}_1 + k_2\vec{a}_2 = \vec{o}$ die beiden Skalarfaktoren k_1 und k_2 jeweils null sein.

1.4.2 Lineare Abhängigkeit von drei Vektoren

Betrachten wir jetzt drei Vektoren $\vec{a}_1, \vec{a}_2, \vec{a}_3$ (alle $\neq \vec{o}$) des $\mathbb{R}^3$ (bzw. des $\mathbb{R}^2$) mit dem gemeinsamen Anfangspunkt P, dann sind die folgenden vier Fälle zu unterscheiden:

Fall 1:

Die Vektoren $\vec{a}_1, \vec{a}_2, \vec{a}_3$ sind parallele Vektoren. Ein mögliches Beispiel für die Lage zeigt die Figur 19.

Figur 19

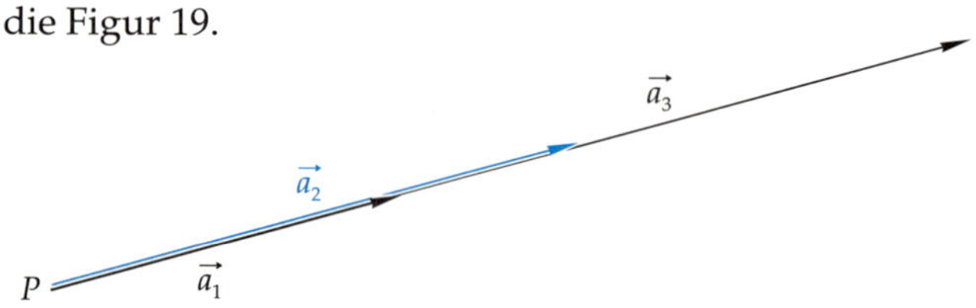

Die Gleichung $k_1\vec{a}_1 + k_2\vec{a}_2 + k_3\vec{a}_3 = \vec{o}$ kann wegen der parallelen Lage der Vektoren auf verschiedene Weise erfüllt werden.

Wählen wir zum Beispiel den Skalarfaktor $k_3 = 0$, dann bleibt noch die Gleichung $k_1\vec{a}_1 + k_2\vec{a}_2 = \vec{o}$. Wegen der linearen Abhängigkeit der Vektoren $\vec{a}_1$ und $\vec{a}_2$ ist diese Gleichung aber für eine geeignete Wahl $k_1 \neq 0$ und $k_2 \neq 0$ erfüllbar. (Vergleichen Sie dazu den Fall 1 in Abschnitt 1.4.1.)

Die Vektoren $\vec{a}_1, \vec{a}_2, \vec{a}_3$ sind in Fall 1 *linear abhängig*.

Fall 2:

Unter den drei Vektoren $\vec{a}_1$, $\vec{a}_2$, $\vec{a}_3$ (alle $\neq \vec{o}$) sind zwei Vektoren, zum Beispiel $\vec{a}_1$ und $\vec{a}_2$ zueinander, aber nicht zum Vektor $\vec{a}_3$ parallel. Ein mögliches Beispiel zeigt die Figur 20.

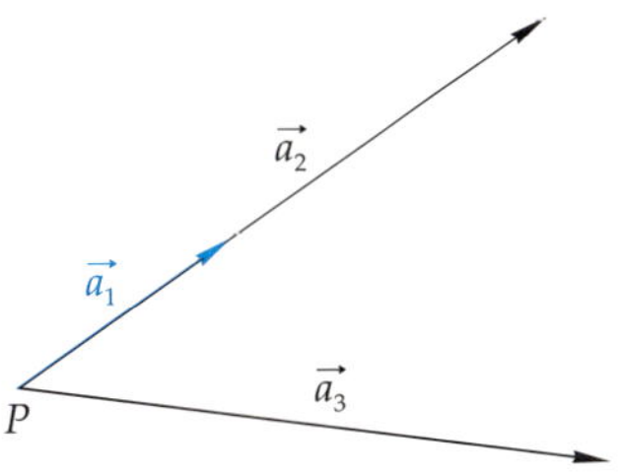

Figur 20

Die Gleichung $k_1\vec{a}_1 + k_2\vec{a}_2 + k_3\vec{a}_3 = \vec{o}$ kann für $k_3 = 0$ mit Skalarfaktoren $k_1 \neq 0$ und $k_2 \neq 0$ erfüllt werden, da die beiden Vektoren $\vec{a}_1$ und $\vec{a}_2$ nach Voraussetzung linear abhängig sind.

Für $k_2 = 0$ gilt: $k_1\vec{a}_1 + k_3\vec{a}_3 = \vec{o}$

Da aber die Vektoren $\vec{a}_1$ und $\vec{a}_3$ *linear unabhängige* Vektoren sind (denn sie sind nicht parallel), muss für $k_2 = 0$ auch $k_1 = k_3 = 0$ sein.

Sie dürfen aber nicht behaupten, dass die Gleichung $k_1\vec{a}_1 + k_2\vec{a}_2 + k_3\vec{a}_3 = \vec{o}$ *nur* für $k_1 = k_2 = k_3 = 0$ erfüllt ist! Denn wir haben oben gesehen, dass es für die Vektorgleichung auch eine Lösung mit $k_1 \neq 0,\ k_2 \neq 0,\ k_3 = 0$ gibt.

Da also die Gleichung $k_1\vec{a}_1 + k_2\vec{a}_2 + k_3\vec{a}_3 = \vec{o}$ auch erfüllt werden kann, wenn nicht *alle* Skalarfaktoren gleich null sind, sind die Vektoren $\vec{a}_1$, $\vec{a}_2$, $\vec{a}_3$ *linear abhängig*.

Beachten Sie:

Im Gegensatz zur linearen Abhängigkeit von zwei Vektoren kann man bei drei linear abhängigen Vektoren im Fall 2 nicht jeden der drei Vektoren durch die beiden restlichen Vektoren darstellen. In unserem Beispiel kann man $\vec{a}_3$ nicht durch $\vec{a}_1$ und $\vec{a}_2$ ausdrücken.

Fall 3:

Die drei Vektoren $\vec{a}_1, \vec{a}_2, \vec{a}_3$ (alle $\neq \vec{o}$) liegen jetzt in einer *Ebene* und zeigen, anschaulich gesprochen, von P aus gesehen in drei verschiedene Richtungen. Ein mögliches Beispiel zeigt die Figur 21.

Figur 21

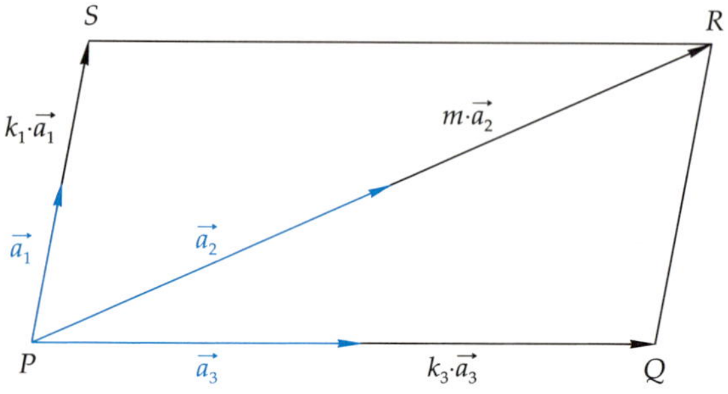

Vergleichen Sie in der Figur 21:
Für einen festen Wert $m \neq 0$ betrachten wir den Vektor $m \cdot \vec{a}_2 = \overrightarrow{PR}$ und fassen diesen Vektor als Diagonalenvektor des Parallelogramms mit den Seitenvektoren $k_1\vec{a}_1$ und $k_3\vec{a}_3$ auf. Die geschlossene Vektorkette ($PSRP$) hat den Nullvektor $\vec{o}$ als Summenvektor.

Wir erhalten so die Gleichung: $k_1\vec{a}_1 + k_3\vec{a}_3 - m \cdot \vec{a}_2 = \vec{o}$

Setzen wir nun $-m = k_2$ und stellen in der Gleichung um, dann gilt:

$k_1\vec{a}_1 + k_2\vec{a}_2 + k_3\vec{a}_3 = \vec{o}$

Wegen $m \neq 0$ und $-m = k_2$ muss auch $k_2 \neq 0$ sein und wir können sagen, dass die obige Gleichung erfüllt ist, wobei nicht alle Skalarfaktoren den Wert null haben. Die Vektoren $\vec{a}_1, \vec{a}_2, \vec{a}_3$ sind daher *linear abhängig*.

Im Fall 2 und Fall 3 des Abschnitts 1.4.2 liegen die Vektoren $\vec{a}_1, \vec{a}_2, \vec{a}_3$ in *einer* Ebene. Solche Vektoren heißen daher auch **komplanare Vektoren** und sind *immer* linear *abhängig.*

Fall 4:

Die drei Vektoren $\vec{a}_1, \vec{a}_2, \vec{a}_3$ (alle $\neq \vec{o}$) des $\mathbb{R}^3$ liegen nun nicht in einer Ebene und können als Kantenvektoren eines Tetraeders mit der Ecke P aufgefasst werden. Eine mögliche Lage dieser Vektoren ist in der räumlich zu verstehenden Figur 22 eingetragen.

Figur 22

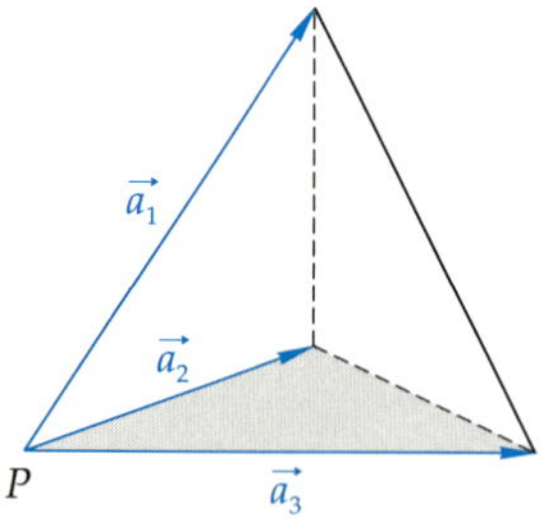

Wir werden im Folgenden zeigen, dass die Gleichung $k_1\vec{a}_1 + k_2\vec{a}_2 + k_3\vec{a}_3 = \vec{o}$ *nur* für $k_1 = k_2 = k_3 = 0$ bestehen kann.

Wäre zum Beispiel $k_1 \neq 0$, dann wäre damit auch $k_1\vec{a}_1 \neq \vec{o}$ und aus der Vektorgleichung würden wir für $k_1\vec{a}_1$ die folgende Darstellung erhalten:

$$k_1\vec{a}_1 = -k_2\vec{a}_2 - k_3\vec{a}_3$$

Der Vektor $k_1\vec{a}_1$ wäre damit eine Linearkombination aus den Vektoren $\vec{a}_2$ und $\vec{a}_3$ und müsste daher in der von diesen Vektoren aufgespannten Ebene liegen. Da der Vektor $k_1\vec{a}_1$ nach Voraussetzung aber nicht in der von den Vektoren $\vec{a}_2$ und $\vec{a}_3$ aufgespannten Ebene liegt, muss $k_1 = 0$ sein. Damit bleibt noch die Gleichung $k_2\vec{a}_2 + k_3\vec{a}_3 = \vec{o}$, die aber nur für $k_2 = k_3 = 0$ bestehen kann, da die beiden Vektoren $\vec{a}_2$ und $\vec{a}_3$ nach Voraussetzung linear unabhängig sind (denn sie sind nicht parallel).

Da für drei Vektoren $\vec{a}_1, \vec{a}_2, \vec{a}_3$ (alle $\neq \vec{o}$) des $\mathbb{R}^3$, die *nicht* in einer gemeinsamen Ebene liegen, die Gleichung $k_1\vec{a}_1 + k_2\vec{a}_2 + k_3\vec{a}_3 = \vec{o}$ *nur* für $k_1 = k_2 = k_3 = 0$ bestehen kann, sind die drei Vektoren $\vec{a}_1, \vec{a}_2, \vec{a}_3$ *linear unabhängig*.

Es gilt auch die Umkehrung dieser Feststellung:

Wissen wir, dass die drei Vektoren $\vec{a}_1, \vec{a}_2, \vec{a}_3$ linear unabhängig sind, dann folgt aus dem Bestehen der Gleichung $k_1\vec{a}_1 + k_2\vec{a}_2 + k_3\vec{a}_3 = \vec{o}$, dass alle Skalarfaktoren gleich null sein müssen.

Besteht für n ($n \in \mathbb{N}$) Vektoren $\vec{a}_1, \vec{a}_2, \ldots, \vec{a}_n$ (alle $\neq \vec{o}$) die Gleichung $k_1\vec{a}_1 + k_2\vec{a}_2 + \ldots + k_n\vec{a}_n = \vec{o}$, in der nicht alle $k_i = 0$ sind ($i = 1, \ldots, n$), dann heißen die Vektoren $\vec{a}_1, \vec{a}_2, \ldots, \vec{a}_n$ **linear abhängig**.

Die Vektoren $\vec{a}_1, \vec{a}_2, \ldots, \vec{a}_n$ sind zum Beispiel schon dann linear abhängig, wenn es mindestens zwei $k_i \neq 0$ gibt.

Gilt dagegen die obige Gleichung *nur* für $k_1 = k_2 = \ldots = k_n = 0$, dann heißen die Vektoren $\vec{a}_1, \vec{a}_2, \ldots, \vec{a}_n$ **linear unabhängig**.

1.4.3 Koordinatendarstellung der linearen Abhängigkeit

Untersuchungen in der Ebene

In einem ebenen kartesischen Koordinatensystem mit dem Ursprung O und den Einheitspunkten E_1 auf der x_1-Achse und E_2 auf der x_2-Achse untersuchen wir die Einheitsvektoren $\overrightarrow{OE_1} = \vec{e}_1 = \begin{pmatrix} 1 \\ 0 \end{pmatrix}$ und $\overrightarrow{OE_2} = \vec{e}_2 = \begin{pmatrix} 0 \\ 1 \end{pmatrix}$ auf lineare Abhängigkeit.
Wir machen dazu den Ansatz:

$$k_1\vec{e}_1 + \quad k_2\vec{e}_2 \quad = \vec{o}$$

bzw.: $k_1 \cdot \begin{pmatrix} 1 \\ 0 \end{pmatrix} + k_2 \cdot \begin{pmatrix} 0 \\ 1 \end{pmatrix} = \begin{pmatrix} 0 \\ 0 \end{pmatrix}$

und formen dann unter Anwendung der S-Multiplikation und anschließender Vektoraddition so um:

$$\begin{pmatrix} k_1 \\ 0 \end{pmatrix} + \begin{pmatrix} 0 \\ k_2 \end{pmatrix} = \begin{pmatrix} 0 \\ 0 \end{pmatrix}$$

$$\begin{pmatrix} k_1 + 0 \\ 0 + k_2 \end{pmatrix} = \begin{pmatrix} 0 \\ 0 \end{pmatrix} \quad \text{bzw.:} \quad \begin{pmatrix} k_1 \\ k_2 \end{pmatrix} = \begin{pmatrix} 0 \\ 0 \end{pmatrix}$$

Die Gleichheit der Vektoren besteht aber nur für $k_1 = 0$ und $k_2 = 0$. Die Vektoren $\vec{e}_1$ und $\vec{e}_2$ sind also *linear unabhängig*.

Wir untersuchen jetzt, ob man einen beliebigen Vektor $\vec{a}$ des $\mathbb{R}^2$ mithilfe der Vektoren $\vec{e}_1$ und $\vec{e}_2$ darstellen kann.
Dazu machen wir mit den unbekannten Zahlen m_1 und m_2 den Ansatz:

$$\vec{a} = m_1\vec{e}_1 + m_2\vec{e}_2$$

$$\begin{pmatrix} a_1 \\ a_2 \end{pmatrix} = m_1 \cdot \begin{pmatrix} 1 \\ 0 \end{pmatrix} + m_2 \cdot \begin{pmatrix} 0 \\ 1 \end{pmatrix}$$

$$\begin{pmatrix} a_1 \\ a_2 \end{pmatrix} = \begin{pmatrix} m_1 \\ 0 \end{pmatrix} + \begin{pmatrix} 0 \\ m_2 \end{pmatrix} \quad \text{bzw.:} \quad \begin{pmatrix} a_1 \\ a_2 \end{pmatrix} = \begin{pmatrix} m_1 \\ m_2 \end{pmatrix}$$

Aus der letzten Gleichung erhalten wir $m_1 = a_1$ und $m_2 = a_2$ und damit für $\vec{a}$ die Darstellung:

$$\vec{a} = a_1\vec{e}_1 + a_2\vec{e}_2$$

Die mit den Koordinaten a_1 bzw. a_2 multiplizierten Einheitsvektoren, also $a_1\vec{e}_1$ und $a_2\vec{e}_2$, nennt man auch die **Komponenten** des Vektors $\vec{a}$ und vereinbart die folgende Schreibweise:

$$\vec{a} = a_1\vec{e}_1 + a_2\vec{e}_2 = \begin{pmatrix} a_1 \\ a_2 \end{pmatrix}$$

Lineare Abhängigkeit von drei Vektoren der Ebene

Wegen der linearen Unabhängigkeit der Vektoren $\vec{e}_1$ und $\vec{e}_2$ können wir zunächst feststellen, dass es in der Ebene *mindestens* zwei linear unabhängige Vektoren gibt. Wir nehmen nun zu den Vektoren $\vec{e}_1$ und $\vec{e}_2$ einen weiteren beliebigen Vektor $\vec{a} \neq \vec{o}$ der Ebene hinzu und zeigen, dass dann die drei Vektoren $\vec{e}_1$, $\vec{e}_2$, $\vec{a}$ stets linear *abhängig* sind.

Dazu müssen wir nachweisen, dass die Gleichung $k_1\vec{e}_1 + k_2\vec{e}_2 + k_3\vec{a} = \vec{o}$ bestehen kann, ohne dass alle drei Skalarfaktoren gleich null sind.

$$\begin{pmatrix} k_1 \\ 0 \end{pmatrix} + \begin{pmatrix} 0 \\ k_2 \end{pmatrix} + \begin{pmatrix} k_3 \cdot a_1 \\ k_3 \cdot a_2 \end{pmatrix} = \begin{pmatrix} 0 \\ 0 \end{pmatrix}$$
$$\begin{pmatrix} k_1 + 0 + k_3 \cdot a_1 \\ 0 + k_2 + k_3 \cdot a_2 \end{pmatrix} = \begin{pmatrix} 0 \\ 0 \end{pmatrix}$$
$$k_1 + k_3 \cdot a_1 = 0$$
$$k_2 + k_3 \cdot a_2 = 0$$

Mit etwas Herumbasteln finden wir heraus, dass wir für die Wahl $k_3 = -1$ eine brauchbare spezielle Lösung angeben können.
Mit $k_3 = -1$ lauten die obigen Gleichungen dann: $k_1 - a_1 = 0 \Rightarrow k_1 = a_1$
$k_2 - a_2 = 0 \Rightarrow k_2 = a_2$

Mit der speziellen Lösung $(k_1; k_2; k_3) = (a_1; a_2; -1)$ haben wir nun drei Skalarfaktoren gefunden, die wegen $k_3 = -1$ nicht alle gleich null sind. Die Vektoren $\vec{e}_1$, $\vec{e}_2$, $\vec{a}$ sind daher linear *abhängig* und wir halten fest:

In der Ebene $\mathbb{R}^2$ gibt es maximal zwei linear unabhängige Vektoren.

Untersuchungen im Raum

In einem räumlichen kartesischen Koordinatensystem mit dem Ursprung O und den Einheitspunkten E_1, E_2, E_3 untersuchen wir die Einheitsvektoren $\overrightarrow{OE_1} = \vec{e}_1 = \begin{pmatrix} 1 \\ 0 \\ 0 \end{pmatrix}$, $\overrightarrow{OE_2} = \vec{e}_2 = \begin{pmatrix} 0 \\ 1 \\ 0 \end{pmatrix}$ und $\overrightarrow{OE_3} = \vec{e}_3 = \begin{pmatrix} 0 \\ 0 \\ 1 \end{pmatrix}$ auf lineare Abhängigkeit.

Die Gleichung $k_1\vec{e}_1 + k_2\vec{e}_2 + k_3\vec{e}_3 = \vec{o}$ lautet:

$$k_1 \cdot \begin{pmatrix} 1 \\ 0 \\ 0 \end{pmatrix} + k_2 \cdot \begin{pmatrix} 0 \\ 1 \\ 0 \end{pmatrix} + k_3 \cdot \begin{pmatrix} 0 \\ 0 \\ 1 \end{pmatrix} = \begin{pmatrix} 0 \\ 0 \\ 0 \end{pmatrix}$$

$$\begin{pmatrix} k_1 \\ 0 \\ 0 \end{pmatrix} + \begin{pmatrix} 0 \\ k_2 \\ 0 \end{pmatrix} + \begin{pmatrix} 0 \\ 0 \\ k_3 \end{pmatrix} = \begin{pmatrix} 0 \\ 0 \\ 0 \end{pmatrix} \quad \Rightarrow \quad \begin{pmatrix} k_1 \\ k_2 \\ k_3 \end{pmatrix} = \begin{pmatrix} 0 \\ 0 \\ 0 \end{pmatrix}$$

Die letzte Gleichung liefert nun $k_1 = k_2 = k_3 = 0$ und die Vektoren $\vec{e}_1$, $\vec{e}_2$, $\vec{e}_3$ sind daher linear *unabhängig*.

Mithilfe der linear unabhängigen Vektoren $\vec{e}_1, \vec{e}_2, \vec{e}_3$ können wir nun einen beliebigen Vektor $\vec{a} \neq \vec{o}$ des $\mathbb{R}^3$ darstellen:

$$\vec{a} = k_1\vec{e}_1 + k_2\vec{e}_2 + k_3\vec{e}_3$$

$$\begin{pmatrix} a_1 \\ a_2 \\ a_3 \end{pmatrix} = k_1 \cdot \begin{pmatrix} 1 \\ 0 \\ 0 \end{pmatrix} + k_2 \cdot \begin{pmatrix} 0 \\ 1 \\ 0 \end{pmatrix} + k_3 \cdot \begin{pmatrix} 0 \\ 0 \\ 1 \end{pmatrix} \Rightarrow \begin{pmatrix} a_1 \\ a_2 \\ a_3 \end{pmatrix} = \begin{pmatrix} k_1 \\ k_2 \\ k_3 \end{pmatrix}$$

Aus der letzten Gleichung erhalten wir: $k_1 = a_1$, $k_2 = a_2$, $k_3 = a_3$ und damit für den Vektor $\vec{a}$ die Darstellung:

$$\vec{a} = a_1\vec{e}_1 + a_2\vec{e}_2 + a_3\vec{e}_3$$

Die mit den Koordinaten a_1, a_2, a_3 multiplizierten Einheitsvektoren, also $a_1\vec{e}_1$, $a_2\vec{e}_2$ und $a_3\vec{e}_3$, nennt man die **Komponenten** des Vektors $\vec{a}$ und vereinbart die Schreibweise:

$$\vec{a} = a_1\vec{e}_1 + a_2\vec{e}_2 + a_3\vec{e}_3 = \begin{pmatrix} a_1 \\ a_2 \\ a_3 \end{pmatrix}$$

Lineare Abhängigkeit von vier Vektoren im Raum

Wegen der linearen Unabhängigkeit der Vektoren $\vec{e}_1, \vec{e}_2, \vec{e}_3$ können wir zunächst feststellen, dass es im Raum *mindestens* drei linear unabhängige Vektoren gibt. Wir nehmen nun einen weiteren beliebigen Vektor $\vec{a} \neq \vec{o}$ des Raums hinzu und zeigen, dass dann die vier Vektoren $\vec{e}_1, \vec{e}_2, \vec{e}_3, \vec{a}$ stets linear *abhängig* sind.

Dazu müssen wir nachweisen, dass die Gleichung $k_1\vec{e}_1 + k_2\vec{e}_2 + k_3\vec{e}_3 + k_4\vec{a} = \vec{o}$ bestehen kann, ohne dass alle vier Skalarfaktoren gleich null sind.

$$\begin{pmatrix} k_1 \\ 0 \\ 0 \end{pmatrix} + \begin{pmatrix} 0 \\ k_2 \\ 0 \end{pmatrix} + \begin{pmatrix} 0 \\ 0 \\ k_3 \end{pmatrix} + \begin{pmatrix} k_4 \cdot a_1 \\ k_4 \cdot a_2 \\ k_4 \cdot a_3 \end{pmatrix} = \begin{pmatrix} 0 \\ 0 \\ 0 \end{pmatrix}$$

$$\begin{pmatrix} k_1 + 0 + 0 + k_4 \cdot a_1 \\ 0 + k_2 + 0 + k_4 \cdot a_2 \\ 0 + 0 + k_3 + k_4 \cdot a_3 \end{pmatrix} = \begin{pmatrix} 0 \\ 0 \\ 0 \end{pmatrix} \Rightarrow \begin{matrix} k_1 + k_4 \cdot a_1 = 0 \\ k_2 + k_4 \cdot a_2 = 0 \\ k_3 + k_4 \cdot a_3 = 0 \end{matrix}$$

Treffen wir nun, analog zur Untersuchung im $\mathbb{R}^2$, auch hier die spezielle Wahl $k_4 = -1$, dann gilt damit:

$$\begin{matrix} k_1 - a_1 = 0 & \Rightarrow & k_1 = a_1 \\ k_2 - a_2 = 0 & \Rightarrow & k_2 = a_2 \\ k_3 - a_3 = 0 & \Rightarrow & k_3 = a_3 \end{matrix}$$

Mit der speziellen Kombination $(k_1; k_2; k_3; k_4) = (a_1; a_2; a_3; -1)$ ist aber wegen $k_4 = -1$ gezeigt, dass die Vektorgleichung $k_1\vec{e}_1 + k_2\vec{e}_2 + k_3\vec{e}_3 + k_4\vec{a} = \vec{o}$ gilt, ohne dass alle Skalarfaktoren gleich null sind.
Die Vektoren $\vec{e}_1, \vec{e}_2, \vec{e}_3, \vec{a}$ sind daher linear *abhängig* und wir halten fest:

Im $\mathbb{R}^3$ gibt es maximal drei linear unabhängige Vektoren.

Gegeben sind die Vektoren $\vec{b}_1 = \begin{pmatrix} 1 \\ 0 \\ 0 \end{pmatrix}, \vec{b}_2 = \begin{pmatrix} 1 \\ 1 \\ 0 \end{pmatrix}, \vec{b}_3 = \begin{pmatrix} 0 \\ 1 \\ 1 \end{pmatrix}$. **Aufgabe 7**

Sind diese Vektoren linear abhängig oder linear unabhängig?

Untersuchen Sie, ob die Vektoren $\vec{a}_1 = \begin{pmatrix} -1 \\ 2 \\ 5 \end{pmatrix}, \vec{a}_2 = \begin{pmatrix} 0 \\ 1 \\ 4 \end{pmatrix}, \vec{a}_3 = \begin{pmatrix} 2 \\ -1 \\ 2 \end{pmatrix}$ linear abhängig oder linear unabhängig sind. **Aufgabe 8**

Basis und Dimension eines Vektorraums *1.4.4*

In Abschnitt 1.3.2 hatten wir gezeigt, dass die Vektoren des $\mathbb{R}^3$ bzw. die Vektoren des $\mathbb{R}^2$ mit der Vektoraddition als Verknüpfung eine *kommutative Gruppe* bilden. Außerdem sind nach Abschnitt 1.3.5 bei der S-Multiplikation, also der Multiplikation $r \cdot \vec{a}$ eines Vektors mit einer reellen Zahl, die Gesetze $\mathbf{S}_1$ bis $\mathbf{S}_4$ erfüllt.

Wegen der eben angeführten Eigenschaften der Vektoraddition $\vec{a} + \vec{b}$ und der S-Multiplikation $r \cdot \vec{a}$ spricht man in der Mathematik auch vom **Vektorraum $\mathbb{R}^3$** bzw. vom **Vektorraum $\mathbb{R}^2$**.

Im $\mathbb{R}^3$ kann jeder Vektor $\vec{a}$ als Linearkombination $\vec{a} = a_1\vec{e}_1 + a_2\vec{e}_2 + a_3\vec{e}_3$ der drei linear unabhängigen Vektoren $\vec{e}_1, \vec{e}_2, \vec{e}_3$ dargestellt werden.
Im $\mathbb{R}^2$ gilt entsprechend: $\vec{a} = a_1\vec{e}_1 + a_2\vec{e}_2$

Im Raum bezeichnet man die Menge $\{\vec{e}_1, \vec{e}_2, \vec{e}_3\}$ der linear unabhängigen Vektoren als **Basis**. Die Vektoren $\vec{e}_1, \vec{e}_2, \vec{e}_3$ werden dann **Basisvektoren** genannt.
Entsprechend ist in der Ebene die Menge $\{\vec{e}_1, \vec{e}_2\}$ eine **Basis** mit den **Basisvektoren** $\vec{e}_1$ und $\vec{e}_2$.

Bemerkung

Die von uns gewählte Basis mit den aufeinander senkrecht stehenden Einheitsvektoren als Basisvektoren heißt auch **Standardbasis** oder **kanonische Basis**. Sie hat den praktischen Vorteil, dass für den Ortsvektor $\overrightarrow{OA} = \vec{a}$ die Koordinaten des Vektor $\vec{a}$ mit den Koordinaten des Punktes $A(a_1; a_2; a_3)$ übereinstimmen.

Versteht man schließlich unter der **Dimension** eines Vektorraums die *Anzahl der linear unabhängigen Basisvektoren*, so können wir aufgrund der Ergebnisse in Abschnitt 1.4.3 feststellen, dass der Vektorraum $\mathbb{R}^2$ die Dimension 2 und der Vektorraum $\mathbb{R}^3$ die Dimension 3 hat.

Wir sehen uns nun in einem Beispiel an, wie man die Koordinaten eines Vektors $\vec{a}$ berechnet, wenn man von der Standardbasis $\{\vec{e}_1; \vec{e}_2; \vec{e}_3\}$ zu einer neuen Basis $\{\vec{b}_1; \vec{b}_2; \vec{b}_3\}$ des $\mathbb{R}^3$ übergeht.

Gegeben ist der Vektor $\vec{a} = -1\vec{e}_1 + 2\vec{e}_2 + 5\vec{e}_3 = \begin{pmatrix} -1 \\ 2 \\ 5 \end{pmatrix}$.

Als neue Basis wählen wir $\{\vec{b}_1; \vec{b}_2; \vec{b}_3\}$ mit den linear unabhängigen Vektoren $\vec{b}_1$, $\vec{b}_2$ und $\vec{b}_3$ aus der Aufgabe 7.

Bezüglich der neuen Basis machen wir für den Vektor $\vec{a}$ mit den unbekannten Zahlen m_1, m_2 und m_3 den Ansatz: $\vec{a} = m_1\vec{b}_1 + m_2\vec{b}_2 + m_3\vec{b}_3$

In der Gleichung $-1\vec{e}_1 + 2\vec{e}_2 + 5\vec{e}_3 = m_1\vec{b}_1 + m_2\vec{b}_2 + m_3\vec{b}_3$ sind also die Zahlen m_1, m_2 und m_3 zu berechnen.

Setzen wir die Vektoren ein, so erhalten wir:

$$-1 \cdot \begin{pmatrix} 1 \\ 0 \\ 0 \end{pmatrix} + 2 \cdot \begin{pmatrix} 0 \\ 1 \\ 0 \end{pmatrix} + 5 \cdot \begin{pmatrix} 0 \\ 0 \\ 1 \end{pmatrix} = m_1 \cdot \begin{pmatrix} 1 \\ 0 \\ 0 \end{pmatrix} + m_2 \cdot \begin{pmatrix} 1 \\ 1 \\ 0 \end{pmatrix} + m_3 \cdot \begin{pmatrix} 0 \\ 1 \\ 1 \end{pmatrix}$$

$$\begin{pmatrix} -1+0+0 \\ 0+2+0 \\ 0+0+5 \end{pmatrix} = \begin{pmatrix} m_1 + m_2 + 0 \\ 0 + m_2 + m_3 \\ 0 + 0 + m_3 \end{pmatrix} \Rightarrow \begin{pmatrix} -1 \\ 2 \\ 5 \end{pmatrix} = \begin{pmatrix} m_1 + m_2 \\ m_2 + m_3 \\ m_3 \end{pmatrix}$$

Aus der Gleichheit der beiden Vektoren in der letzten Gleichung erhalten wir nun die drei Koordinatengleichungen:

$$\begin{array}{rlr} m_1 + m_2 \qquad & = -1 & \textbf{I} \\ m_2 + m_3 & = \ \ 2 & \textbf{II} \\ m_3 & = \ \ 5 & \textbf{III} \end{array}$$

Mit $m_3 = 5$ erhalten wir aus der Gleichung **II**: $m_2 + 5 = 2 \quad \Rightarrow \quad m_2 = -3$
Mit $m_2 = -3$ liefert die Gleichung **I**: $m_1 - 3 = -1 \quad \Rightarrow \quad m_1 = 2$

Ergebnis:

Durch das Zahlentripel $\begin{pmatrix} m_1 \\ m_2 \\ m_3 \end{pmatrix} = \begin{pmatrix} 2 \\ -3 \\ 5 \end{pmatrix}$ sind die Koordinaten des Vektors $\vec{a}$ in der neuen Basis $\{\vec{b}_1; \vec{b}_2; \vec{b}_3\}$ gegeben.

Lineare Unabhängigkeit als Beweisprinzip

1.4.5

Wir rechnen zur Einführung zwei Beispiele vor, in denen Sie sehen, wie man die lineare Unabhängigkeit von Vektoren zur Lösung von bestimmten Aufgabentypen verwenden kann. Nach den Beispielen finden Sie ein Lösungsschema für derartige Aufgaben.

Beispiel 1

Es ist zu zeigen, dass sich die Diagonalen eines Parallelogramms gegenseitig halbieren.

Vergleichen Sie in der Figur 23:
Das Parallelogramm *ABCD* wird durch die beiden linear unabhängigen Grundvektoren $\vec{a}$ und $\vec{b}$ aufgespannt. Es wird behauptet, dass der Schnittpunkt *M* der Diagonalen die Streckenlängen $\overline{AC}$ und $\overline{BD}$ halbiert.

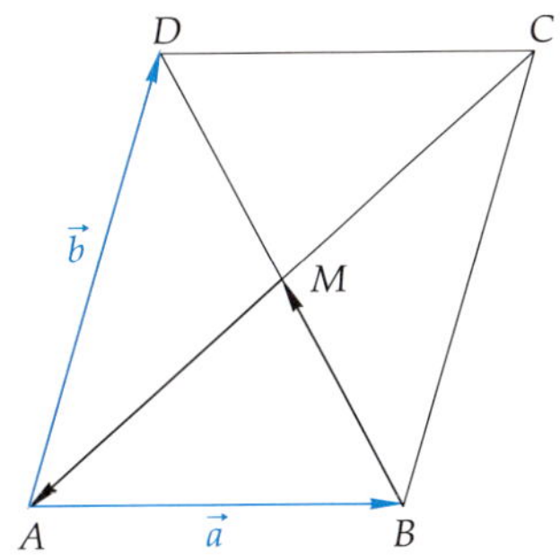

Figur 23

Schritt 1:

Geschlossene Vektorkette mit dem Punkt *M* als „Ecke" bilden.

Es bieten sich dazu mehrere Möglichkeiten an. Wir entscheiden uns für die geschlossene Vektorkette (*ABMA*): $\overrightarrow{AB} + \overrightarrow{BM} + \overrightarrow{MA} = \vec{o}$

Schritt 2:

Die Vektoren der obigen Vektorkette werden nun durch die Grundvektoren $\vec{a}$ und $\vec{b}$ dargestellt.

$\overrightarrow{AB} = \vec{a}$

Vektor $\overrightarrow{BM}$ darstellen:
Setzen wir $\overrightarrow{BM} = s \cdot \overrightarrow{BD}$, dann ist $s > 0$, da die Vektoren $\overrightarrow{BM}$ und $\overrightarrow{BD}$ gleich gerichtet sind.
Nun muss der Vektor $\overrightarrow{BD}$ mithilfe der Grundvektoren $\vec{a}$ und $\vec{b}$ dargestellt werden. Dazu umlaufen wir erneut eine geschlossene Vektorkette, wobei wir zweckmäßig mit dem gesuchten Vektor $\overrightarrow{BD}$ beginnen.
(*BDAB*) liefert: $\overrightarrow{BD} - \vec{b} + \vec{a} = \vec{o}$ bzw. $\overrightarrow{BD} = \vec{b} - \vec{a}$

Damit erhalten wir für den Vektor $\overrightarrow{BM}$: $\overrightarrow{BM} = s(\vec{b} - \vec{a})$

Vektor $\overrightarrow{MA}$ darstellen:
Wählen wir $\overrightarrow{MA} = t \cdot \overrightarrow{CA}$, dann ist $t > 0$, da die Vektoren $\overrightarrow{MA}$ und $\overrightarrow{CA}$ gleich gerichtet sind.
Um den Vektor $\overrightarrow{CA}$ durch die Grundvektoren $\vec{a}$ und $\vec{b}$ auszudrücken, wählen wir eine geschlossene Vektorkette, wobei wir zweckmäßig mit dem gesuchten Vektor $\overrightarrow{CA}$ beginnen:
(*CABC*) liefert: $\overrightarrow{CA} + \vec{a} + \vec{b} = \vec{o}$ bzw. $\overrightarrow{CA} = -\vec{a} - \vec{b}$

Damit erhalten wir für den Vektor $\overrightarrow{MA}$: $\overrightarrow{MA} = t(-\vec{a} - \vec{b})$

Nun sind alle benötigten Vektoren der geschlossenen Vektorkette ($ABMA$) durch die Grundvektoren $\vec{a}$ und $\vec{b}$ ausgedrückt.
Die Vektorgleichung $\overrightarrow{AB} + \overrightarrow{BM} + \overrightarrow{MA} = \vec{o}$ lautet dann:

$$\vec{a} + s(\vec{b} - \vec{a}) + t(-\vec{a} - \vec{b}) = \vec{o}$$

Schritt 3:

Die Gleichung aus Schritt 2 wird nun umgeordnet zu einer Linearkombination der linear unabhängigen Grundvektoren $\vec{a}$ und $\vec{b}$:

$$\vec{a} + s\vec{b} - s\vec{a} - t\vec{a} - t\vec{b} = \vec{o}$$
$$(1 - s - t)\vec{a} + (s - t)\vec{b} = o$$

Schritt 4:

Da die Grundvektoren $\vec{a}$ und $\vec{b}$ linear unabhängig sind, müssen die Koeffizienten der Vektoren $\vec{a}$ und $\vec{b}$ den Wert null haben.
Dies liefert die Gleichungen:

$$1 - s - t = 0 \qquad \textbf{I}$$
$$s - t = 0 \qquad \textbf{II}$$

Aus **II**: $s = t$ in **I**: $1 - s - s = 0 \quad \Rightarrow \quad 1 = 2s \quad \Rightarrow \quad s = \frac{1}{2}$

Wegen $s = t$ gilt dann: $s = t = \frac{1}{2}$ (Kontrolle: $s, t > 0$)

Damit erhalten wir: $\overrightarrow{BM} = s \cdot \overrightarrow{BD}$, also: $\overrightarrow{BM} = \frac{1}{2} \cdot \overrightarrow{BD}$

$\overrightarrow{MA} = t \cdot \overrightarrow{CA}$, also: $\overrightarrow{MA} = \frac{1}{2} \cdot \overrightarrow{CA}$

Vergleichen wir unser Ergebnis mit den zugehörigen Vektoren in Figur 23, dann sehen wir, was die Formeln bedeuten:
Der Schnittpunkt M der Diagonalen halbiert sowohl die Strecke $\overrightarrow{BD}$ wie auch die Strecke $\overrightarrow{CA}$.

Beispiel 2 Zeigen Sie, dass sich die Seitenhalbierenden eines Dreiecks in einem Punkt S schneiden. In welchem Verhältnis teilt der Punkt S jeweils die Seitenhalbierenden? (Eine Seitenhalbierende verbindet den Mittelpunkt einer Dreiecksseite mit dem gegenüberliegenden Eckpunkt).

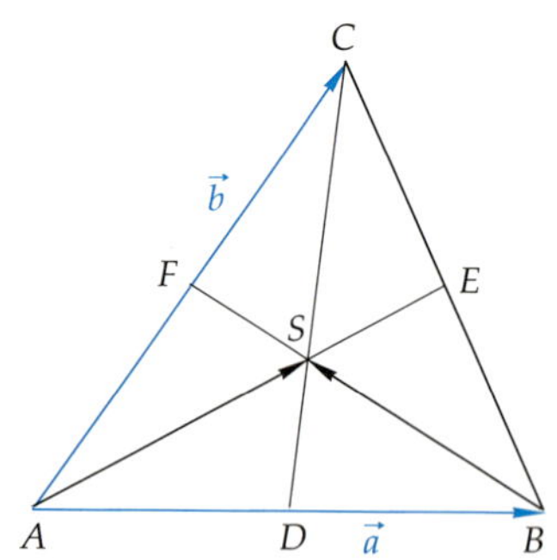

Figur 24

In der Figur 24 wird das Dreieck ABC durch die linear unabhängigen Vektoren $\overrightarrow{AB} = \vec{a}$ und $\overrightarrow{AC} = \vec{b}$ aufgespannt. Die Mittelpunkte der Dreiecksseiten sind die Punkte D, E und F.

Vergleichen Sie in der Figur 24:
Da eine Aussage über den Punkt S gemacht wird, wählen wir zum Beispiel die geschlossene Vektorkette ($ASBA$) und führen dazu die Vektoren $\overrightarrow{AS}$ und $\overrightarrow{BS}$ ein. Diese Wahl wurde getroffen, da wir $\overrightarrow{AS} = s \cdot \overrightarrow{AE}$ $(s > 0)$ und $\overrightarrow{BS} = t \cdot \overrightarrow{BF}$ $(t > 0)$ in der Vektorkette ($ASBA$) verwenden wollen.

Schritt 1:

($ASBA$) umlaufen: $\overrightarrow{AS} - \overrightarrow{BS} + \overrightarrow{BA} = \vec{o}$

Mit $\overrightarrow{AS} = s \cdot \overrightarrow{AE}$, $\overrightarrow{BS} = t \cdot \overrightarrow{BF}$ und $\overrightarrow{BA} = -\vec{a}$ erhalten wir: $s \cdot \overrightarrow{AE} - t \cdot \overrightarrow{BF} - \vec{a} = \vec{o}$

Schritt 2:

Die Vektoren $\overrightarrow{AE}$ und $\overrightarrow{BF}$ werden jetzt durch die linear unabhängigen Grundvektoren $\vec{a}$ und $\vec{b}$ ausgedrückt.

Vektor $\overrightarrow{AE}$ darstellen:
Die geschlossene Vektorkette ($AECA$) liefert: $\overrightarrow{AE} + \overrightarrow{EC} + \overrightarrow{CA} = \vec{o}$

Mit $\overrightarrow{EC} = \frac{1}{2}\overrightarrow{BC}$ und $\overrightarrow{CA} = -\vec{b}$ gilt dann: $\overrightarrow{AE} + \frac{1}{2}\overrightarrow{BC} - \vec{b} = \vec{o}$

oder: $\overrightarrow{AE} = \vec{b} - \frac{1}{2}\overrightarrow{BC}$

Um den noch fehlenden Vektor $\overrightarrow{BC}$ durch die Vektoren $\vec{a}$ und $\vec{b}$ darzustellen, müssen wir erneut eine geschlossene Vektorkette umlaufen. Wir wählen dazu die Kette ($BCAB$):

$$\overrightarrow{BC} + \overrightarrow{CA} + \overrightarrow{AB} = \vec{o} \quad \Rightarrow \quad \overrightarrow{BC} - \vec{b} + \vec{a} = \vec{o} \quad \Rightarrow \quad \overrightarrow{BC} = \vec{b} - \vec{a}$$

Für den Vektor $\overrightarrow{AE}$ erhalten wir damit schließlich:

$$\overrightarrow{AE} = \vec{b} - \frac{1}{2}\overrightarrow{BC} = \vec{b} - \frac{1}{2}(\vec{b} - \vec{a}) = \vec{b} - \frac{1}{2}\vec{b} + \frac{1}{2}\vec{a} = \frac{1}{2}\vec{b} + \frac{1}{2}\vec{a}$$

$$\overrightarrow{AE} = \frac{1}{2}\vec{a} + \frac{1}{2}\vec{b}$$

$$\Rightarrow \quad s \cdot \overrightarrow{AE} = s\left(\frac{1}{2}\vec{a} + \frac{1}{2}\vec{b}\right)$$

Vektor $\overrightarrow{BF}$ darstellen: Wir verwenden die Kette ($BFAB$).

$$\overrightarrow{BF} - \frac{1}{2}\vec{b} + \vec{a} = \vec{o} \quad \Rightarrow \quad \overrightarrow{BF} = \frac{1}{2}\vec{b} - \vec{a}$$

$$t \cdot \overrightarrow{BF} = t\left(\frac{1}{2}\vec{b} - \vec{a}\right)$$

Schritt 3:

Die geschlossene Vektorkette aus Schritt 1 wird nun umgeordnet zu einer Linearkombination der linear unabhängigen Grundvektoren $\vec{a}$ und $\vec{b}$.

$$s \cdot \overrightarrow{AE} - t \cdot \overrightarrow{BF} - \vec{a} = \vec{o}$$

$$s\left(\frac{1}{2}\vec{a}+\frac{1}{2}\vec{b}\right)-t\left(\frac{1}{2}\vec{b}-\vec{a}\right)-\vec{a}=\vec{o}$$

$$\frac{1}{2}s\vec{a}+\frac{1}{2}s\vec{b}-\frac{1}{2}t\vec{b}+t\vec{a}-\vec{a}=\vec{o} \qquad |\cdot 2$$

$$s\vec{a}+s\vec{b}-t\vec{b}+2t\vec{a}-2\vec{a}=\vec{o}$$

$$(s+2t-2)\,\vec{a}+(s-t)\,\vec{b}=\vec{o}$$

Schritt 4:

Da die Grundvektoren $\vec{a}$ und $\vec{b}$ linear *unabhängig* sind, kann die letzte Gleichung nur dann gelten, wenn die Koeffizienten der Vektoren $\vec{a}$ und $\vec{b}$ beide gleich null sind. Damit erhalten wir ein Gleichungssystem für die gesuchten Zahlen s und t:

$$s+2t-2=0 \qquad \textbf{I}$$
$$s-t=0 \qquad \textbf{II}$$

Aus **II** folgt $s=t$ und damit lautet **I**: $t+2t-2=0$

$$3t=2$$
$$t=\frac{2}{3}$$

Wegen $s=t$ gilt dann: $s=t=\frac{2}{3}$

Damit erhalten wir: $\overrightarrow{AS}=s\cdot\overrightarrow{AE}=\frac{2}{3}\overrightarrow{AE}$

$$\overrightarrow{BS}=t\cdot\overrightarrow{BF}=\frac{2}{3}\overrightarrow{BF}$$

Die Antwort auf die Frage, in welchem Verhältnis der Punkt S die Streckenlänge $\overline{AE}$ teilt, erhalten wir, wenn wir uns einmal genauer überlegen, was die Gleichung $\overrightarrow{AS}=\frac{2}{3}\overrightarrow{AE}$ eigentlich aussagt.

Die Antwort liegt in der einfachen Umformung: $\overrightarrow{AS}=2\cdot\frac{\overrightarrow{AE}}{3}$

In Worten lautet diese Umformung dann so:
Wir erhalten den Vektor $\overrightarrow{AS}$, wenn wir den Pfeil $\overrightarrow{AE}$ in drei gleiche Teile aufteilen und dann zwei solche Teile nehmen. Für den Pfeil $\overrightarrow{SE}$ bleibt dann noch ein solcher Teil übrig.
Es gilt also: $\overrightarrow{AS}=2\cdot\frac{\overrightarrow{AE}}{3}$ und $\overrightarrow{SE}=1\cdot\frac{\overrightarrow{AE}}{3}$

Nehmen wir die Länge des Pfeils $\frac{\overrightarrow{AE}}{3}$ als Längeneinheit, dann können wir sagen:
Der Punkt S teilt die Streckenlänge $\overline{AE}$ im Verhältnis $2:1$.

Wegen der willkürlichen Wahl der beiden betrachteten Seitenhalbierenden gelten die durchgeführten Überlegungen für alle drei Seitenhalbierenden des Dreiecks.

Bemerkung:

Der Schnittpunkt S der Seitenhalbierenden eines Dreiecks wird auch als **Schwerpunkt** des Dreiecks bezeichnet. Wenn Sie ein Dreieck aus einem einheitlichen Material ausschneiden, den Schwerpunkt konstruieren und dann dieses Dreieck mit dem Schwerpunkt auf eine Bleistiftspitze legen, so bleibt es im Gleichgewicht.

Aufgaben, die sich auf Streckenverhältnisse in geometrischen Figuren beziehen, können mithilfe des folgenden Schemas elegant gelöst werden.

Lösungsschema

▶ *Schritt 1:*

In der gegebenen Figur bildet man eine geschlossene Vektorkette, die den infrage kommenden Teilpunkt oder Schnittpunkt als *Ecke* enthalten muss.

▶ *Schritt 2:*

Alle für die geschlossene Vektorkette benötigten Vektoren werden nun durch die *linear unabhängigen Grundvektoren* ausgedrückt und in die Vektorkette eingesetzt. Zur Darstellung der neu eingeführten Vektoren bildet man erneut geschlossene Vektorketten, die den gesuchten Vektor enthalten.

▶ *Schritt 3:*

Die geschlossene Vektorkette aus Schritt 1 wird nun zu einer Linearkombination der linear unabhängigen Grundvektoren umgeordnet.

▶ *Schritt 4:*

Aus der in Schritt 3 aufgestellten Vektorgleichung folgt nun wegen der linearen Unabhängigkeit der Grundvektoren, dass alle Koeffizienten null sein müssen. Wir erhalten so ein Gleichungssystem, dessen Lösung dann die Beantwortung der Frage nach einem Streckenverhältnis oder einem Schnittpunkt ermöglicht.

Aufgabe 9

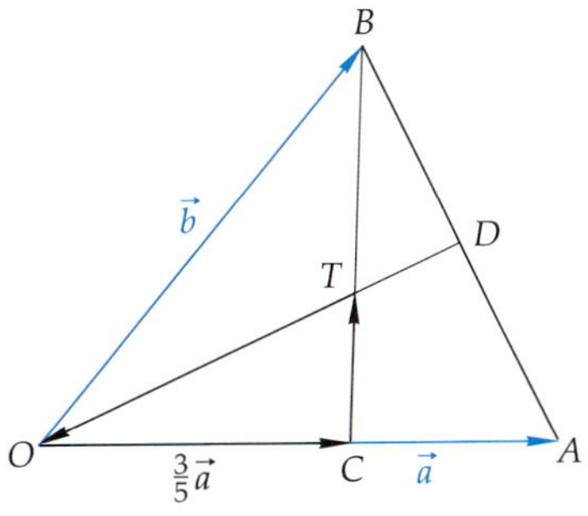

Figur 25

Das Dreieck OAB ist durch die linear unabhängigen Grundvektoren $\overrightarrow{OA} = \vec{a}$ und $\overrightarrow{OB} = \vec{b}$ gegeben. Die Punkte C und D sind wie folgt festgelegt:

Für den Pfeil $\overrightarrow{OC}$ gilt $\overrightarrow{OC} = \frac{3}{5}\vec{a}$; der Punkt D ist der Mittelpunkt der Streckenlänge $\overline{AB}$ Die Geraden durch die Punkte O und D bzw. durch die Punkte C und B schnei-

den sich im Punkt T.
In welchem Verhältnis teilt dieser Punkt T die Streckenlängen $\overline{CB}$ bzw. $\overline{OD}$?

Hinweis: Verwenden Sie die geschlossene Vektorkette (OCTO) und führen Sie die Vektoren $\overrightarrow{CT} = s \cdot \overrightarrow{CB}$ und $\overrightarrow{TO} = t \cdot \overrightarrow{DO}$ ein. Sie erhalten damit die im Lösungsteil angegebene Lösung.

Aufgabe 10 Gegeben ist das Dreieck OAB durch die linear unabhängigen Grundvektoren $\overrightarrow{OA} = \vec{a}$ und $\overrightarrow{OB} = \vec{b}$.

Die Punkte C und D sind wie folgt festgelegt:

$\overrightarrow{OD} = \frac{1}{3}\vec{b}$, $\overrightarrow{AC} = \frac{1}{2}\overrightarrow{BA}$

Figur 26 Die Geraden durch die Punkte O und A bzw. durch die Punkte C und D schneiden sich im Punkt T.

In welchem Verhältnis teilt der Punkt T die Streckenlänge $\overline{OA}$?

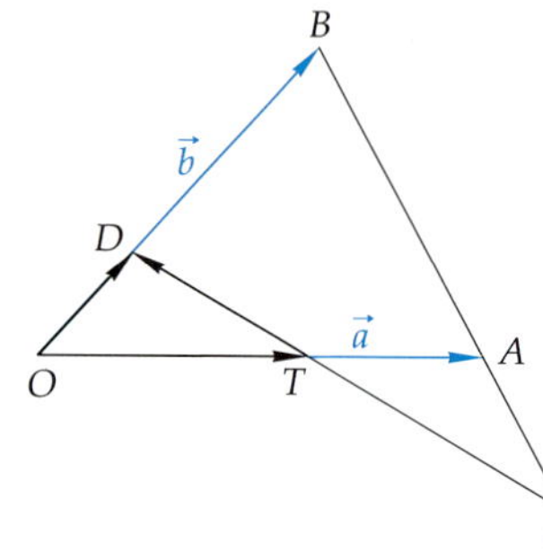

Hinweis: Verwenden Sie die geschlossene Vektorkette ($OTDO$) und führen Sie die Vektoren $\overrightarrow{OT} = s \cdot \vec{a}$ und $\overrightarrow{TD} = t \cdot \overrightarrow{CD}$ ein. Sie erhalten dann die im Lösungsteil angegebene Lösung.

1.5 Teilverhältnis

Vorbereitende Überlegungen

Auf einer Geraden g der Ebene oder des Raumes sind die beiden Punkte A und B mit $A \neq B$ durch ihre Ortsvektoren $\vec{a}$ und $\vec{b}$ gegeben. Ist nun T ($T \neq A$, $T \neq B$) mit dem Ortsvektor $\vec{t}$ ein weiterer Punkt der Geraden g, dann sind durch diese Punkte A, B und T auch die beiden linear abhängigen (= parallelen) Vektoren $\overrightarrow{AT}$ und $\overrightarrow{TB}$ festgelegt. Vergleichen Sie dazu die Figur 27.

Figur 27

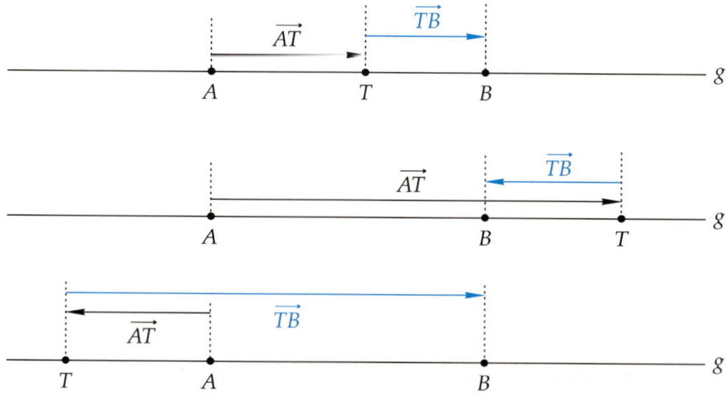

Da die Vektoren $\overrightarrow{AT}$ und $\overrightarrow{TB}$ linear abhängig sind, kann man zum Beispiel den Vektor $\overrightarrow{AT}$ mithilfe eines Skalarfaktors λ (= reelle Zahl) durch den Vektor $\overrightarrow{TB}$ ausdrücken: $\overrightarrow{AT} = \lambda \cdot \overrightarrow{TB}$

Für die Zahl λ sind zwei Werte auszuschließen:

- Wegen der Voraussetzung $T \neq A$ kann der Punkt T nicht mit A zusammenfallen.
  Für $T = A$ würden wir aus der Gleichung $\overrightarrow{AT} = \lambda \cdot \overrightarrow{TB}$ die Gleichung $\overrightarrow{AA} = \lambda \cdot \overrightarrow{AB}$ oder $\vec{o} = \lambda \cdot \overrightarrow{AB}$ erhalten. Aus $A \neq B$ folgt aber $\overrightarrow{AB} \neq \vec{o}$ und es müsste $\lambda = 0$ sein.
  Wegen $T \neq A$ gilt daher $\lambda \neq 0$.
- Wegen der Voraussetzung $A \neq B$ können diese beiden Punkte nicht zusammenfallen.
  Denn für $A = B$ würden wir aus der Gleichung $\overrightarrow{AT} = \lambda \cdot \overrightarrow{TB}$ die Gleichung $\overrightarrow{BT} = \lambda \cdot \overrightarrow{TB}$ erhalten. Mit $\overrightarrow{TB} = -\overrightarrow{BT}$ erhalten wir daraus $\overrightarrow{BT} = \lambda \cdot (-\overrightarrow{BT})$ bzw. $\overrightarrow{BT} = -\lambda \cdot \overrightarrow{BT}$. Aus $\overrightarrow{BT} + \lambda \cdot \overrightarrow{BT} = \vec{o}$ folgt dann: $(1 + \lambda) \cdot \overrightarrow{BT} = \vec{o}$
  Wegen $B \neq T$ ist $\overrightarrow{BT} \neq \vec{o}$ und die letzte Gleichung könnte nur für $1 + \lambda = 0$, also für $\lambda = -1$ erfüllt werden.

Ergebnis:

Sind auf einer Geraden g die beiden Punkte A und B mit $A \neq B$ und ein weiterer Punkt T ($T \neq A$, $T \neq B$) durch ihre Ortsvektoren gegeben, dann kann die lineare Abhängigkeit der Vektoren $\overrightarrow{AT}$ und $\overrightarrow{TB}$ durch die Gleichung $\overrightarrow{AT} = \lambda \cdot \overrightarrow{TB}$ mit $\lambda \in \mathbb{R} \setminus \{0; -1\}$ beschrieben werden.

Betrachten wir nun in der Figur 27 auf der Geraden g die Strecke $[AB]$ und einen beliebigen weiteren Punkt T der Geraden g, dann müssen wir die folgenden Fälle unterscheiden:

Fall 1

Liegt der Punkt T zwischen den Punkten A und B, dann wird die Streckenlänge $\overline{AB}$ im anschaulichen Sinn in zwei Teile zerlegt. Der Punkt T heißt in diesem Fall ein **innerer Teilpunkt** der Strecke $[AB]$. Man spricht auch von einer **inneren Teilung** der Strecke $[AB]$.
Da bei einer inneren Teilung der Strecke $[AB]$ die beiden Vektoren $\overrightarrow{AT}$ und $\overrightarrow{TB}$ gleichsinnig parallel sind, gilt für die reelle Zahl λ in der Vektorgleichung $\overrightarrow{AT} = \lambda \cdot \overrightarrow{TB}$ stets: $\lambda > 0$

Fall 2

Liegt der Punkt T der Geraden g *außerhalb* der Strecke $[AB]$, so spricht man von einer **äußeren Teilung** der Strecke $[AB]$ und stützt die Anschauung auf die Gleichung $\overrightarrow{AT} = \lambda \cdot \overrightarrow{TB}$.
Für äußere Teilpunkte T ist in der letzten Gleichung $\lambda < 0$.

1.5.1 Erklärung des Teilverhältnisses

Nach den vorbereitenden Überlegungen können wir nun das so genannte *Teilverhältnis* (besser wäre: Teil*ungs*verhältnis) erklären.

> Liegen die Punkte A und B ($A \neq B$) und T ($T \neq A$, $T \neq B$) auf einer Geraden g und wird die Strecke $[AB]$ durch den Punkt T innen oder außen geteilt, dann gilt:
>
> $\overrightarrow{AT} = \lambda \cdot \overrightarrow{TB}$ mit $\lambda \in \mathbb{R} \setminus \{0; -1\}$
>
> Die reelle Zahl λ heißt das **Teilverhältnis.**

Für die Redeweise „T teilt die Strecke $[AB]$“ vereinbaren wir die abkürzende Schreibweise $\lambda = (AB, T)$.

Bemerkung

Wird die Strecke $[BA]$ durch den Punkt T geteilt, dann gilt nach der Festlegung des Teilverhältnisses: $\overrightarrow{BT} = \lambda \cdot \overrightarrow{TA}$

Sie erhalten aber eine einheitliche Merkregel für das Teilverhältnis, wenn Sie der Strecke $[BA]$ den Anfangspunkt B und den Endpunkt A zuordnen. Die Gleichung $\overrightarrow{BT} = \lambda \cdot \overrightarrow{TA}$ lautet dann in Worten so:

Anfangspunkt – Teilpunkt = λ · (Teilpunkt – Endpunkt)

Beispiele

C teilt $[AT]$	bzw.	$\lambda_1 = (AT, C)$,	Vektorgleichung:	$\overrightarrow{AC} = \lambda_1 \cdot \overrightarrow{CT}$
T teilt $[CA]$	bzw.	$\lambda_2 = (CA, T)$,	Vektorgleichung:	$\overrightarrow{CT} = \lambda_2 \cdot \overrightarrow{TA}$
A teilt $[TC]$	bzw.	$\lambda_3 = (TC, A)$,	Vektorgleichung:	$\overrightarrow{TA} = \lambda_3 \cdot \overrightarrow{AC}$
A teilt $[CT]$	bzw.	$\lambda_4 = (CT, A)$,	Vektorgleichung:	$\overrightarrow{CA} = \lambda_4 \cdot \overrightarrow{AT}$
T teilt $[AC]$	bzw.	$\lambda_5 = (AC, T)$,	Vektorgleichung:	$\overrightarrow{AT} = \lambda_5 \cdot \overrightarrow{TC}$

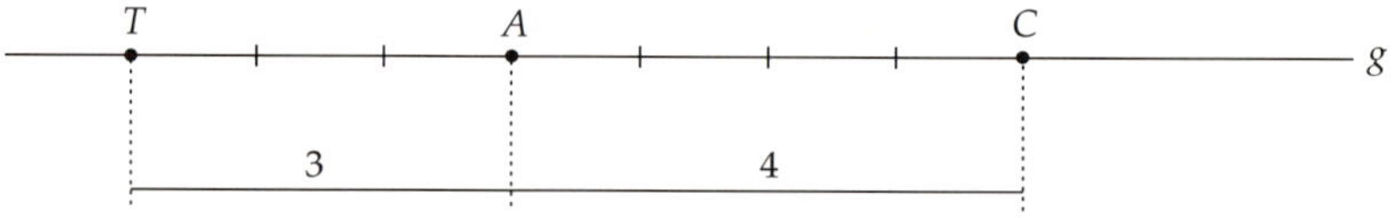

Figur 28

Zu der in der Figur 28 angegebenen gegenseitigen Lage der Punkte T, A und C erhalten Sie für die obigen Beispiele die folgenden Teilverhältnisse:

$$\lambda_1 = -\frac{4}{7}; \quad \lambda_2 = -\frac{7}{3}; \quad \lambda_3 = \frac{3}{4}; \quad \lambda_4 = \frac{4}{3}; \quad \lambda_5 = -\frac{3}{7}$$

Wenn Sie diese Zahlenbeispiele verstanden haben, dann können Sie auch alle Grundaufgaben zum Teilverhältnis lösen!

Grundaufgaben zum Teilverhältnis

Teilverhältnis λ berechnen

Grundaufgabe 1

Gegeben: Strecke $[AB]$, Teilpunkt T auf der Geraden durch A, B.
Gesucht: Teilverhältnis $\lambda = (AB, T)$

Lösung:

Die Vektorgleichung $\overrightarrow{AT} = \lambda \cdot \overrightarrow{TB}$ liefert mit den Verbindungsvektoren (vergleiche die Regel in Abschnitt 1.3.3) $\overrightarrow{AT} = \vec{t} - \vec{a}$ und $\overrightarrow{TB} = \vec{b} - \vec{t}$ die Gleichung:

$$\vec{t} - \vec{a} = \lambda \cdot (\vec{b} - \vec{t})$$

Dieser Vektorgleichung entsprechen im Raum die drei Koordinatengleichungen:

$$t_1 - a_1 = \lambda \cdot (b_1 - t_1)$$
$$t_2 - a_2 = \lambda \cdot (b_2 - t_2)$$
$$t_3 - a_3 = \lambda \cdot (b_3 - t_3)$$

Da in dieser Grundaufgabe der Teilpunkt T auf der Geraden durch die Punkte A und B liegt, muss jede dieser drei Gleichungen denselben Wert für λ liefern.

Zahlenbeispiel

$A(-3; 0; 2)$, $B(-2; -1; 6)$, $T(-9; 6; -22)$

$$\overrightarrow{AT} = \lambda \cdot \overrightarrow{TB}$$
$$\vec{t} - \vec{a} = \lambda \cdot (\vec{b} - \vec{t})$$
$$\begin{pmatrix} -9 \\ 6 \\ -22 \end{pmatrix} - \begin{pmatrix} -3 \\ 0 \\ 2 \end{pmatrix} = \lambda \cdot \left[\begin{pmatrix} -2 \\ -1 \\ 6 \end{pmatrix} - \begin{pmatrix} -9 \\ 6 \\ -22 \end{pmatrix} \right]$$
$$\begin{pmatrix} -6 \\ 6 \\ -24 \end{pmatrix} = \lambda \cdot \begin{pmatrix} 7 \\ -7 \\ 28 \end{pmatrix} \quad \left\{ \begin{array}{lll} -6 = 7 \cdot \lambda & \text{liefert} & \lambda = -\frac{6}{7} \\ 6 = -7 \cdot \lambda & \text{liefert} & \lambda = -\frac{6}{7} \\ -24 = 28 \cdot \lambda & \text{liefert} & \lambda = -\frac{6}{7} \end{array} \right.$$

Ergebnis:

Der Punkt T teilt die Strecke $[AB]$ im Verhältnis $\lambda = -\frac{6}{7}$.

Aufgabe 11

Gegeben sind die Punkte $A(-3; 0; 2)$, $B(-2; -1; 6)$ und $T(-9; 6; -22)$ der Geraden g. Berechnen Sie nach dem Muster der Grundaufgabe 1 die Teilverhältnisse, wenn gilt:

11.1 T teilt die Strecke $[BA]$

11.2 A teilt die Strecke $[TB]$

11.3 A teilt die Strecke $[BT]$

11.4 B teilt die Strecke $[AT]$

11.5 B teilt die Strecke $[TA]$

Mittelpunkt einer Strecke

Ist der Punkt M der Mittelpunkt der Strecke $[AB]$, dann gilt für das Teilverhältnis $\lambda = (AB, M)$:

$\overrightarrow{AM} = \overrightarrow{MB}$ bzw. $\overrightarrow{AM} = 1 \cdot \overrightarrow{MB}$, also $\lambda = 1$

Für den Mittelpunkt einer Strecke gilt $\lambda = 1$.

Grundaufgabe 2 **Teilpunkt berechnen**

Gegeben: Strecke $[AB]$ und Teilverhältnis λ.
Gesucht: Teilpunkt T, wenn gilt: $\lambda = (AB, T)$

Allgemeine Lösung ohne Zahlenwerte:
Die Definition des Teilverhältnisses λ lautet:

$$\begin{aligned} \text{Anfangspunkt} - \text{Teilpunkt} &= \lambda \cdot (\text{Teilpunkt} - \text{Endpunkt}) \\ \overrightarrow{AT} &= \lambda \cdot \overrightarrow{TB} \\ \text{bzw.:} \quad \vec{t} - \vec{a} &= \lambda \cdot (\vec{b} - \vec{t}) \end{aligned}$$

Diese Gleichung wird jetzt schrittweise nach $\vec{t}$ aufgelöst:

$$\begin{aligned} \vec{t} - \vec{a} &= \lambda \cdot \vec{b} - \lambda \cdot \vec{t} \\ (1 + \lambda) \cdot \vec{t} &= \vec{a} + \lambda \cdot \vec{b} \\ \vec{t} &= \frac{\vec{a} + \lambda \cdot \vec{b}}{1 + \lambda} \end{aligned}$$

Sie sehen gleich im Zahlenbeispiel, dass man meist nicht nach $\vec{t}$, sondern bequemer nach einem Vielfachen von $\vec{t}$ umstellt.

Zahlenbeispiel

$A(-2; -1; 6)$, $B(3; -6; 26)$, $\lambda = \frac{3}{2} = (AB, T)$

$$\begin{aligned} \overrightarrow{AT} &= \lambda \cdot \overrightarrow{TB} \\ \vec{t} - \vec{a} &= \lambda \cdot (\vec{b} - \vec{t}) \qquad \Big|\, \lambda = \frac{3}{2} \text{ einsetzen} \\ \vec{t} - \vec{a} &= \frac{3}{2} \cdot (\vec{b} - \vec{t}) \qquad |\cdot 2 \\ 2\vec{t} - 2\vec{a} &= 3\vec{b} - 3\vec{t} \\ 5\vec{t} &= 3\vec{b} + 2\vec{a} \\ 5\vec{t} &= 3 \cdot \begin{pmatrix} 3 \\ -6 \\ 26 \end{pmatrix} + 2 \cdot \begin{pmatrix} -2 \\ -1 \\ 6 \end{pmatrix} = \begin{pmatrix} 9 \\ -18 \\ 78 \end{pmatrix} + \begin{pmatrix} -4 \\ -2 \\ 12 \end{pmatrix} = \begin{pmatrix} 5 \\ -20 \\ 90 \end{pmatrix} \end{aligned}$$

Aus $5\vec{t} = \begin{pmatrix} 5 \\ -20 \\ 90 \end{pmatrix}$ folgt dann $\vec{t} = \begin{pmatrix} 1 \\ -4 \\ 18 \end{pmatrix}$, also $T(1; -4; 18)$.

Aufgabe 12

Gegeben sind die Punkte $A(-2;-1;6)$ und $B(3;-6;26)$.
Berechnen Sie die Koordinaten des Teilpunkts T, wenn die Strecke $[AB]$ im Verhältnis $\lambda_1=-2;\ \lambda_2=5,\ \lambda_3=-\frac{3}{2}$ geteilt wird.

Anfangspunkt von $[AB]$ berechnen

Grundaufgabe 3

Gegeben: Endpunkt B der Strecke $[AB]$, Teilpunkt T und Teilverhältnis λ.
Gesucht: Anfangspunkt A, wenn gilt: $(AB, T)=\lambda$

Allgemeine Lösung ohne Zahlenwerte:
Die Definition des Teilverhältnisses lautet:

Anfangspunkt – Teilpunkt = $\lambda\cdot$ (Teilpunkt – Endpunkt)

$$\overrightarrow{AT}=\lambda\cdot\overrightarrow{TB}$$

in Ortsvektoren: $\vec{t}-\vec{a}=\lambda\cdot(\vec{b}-\vec{t})$

Umstellen nach dem Ortsvektor $\vec{a}$ ergibt dann:

$$\vec{a}=\vec{t}-\lambda\cdot(\vec{b}-\vec{t})$$

Sie sehen gleich im Zahlenbeispiel, dass man meist nicht nach $\vec{a}$, sondern bequemer nach einem Vielfachen von $\vec{a}$ auflöst:

Zahlenbeispiel

$B(-3;0,2),\ T(-9;6;-22),\ \lambda=-\frac{7}{6}$

$$\overrightarrow{AT}=\lambda\cdot\overrightarrow{TB}$$

$$\vec{t}-\vec{a}=\lambda\cdot(\vec{b}-\vec{t}) \qquad |\text{jetzt } \lambda \text{ einsetzen}$$

$$\vec{t}-\vec{a}=-\frac{7}{6}(\vec{b}-\vec{t}) \qquad |\cdot 6$$

$$6\vec{t}-6\vec{a}=-7\vec{b}+7\vec{t}$$

$$6\vec{a}=7\vec{b}-\vec{t}$$

$$6\vec{a}=\begin{pmatrix}-21\\0\\14\end{pmatrix}-\begin{pmatrix}-9\\6\\-22\end{pmatrix}=\begin{pmatrix}-12\\-6\\36\end{pmatrix} \Rightarrow \vec{a}=\begin{pmatrix}-2\\-1\\6\end{pmatrix}$$

also: $A(-2;-1;6)$

Grundaufgabe 4 **Endpunkt von [AB] berechnen**

Gegeben: Anfangspunkt der Streck [AB], Teilpunkt T und Teilverhältnis λ.
Gesucht: Endpunkt B, wenn gilt: $(AB, T) = \lambda$

Allgemeine Lösung ohne Zahlenwerte:
Die Definition des Teilverhältnisses lautet:

Anfangspunkt – Teilpunkt = λ · (Teilpunkt – Endpunkt)

$$\overrightarrow{AT} = \lambda \cdot \overrightarrow{TB}$$

in Ortsvektoren: $\vec{t} - \vec{a} = \lambda \cdot (\vec{b} - \vec{t})$

Diese Gleichung wird nun schrittweise nach $\vec{b}$ aufgelöst:

$$\vec{t} - \vec{a} = \lambda \cdot \vec{b} - \lambda \cdot \vec{t}$$

$$\lambda \cdot \vec{b} = (1 + \lambda)\vec{t} - \vec{a}$$

$$\vec{b} = \frac{(1 + \lambda)\vec{t} - \vec{a}}{\lambda}$$

Auch im folgenden Zahlenbeispiel werden Sie sehen, dass es bequemer ist, zuerst nach einem Vielfachen des Ortsvektors $\vec{b}$ aufzulösen.

Zahlenbeispiel $A(-2; -1; 6)$, $T(-9; 6; -22)$, $\lambda = -\frac{7}{6}$

$$\overrightarrow{AT} = \lambda \cdot \overrightarrow{TB}$$

$$t - \vec{a} = \lambda \cdot (\vec{b} - \vec{t}) \qquad | \text{ jetzt } \lambda \text{ einsetzen}$$

$$\vec{t} - \vec{a} = -\frac{7}{6}(\vec{b} - \vec{t}) \qquad | \cdot 6$$

$$6\vec{t} - 6\vec{a} = -7\vec{b} + 7\vec{t}$$

$$7\vec{b} = 6\vec{a} + \vec{t}$$

$$7\vec{b} = \begin{pmatrix} -12 \\ -6 \\ 36 \end{pmatrix} + \begin{pmatrix} -9 \\ 6 \\ -22 \end{pmatrix} = \begin{pmatrix} -21 \\ 0 \\ 14 \end{pmatrix} \Rightarrow \vec{b} = \begin{pmatrix} -3 \\ 0 \\ 2 \end{pmatrix}$$

also: $B(-3; 0; 2)$

1.5.3. Harmonische Teilung

Soll eine Strecke [AB] geteilt werden und ist vom Teilverhältnis nur der Betrag, zum Beispiel $|\lambda| = \frac{3}{2}$, bekannt, dann müssen *zwei* Teilungen der Strecke [AB] ausgeführt werden:

In unserem Beispiel gehört zu $\lambda_S = \frac{3}{2}$ der *innere* Teilpunkt S der Strecke [AB]. Für $\lambda_T = -\frac{3}{2}$ erhalten wir einen *äußeren* Teilpunkt T dieser Strecke.

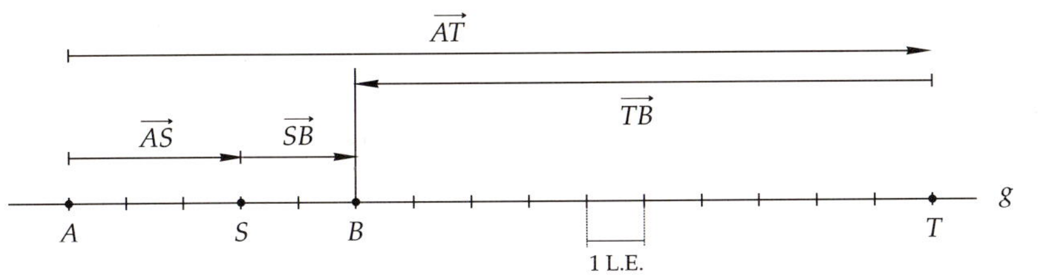

Figur 29

Vergleichen Sie in der Figur 29: $\overrightarrow{AS} = \frac{3}{2} \cdot \overrightarrow{SB}$ bzw. $\overrightarrow{AS} = 3 \cdot \frac{\overrightarrow{SB}}{2}$

$\overrightarrow{AT} = -\frac{3}{2} \cdot \overrightarrow{TB}$ bzw. $\overrightarrow{AT} = -3 \cdot \frac{\overrightarrow{TB}}{2}$

Wird eine Strecke $[AB]$ durch einen inneren Teilpunkt S und einen äußeren Teilpunkt T so geteilt, dass die zu den Punkten S und T gehörenden Teilverhältnisse λ_S und λ_T betragsmäßig gleich sind, so sagt man auch, dass die Strecke $[AB]$ durch die Punkte S und T **harmonisch** geteilt wird. Die Punkte A, B, S und T werden auch *harmonisch gelegene Punkte* genannt.

Bemerkung:

Die Bezeichnung „harmonisch" soll ausdrücken, dass für einen Betrachter die durch die Punkte A, B, S und T entstehenden Teilstrecken in einem ausgewogenen Verhältnis zueinander liegen.
In der Vergangenheit haben harmonische Teilungen in der Architektur, der bildenden Kunst und mit den Klängen einer harmonisch geteilten Saite auch in der Musik eine Rolle gespielt.

Für die harmonische Teilung gilt der folgende Satz:

Wird die Strecke $[AB]$ durch die Punkte S und T harmonisch geteilt, dann wird auch die Strecke $[ST]$ durch die Punkte A und B wieder harmonisch geteilt.

Aufgabe 13

Gegeben sind die Punkte $A(8; 6; -3)$ und $B(-16; 18; -39)$.

13.1 Für den Punkt S auf der Geraden durch A und B gilt: $S(s_1; 8; s_3)$ und $(AB, S) = \lambda_S$
Berechnen Sie das Teilverhältnis λ_S und die fehlenden Koordinaten s_1 und s_3 des Punktes S.

13.2 Berechnen Sie den vierten harmonischen Punkt T zu den Punkten A, B und S.
Hinweis: Beachten Sie $(AB, T) = \lambda_T = -\lambda_S$.

13.3 Zeigen Sie, dass auch umgekehrt die Punkte A und B die Strecke $[ST]$ wieder harmonisch teilen.
Wie lauten die Teilverhältnisse $\lambda_A = (ST, A)$ und $\lambda_B = (ST, B)$?

1.6. Skalarprodukt

1.6.1. Erklärung des Skalarprodukts

In der Figur 30 sehen Sie das Dreieck OAB, welches von den Vektoren $\overrightarrow{OA}$ und $\overrightarrow{OB}$ aufgespannt wird. Es kann sich dabei um ein Dreieck in der Ebene oder auch im Raum handeln.

Für das Dreieck OAB gilt der Kosinussatz:

Figur 30

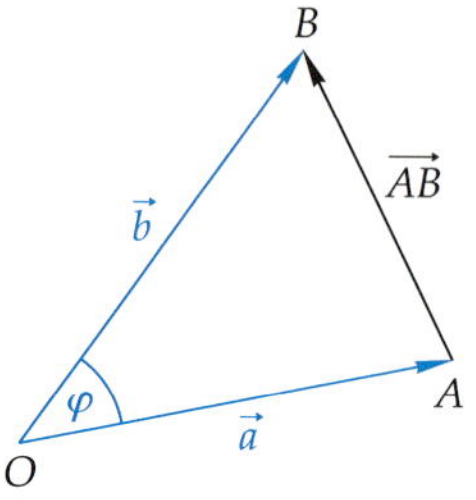

$$\overline{AB}^2 = \overline{OA}^2 + \overline{OB}^2 - 2 \cdot \overline{OA} \cdot \overline{OB} \cdot \cos\varphi$$

Für den Rechenausdruck $2 \cdot \overline{OA} \cdot \overline{OB} \cdot \cos\varphi$ schreiben wir $2 \cdot |\vec{a}| \cdot |\vec{b}| \cdot \cos\varphi$ und ersetzen die Quadrate der Seiten durch die in Abschnitt 1.3.4 bereitgestellten Ausdrücke:

$$(b_1 - a_1)^2 + (b_2 - a_2)^2 + (b_3 - a_3)^2 = a_1{}^2 + a_2{}^2 + a_3{}^2 + b_1{}^2 + b_2{}^2 + b_3{}^2 - 2 \cdot |\vec{a}| \cdot |\vec{b}| \cdot \cos\varphi$$

Rechnen wir nun die Quadrate auf der linken Seite der Gleichung aus, dann erhalten wir:

$$b_1{}^2 - 2b_1a_1 + a_1{}^2 + b_2{}^2 - 2b_2a_2 + a_2{}^2 + b_3{}^2 - 2b_3a_3 + a_3{}^2 = a_1{}^2 + a_2{}^2 + a_3{}^2 + b_1{}^2 + b_2{}^2 + b_3{}^2 - \\ - 2 \cdot |\vec{a}| \cdot |\vec{b}| \cdot \cos\varphi$$

Da sich auf beiden Seiten alle Quadrate aufheben, bleibt noch:

$$\begin{aligned} -2a_1b_1 - 2a_2b_2 - 2a_3b_3 &= -2 \cdot |\vec{a}| \cdot |\vec{b}| \cdot \cos\varphi \qquad | :(-2) \\ a_1b_1 + a_2b_2 + a_3b_3 &= |\vec{a}| \cdot |\vec{b}| \cdot \cos\varphi \end{aligned}$$

Wir legen nun fest:

Der Term $a_1b_1 + a_2b_2 + a_3b_3$ heißt das **Skalarprodukt** aus den Vektoren $\vec{a}$ und $\vec{b}$ und wird mit $\vec{a} \cdot \vec{b}$, $\vec{a} \circ \vec{b}$ oder kurz mit $\vec{a}\,\vec{b}$ bezeichnet.

$$\vec{a} \cdot \vec{b} = \begin{pmatrix} a_1 \\ a_2 \\ a_3 \end{pmatrix} \cdot \begin{pmatrix} b_1 \\ b_2 \\ b_3 \end{pmatrix} = a_1b_1 + a_2b_2 + a_3b_3$$

Für Vektoren des $\mathbb{R}^2$ entfällt jeweils die dritte Koordinate.

Beachten wir schließlich noch die obige Darstellung des Skalarprodukts mit dem Winkel $\cos\varphi$, dann erhalten wir eine zweite Darstellung für das Skalarprodukt:

$$\vec{a} \cdot \vec{b} = a_1b_1 + a_2b_2 + a_3b_3 = |\vec{a}| \cdot |\vec{b}| \cdot \cos\varphi$$

Die Bezeichnung „Skalarprodukt" hat man gewählt, da zwei Vektoren *eindeutig* eine reelle Zahl $r = a_1b_1 + a_2b_2 + a_3b_3$, also ein Skalar, zugeordnet wird.

Eigenschaften des Skalarprodukts

Im Folgenden werden wir einige Eigenschaften des Skalarprodukts beweisen. Dabei werden wir „Rechenregeln" aufzeigen, die stark an das Rechnen mit reellen Zahlen erinnern und die Bezeichnung Skalar*produkt* rechtfertigen. Die Beweise für die Eigenschaften des Skalarprodukts führen wir in der Koordinatendarstellung der Vektoren.

Eigenschaft 1

Das Skalarprodukt ist *kommutativ*; es gilt $\vec{a} \cdot \vec{b} = \vec{b} \cdot \vec{a}$.

Beweis: $$\vec{a} \cdot \vec{b} = \begin{pmatrix} a_1 \\ a_2 \\ a_3 \end{pmatrix} \cdot \begin{pmatrix} b_1 \\ b_2 \\ b_3 \end{pmatrix} = a_1 b_1 + a_2 b_2 + a_3 b_3 = b_1 a_1 + b_2 a_2 + b_3 a_3 =$$
$$= \begin{pmatrix} b_1 \\ b_2 \\ b_3 \end{pmatrix} \cdot \begin{pmatrix} a_1 \\ a_2 \\ a_3 \end{pmatrix} = \vec{b} \cdot \vec{a}$$

Eigenschaft 2

Für $k \in \mathbb{R}$ gilt: $(k\vec{a}) \cdot \vec{b} = k \cdot (\vec{a} \cdot \vec{b})$

Beweis: $$(k\vec{a}) \cdot \vec{b} = \begin{pmatrix} ka_1 \\ ka_2 \\ ka_3 \end{pmatrix} \cdot \begin{pmatrix} b_1 \\ b_2 \\ b_3 \end{pmatrix} = ka_1 b_1 + ka_2 b_2 + ka_3 b_3 =$$
$$= k \cdot (a_1 b_1 + a_2 b_2 + a_3 b_3) = k \cdot (\vec{a} \cdot \vec{b})$$

Eigenschaft 3

Für $\vec{a} \neq \vec{o}$ gilt stets: $\vec{a} \cdot \vec{a} > 0$

Beweis:
In der Darstellung $\vec{a} \cdot \vec{a} = a_1 a_1 + a_2 a_2 + a_3 a_3 = a_1^2 + a_2^2 + a_3^2$ ist wegen $\vec{a} \neq \vec{o}$ mindestens ein positiver Summand vorhanden und negative Summanden können wegen der Quadratbildung nicht auftreten.

Eigenschaft 4

Für das Skalarprodukt gibt es ein Distributivgesetz: $\vec{a} \cdot (\vec{b} + \vec{c}) = \vec{a} \cdot \vec{b} + \vec{a} \cdot \vec{c}$

Beweis:
$$\vec{a} \cdot (\vec{b} + \vec{c}) = \begin{pmatrix} a_1 \\ a_2 \\ a_3 \end{pmatrix} \cdot \begin{pmatrix} b_1 + c_1 \\ b_2 + c_2 \\ b_3 + c_3 \end{pmatrix} = a_1(b_1 + c_1) + a_2(b_2 + c_2) + a_3(b_3 + c_3) =$$
$$= a_1 b_1 + a_1 c_1 + a_2 b_2 + a_2 c_2 + a_3 b_3 + a_3 c_3 =$$
$$= (a_1 b_1 + a_2 b_2 + a_3 b_3) + (a_1 c_1 + a_2 c_2 + a_3 c_3) = \vec{a} \cdot \vec{b} + \vec{a} \cdot \vec{c}$$

Das Distributivgesetz kann verallgemeinert werden:

$(\vec{a} + \vec{b}) \cdot (\vec{c} + \vec{d}) = \vec{a} \cdot \vec{c} + \vec{a} \cdot \vec{d} + \vec{b} \cdot \vec{c} + \vec{b} \cdot \vec{d}$

Der Beweis für diese Regel, die sehr stark an das Zahlenrechnen erinnert, folgt sofort aus der Eigenschaft 4, wenn wir $\vec{a} + \vec{b} = \vec{u}$ setzen:

$$(\vec{a} + \vec{b}) \cdot (\vec{c} + \vec{d}) = \vec{u} \cdot (\vec{c} + \vec{d}) = \vec{u} \cdot \vec{c} + \vec{u} \cdot \vec{d} = (\vec{a} + \vec{b}) \cdot \vec{c} + (\vec{a} + \vec{b}) \cdot \vec{d} =$$
$$= \vec{c} \cdot (\vec{a} + \vec{b}) + \vec{d} \cdot (\vec{a} + \vec{b}) = \vec{c} \cdot \vec{a} + \vec{c} \cdot \vec{b} + \vec{d} \cdot \vec{a} + \vec{d} \cdot \vec{b} =$$
$$= \vec{a} \cdot \vec{c} + \vec{a} \cdot \vec{d} + \vec{b} \cdot \vec{c} + \vec{b} \cdot \vec{d}$$

Eigenschaft 5

Wird eine Vektorgleichung mit einem Vektor skalar multipliziert, dann geht die Gleichung in eine wahre Aussage zwischen reellen Zahlen über.

Vektorgleichung: $\vec{a} + \vec{b} = \vec{c} \qquad | \cdot \vec{v}$

reelle Zahlengleichung: $(\vec{a} + \vec{b}) \cdot \vec{v} = \vec{c} \cdot \vec{v}$

oder $\vec{v} \cdot (\vec{a} + \vec{b}) = \vec{v} \cdot \vec{c}$, da das Skalarprodukt kommutativ ist.

Eigenschaft 6

Das Skalarprodukt aus zwei Vektoren $\vec{a} \neq \vec{o}$ und $\vec{b} \neq \vec{o}$ hat genau dann den Wert null, wenn die beiden Vektoren aufeinander senkrecht stehen:

$$\vec{a} \cdot \vec{b} = 0 \quad \Leftrightarrow \quad \vec{a} \perp \vec{b}$$

Beweis:
$\vec{a} \cdot \vec{b} = 0 \quad \Rightarrow \quad |\vec{a}| \cdot |\vec{b}| \cdot \cos\varphi = 0 \quad \Rightarrow \quad \cos\varphi = 0$, da $|\vec{a}| \neq 0$ und $|\vec{b}| \neq 0$

Aus $\cos\varphi = 0$ folgt aber $\varphi = 90°$ oder $\varphi = 270°$, und die Vektoren $\vec{a}$ und $\vec{b}$ stehen aufeinander senkrecht. Ist umgekehrt $\vec{a}$ senkrecht zu $\vec{b}$, dann ist $\cos\varphi = 0$ und es muss $|\vec{a}| \cdot |\vec{b}| \cdot \cos\varphi = \vec{a} \cdot \vec{b} = 0$ sein.

$$\vec{a} \cdot \vec{b} = 0 \quad \Leftrightarrow \quad \vec{a} \perp \vec{b}$$

Bemerkung

Für das Skalarprodukt gibt es kein Assoziativgesetz.
Es ist $(\vec{a} \cdot \vec{b}) \cdot \vec{c} \neq \vec{a} \cdot (\vec{b} \cdot \vec{c})$, da $(\vec{a} \cdot \vec{b}) \cdot \vec{c}$ ein Vektor in Richtung des Vektors $\vec{c}$ ist, $\vec{a} \cdot (\vec{b} \cdot \vec{c})$ dagegen ein Vektor in Richtung des Vektors $\vec{a}$.

1.6.3 Winkel zwischen zwei Vektoren

Mithilfe des Skalarprodukts können wir den Winkel φ zwischen den Vektoren $\vec{a}$ und $\vec{b}$ berechnen.

Der Winkel φ ist festgelegt als derjenige Winkel zwischen 0° und 180°, den die Vektoren $\vec{a}$ und $\vec{b}$ bilden, wenn sie einen *gemeinsamen Anfangspunkt* haben.

Bevor Sie mit der Berechnung eines Winkels beginnen, müssen Sie immer zuerst den Scheitel des Winkels festlegen und diejenigen Vektoren bereitstellen, *die vom Scheitel aus gesehen wegzeigen*. Vergleichen Sie das folgende Beispiel.

Durch Umformung der Darstellung des Skalarprodukts können wir den Kosinus des Winkels φ und damit auch die Winkelgröße selbst berechnen:

Aus $\vec{a} \cdot \vec{b} = |\vec{a}| \cdot |\vec{b}| \cdot \cos\varphi$ erhalten wir durch Auflösen nach $\cos\varphi$ die Gleichung:

$$\cos\varphi = \frac{\vec{a} \cdot \vec{b}}{|\vec{a}| \cdot |\vec{b}|} \quad \text{und} \quad 0° \leqq \varphi \leqq 180°$$

Beispiel

Gegeben ist im Raum das Dreieck ABC durch die Punkte $A(7; -2; -4)$, $B(-3; 8; 2)$ und $C(2; 5; 9)$.
Berechnen Sie den Winkel β, der die Ecke B als Scheitel hat.

Gemäß Merkregel wird der gesuchte Winkel β von den Vektoren $\overrightarrow{BA}$ und $\overrightarrow{BC}$ gebildet und es gilt:

$$\cos\beta = \frac{\overrightarrow{BA} \cdot \overrightarrow{BC}}{|\overrightarrow{BA}| \cdot |\overrightarrow{BC}|}$$

Nebenrechnungen:

$$\overrightarrow{BA} = \vec{a} - \vec{b} = \begin{pmatrix} 7 \\ -2 \\ -4 \end{pmatrix} - \begin{pmatrix} -3 \\ 8 \\ 2 \end{pmatrix} = \begin{pmatrix} 10 \\ -10 \\ -6 \end{pmatrix}; \qquad \overrightarrow{BC} = \vec{c} - \vec{b} = \begin{pmatrix} 2 \\ 5 \\ 9 \end{pmatrix} - \begin{pmatrix} -3 \\ 8 \\ 2 \end{pmatrix} = \begin{pmatrix} 5 \\ -3 \\ 7 \end{pmatrix}$$

$$\overrightarrow{BA} \cdot \overrightarrow{BC} = \begin{pmatrix} 10 \\ -10 \\ -6 \end{pmatrix} \cdot \begin{pmatrix} 5 \\ -3 \\ 7 \end{pmatrix} = 10 \cdot 5 + (-10) \cdot (-3) + (-6) \cdot 7 = 50 + 30 - 42 = 38$$

$$|\overrightarrow{BA}| = \sqrt{10^2 + (-10)^2 + (-6)^2} = \sqrt{236}; \qquad |\overrightarrow{BC}| = \sqrt{5^2 + (-3)^2 + 7^2} = \sqrt{83}$$

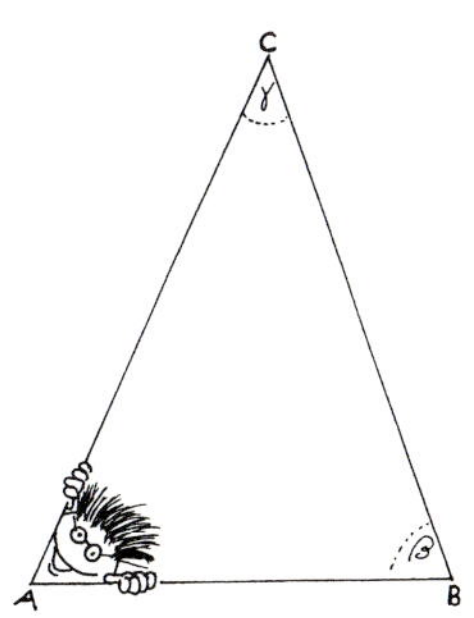

Mit den Ergebnissen der Nebenrechnungen gilt dann:

$$\cos\beta = \frac{38}{\sqrt{236} \cdot \sqrt{83}} = 0{,}2715 \quad \Rightarrow \quad \beta = 74{,}24°$$

1.6.4 Senkrechte Projektion eines Vektors

Das Skalarprodukt wurde zuerst in der Physik „erfunden". Vergleichen Sie in der Figur 31:

Figur 31

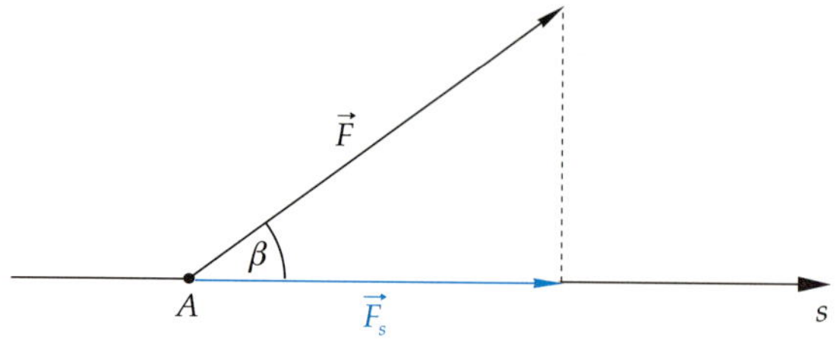

In der Figur greift eine Kraft $\vec{F}$ im Punkt A eines Körpers an und bewegt diesen in Richtung des Weges s. Den zurückgelegten Weg können wir dabei als Vektor $\vec{s}$ mit dem Anfangspunkt A darstellen.

Die Arbeit W ist gegeben durch das Produkt aus der Kraft *in Richtung des Weges* und dem Weg:

$$W = F_S \cdot s \qquad \text{(Beträge der zugehörigen Vektoren!)}$$

In der Figur 31 erhalten wir für die Beträge der Vektoren:

$$\frac{F_S}{F} = \cos\beta \quad \Rightarrow \quad F_S = F \cdot \cos\beta \quad \text{also: } W = F \cdot \cos\beta \cdot s = F \cdot s \cdot \cos\beta$$

Mit $F = |\vec{F}|$ und $s = |\vec{s}|$ lautet die Formel für W dann:

$$W = |\vec{F}| \cdot |\vec{s}| \cdot \cos\beta = \vec{F} \cdot \vec{s}$$

Die Arbeit W ist daher das Skalarprodukt aus dem Kraftvektor $\vec{F}$ und dem Vektor $\vec{s}$ des Weges.

Bemerkung

Der physikalische Vektor $\vec{F}$ einer Kraft ist *liniengebunden*, das heißt, er darf nur längs der Linie, die durch den Angriffspunkt und die Richtung von $\vec{F}$ festgelegt ist (= Wirkungslinie), verschoben werden.

Figur 32

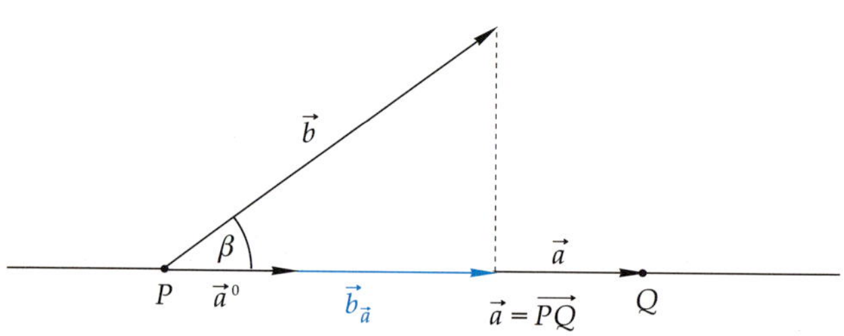

In der Figur 32 ist der Vektor $\vec{b}_{\vec{a}}$, also die so genannte senkrechte Projektion des Vektors $\vec{b}$ auf den Vektor $\vec{a}$, durch die gegebenen Vektoren $\vec{a}$ und $\vec{b}$ darzustellen.
Der Vektor $\vec{b}_{\vec{a}}$ hat die gleiche Richtung wie der Vektor $\vec{a}$.

Wir erhalten für den Vektor $\vec{b}_{\vec{a}}$, wenn wir seine Länge $|\vec{b}_{\vec{a}}|$ mit dem Einheitsvektor $\vec{a}^{\,0}$ multiplizieren, die Darstellung:

$$\vec{b}_{\vec{a}} = |\vec{b}_{\vec{a}}| \cdot \vec{a}^{\,0}$$

In der Figur 32 gilt: $\dfrac{|\vec{b}_{\vec{a}}|}{|\vec{b}|} = \cos\beta \quad \Rightarrow \quad |\vec{b}_{\vec{a}}| = |\vec{b}| \cdot \cos\beta$

Mit dem Faktor $1 = |\vec{a}^{\,0}|$ können wir dann schreiben:

$$|\vec{b}_{\vec{a}}| = |\vec{b}| \cdot |\vec{a}^{\,0}| \cdot \cos\beta = \vec{b} \cdot \vec{a}^{\,0}$$

Damit erhalten wir schließlich die folgende Formel für die

Projektion des Vektors $\vec{b}$ auf den Vektor $\vec{a}$:

$$\vec{b}_{\vec{a}} = (\vec{b} \cdot \vec{a}^{0}) \cdot \vec{a}^{0}$$

Beispiel 1

Gegeben sind die Vektoren $\vec{a} = \begin{pmatrix} 4 \\ -3 \end{pmatrix}$ und $\vec{b} = \begin{pmatrix} 12 \\ 5 \end{pmatrix}$.

Berechnen Sie den Vektor $\vec{b}_{\vec{a}}$.

Mit $|\vec{a}| = \sqrt{4^2 + (-3)^2} = \sqrt{16+9} = \sqrt{25} = 5$ können wir zunächst $\vec{a}^{\,0}$ angeben:

$$\vec{a}^{\,0} = \frac{1}{|\vec{a}|} \cdot \vec{a} = \frac{1}{5} \cdot \begin{pmatrix} 4 \\ -3 \end{pmatrix} = \begin{pmatrix} \frac{4}{5} \\ \frac{-3}{5} \end{pmatrix}$$

$$(\vec{b} \cdot \vec{a}^{\,0}) = \begin{pmatrix} 12 \\ 5 \end{pmatrix} \cdot \begin{pmatrix} \frac{4}{5} \\ \frac{-3}{5} \end{pmatrix} = \frac{48}{5} - \frac{15}{5} = \frac{33}{5}$$

$$\vec{b}_{\vec{a}} = (\vec{b} \cdot \vec{a}^{\,0}) \cdot \vec{a}^{\,0} = \frac{33}{5} \cdot \begin{pmatrix} \frac{4}{5} \\ \frac{-3}{5} \end{pmatrix} = \frac{33}{25} \cdot \begin{pmatrix} 4 \\ -3 \end{pmatrix}$$

Die Formel zur Berechnung der senkrechten Projektion eines Vektors $\vec{b}$ auf den Vektor $\vec{a}$ gilt auch im Raum.

Beispiel 2 Gegeben sind die Punkte $P(6; 3; -5)$, $Q(2; 7; -5)$ und $R(2; 3; -2)$.
Wie lautet der Vektor $\vec{x}$, der durch Projektion des Vektors $\overrightarrow{PR}$ auf den Vektor $\overrightarrow{PQ}$ entsteht?

Damit wir die Formel $\vec{b}_{\vec{a}} = (\vec{b} \cdot \vec{a}^0) \cdot \vec{a}^0$ anwenden können, setzen wir $\vec{b} = \overrightarrow{PR}$ und $\vec{a} = \overrightarrow{PQ}$.

$$\vec{b} = \overrightarrow{PR} = \vec{r} - \vec{p} = \begin{pmatrix} 2 \\ 3 \\ -2 \end{pmatrix} - \begin{pmatrix} 6 \\ 3 \\ -5 \end{pmatrix} = \begin{pmatrix} -4 \\ 0 \\ 3 \end{pmatrix}$$

$$\vec{a} = \overrightarrow{PQ} = \vec{q} - \vec{p} = \begin{pmatrix} 2 \\ 7 \\ -5 \end{pmatrix} - \begin{pmatrix} 6 \\ 3 \\ -5 \end{pmatrix} = \begin{pmatrix} -4 \\ 4 \\ 0 \end{pmatrix}$$

$$\vec{a}^0 = \frac{\vec{a}}{|\vec{a}|} = \frac{1}{|\vec{a}|} \cdot \vec{a} = \frac{1}{\sqrt{16 + 16 + 0}} \cdot \begin{pmatrix} -4 \\ 4 \\ 0 \end{pmatrix} = \frac{1}{\sqrt{32}} \cdot \begin{pmatrix} -4 \\ 4 \\ 0 \end{pmatrix}$$

$$\vec{x} = \vec{b}_{\vec{a}} = (\vec{b} \cdot \vec{a}^0) \cdot \vec{a}^0 = \left[\begin{pmatrix} -4 \\ 0 \\ 3 \end{pmatrix} \cdot \frac{1}{\sqrt{32}} \cdot \begin{pmatrix} -4 \\ 4 \\ 0 \end{pmatrix} \right] \cdot \frac{1}{\sqrt{32}} \cdot \begin{pmatrix} -4 \\ 4 \\ 0 \end{pmatrix} =$$

$$= \frac{1}{32} \cdot \left[\begin{pmatrix} -4 \\ 0 \\ 3 \end{pmatrix} \cdot \begin{pmatrix} -4 \\ 4 \\ 0 \end{pmatrix} \right] \cdot \begin{pmatrix} -4 \\ 4 \\ 0 \end{pmatrix} =$$

$$= \frac{1}{32} \, [(-4) \cdot (-4) + 0 \cdot 4 + 3 \cdot 0] \cdot \begin{pmatrix} -4 \\ 4 \\ 0 \end{pmatrix} =$$

$$= \frac{1}{32} \cdot 16 \cdot \begin{pmatrix} -4 \\ 4 \\ 0 \end{pmatrix} = \begin{pmatrix} -2 \\ 2 \\ 0 \end{pmatrix}$$

Ergebnis

Wird der Vektor $\overrightarrow{PR}$ auf den Vektor $\overrightarrow{PQ}$ projiziert, so erhält man den Vektor $\vec{x} = \begin{pmatrix} -2 \\ 2 \\ 0 \end{pmatrix}$.

1.7. Flächeninhalte

Wir werden im Folgenden zunächst allgemein eine Formel zur Berechnung des Flächeninhalts eines Parallelogramms herleiten, das von den beiden linear unabhängigen Vektoren $\vec{a}$ und $\vec{b}$ aufgespannt wird. Anschließend werden wir die Formeln für den Flächeninhalt des Parallelogramms und des Dreiecks im $\mathbb{R}^2$ und $\mathbb{R}^3$ in der ausführlichen Koordinatendarstellung begründen.

Lassen Sie sich von den „aufgeblähten" Formeln nicht beeindrucken. Wir werden nur die Grundrechenarten verwenden.

Flächeninhalt eines Parallelogramms

1.7.1

In der Figur 33 wird das Parallelogramm („Plgr") durch die linear unabhängigen Vektoren $\vec{a}$ und $\vec{b}$ aufgespannt.

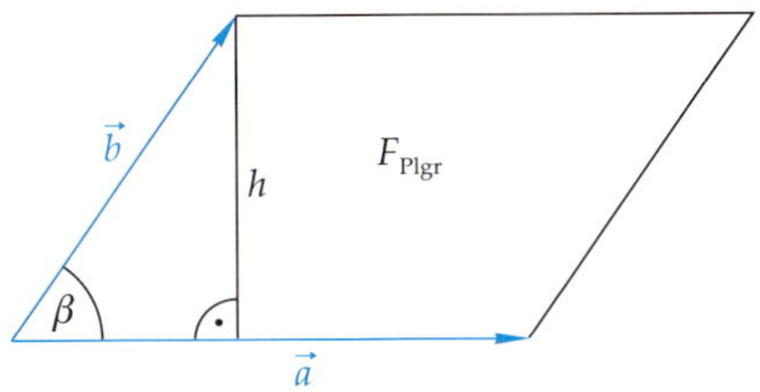

Figur 33

Mit $|\vec{a}| = a$, $|\vec{b}| = b$ und $\frac{h}{b} = \sin\beta$, also $h = b \cdot \sin\beta$, gilt für den Flächeninhalt F_{Plgr} dann die folgende Formel:

$$F_{\text{Plgr}} = a \cdot b \cdot \sin\beta$$

Aus $(\sin\beta)^2 + (\cos\beta)^2 = 1$ folgt $(\sin\beta)^2 = 1 - (\cos\beta)^2$, also $\sin\beta = \sqrt{1 - (\cos\beta)^2}$.

$$F_{\text{Plgr}} = a \cdot b \cdot \sqrt{1 - (\cos\beta)^2} = \sqrt{a^2 b^2 \cdot (1 - (\cos\beta)^2)} =$$
$$= \sqrt{a^2b^2 - a^2b^2 (\cos\beta)^2} = \sqrt{a^2b^2 - (a \cdot b \cdot \cos\beta)^2}$$

Wegen $\vec{a}^2 = \vec{a} \cdot \vec{a} = a \cdot a \cdot \cos 0 = a \cdot a \cdot 1 = a^2$,

ebenso $\vec{b}^2 = b^2$ und $(a \cdot b \cdot \cos\beta)^2 = (\vec{a} \cdot \vec{b})^2$ gilt dann:

$$F_{\text{Plgr}} = \sqrt{\vec{a}^2 \cdot \vec{b}^2 - (\vec{a} \cdot \vec{b})^2}$$

Parallelogramm in der Ebene

Mit $\vec{a}^2 = \vec{a} \cdot \vec{a} = a_1^2 + a_2^2$, $\vec{b}^2 = \vec{b} \cdot \vec{b} = b_1^2 + b_2^2$ und $\vec{a} \cdot \vec{b} = a_1b_1 + a_2b_2$ erhalten wir im $\mathbb{R}^2$:

$$F_{\text{Plgr}} = \sqrt{(a_1^2 + a_2^2)(b_1^2 + b_2^2) - (a_1b_1 + a_2b_2)^2} =$$
$$= \sqrt{a_1^2b_1^2 + a_1^2b_2^2 + a_2^2b_1^2 + a_2^2b_2^2 - (a_1^2b_1^2 + 2a_1b_1a_2b_2 + a_2^2b_2^2)} =$$
$$= \sqrt{a_1^2b_2^2 - 2a_1b_2a_2b_1 + a_2^2b_1^2} = \sqrt{(a_1b_2 - a_2b_1)^2}$$

Beachten wir $\sqrt{x^2} = |x|$, da x auch negativ sein kann, so erhalten wir für die Fläche des Parallelogramms:

$$F_{\text{Plgr}} = |a_1b_2 - a_2b_1|$$

Für die Fläche des Dreiecks, das von den Vektoren $\vec{a}$ und $\vec{b}$ aufgespannt wird, gilt $F_{\text{Dreieck}} = \frac{1}{2} \cdot F_{\text{Plgr}}$.

$$F_{\text{Dreieck}} = \frac{1}{2} \cdot |a_1b_2 - a_2b_1|$$

Parallelogramm im Raum

Im $\mathbb{R}^3$ lautet die Formel $F_{\text{Plgr}} = \sqrt{\vec{a}^{\,2} \cdot \vec{b}^{\,2} - (\vec{a} \cdot \vec{b})^2}$ in der Koordinatendarstellung dann:

$$F_{\text{Plgr}} = \sqrt{(a_1^2 + a_2^2 + a_3^2)\,(b_1^2 + b_2^2 + b_3^2) - (a_1 b_1 + a_2 b_2 + a_3 b_3)^2}$$

Beim Ausrechnen haben sich die Quadrate $a_1^2 b_1^2$, $a_2^2 b_2^2$ und $a_3^2 b_3^2$ weg und wir können den Rest dann geeignet so zusammenfassen:

$F_{\text{Plgr}} =$

$= \sqrt{(a_1^2 b_2^2 - 2a_1 b_2 a_2 b_1 + a_2^2 b_1^2) + (a_1^2 b_3^2 - 2a_1 b_3 a_3 b_1 + a_3^2 b_1^2) + (a_2^2 b_3^2 - 2a_2 b_3 a_3 b_2 + a_3^2 b_2^2)} =$

$= \sqrt{(a_1 b_2 - a_2 b_1)^2 + (a_1 b_3 - a_3 b_1)^2 + (a_2 b_3 - a_3 b_2)^2}$

Im Hinblick auf eine spätere Anwendung der Formel verwenden wir die Identität $(a_1 b_3 - a_3 b_1)^2 = (a_3 b_1 - a_1 b_3)^2$ und erhalten damit schließlich:

$$F_{\text{Plgr}} = \sqrt{(a_2 b_3 - a_3 b_2)^2 + (a_3 b_1 - a_1 b_3)^2 + (a_1 b_2 - a_2 b_1)^2}$$

Für den Flächeninhalt eines Dreiecks im $\mathbb{R}^3$ gilt dann wie im $\mathbb{R}^2$ die Formel:

$F_{\text{Dreieck}} = \dfrac{1}{2} \cdot F_{\text{Plgr}}$

Im $\mathbb{R}^3$ sind die Punkte $A(-2; 5; 8)$, $B(20; -7; 9)$ und $C(5; 3; -11)$ gegeben. Zeigen Sie, dass durch die Punkte *A*, *B* und *C* im Raum ein Dreieck *ABC* und ein Parallelogramm *ABMC* festgelegt ist.

Wir zeichnen in der Ebene eine Überlegungsfigur und fassen diese räumlich auf. Vergleiche Figur 34.

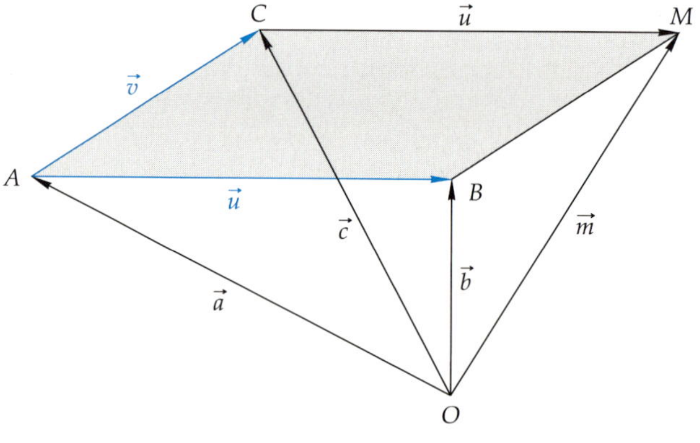

Figur 34

Ein Dreieck liegt dann vor, wenn die beiden Vektoren $\vec{u} = \overrightarrow{AB}$ und $\vec{v} = \overrightarrow{AC}$ der Figur 34 linear *unabhängig* sind.

$$\vec{u} = \overrightarrow{AB} = \vec{b} - \vec{a} = \begin{pmatrix} 20 \\ -7 \\ 9 \end{pmatrix} - \begin{pmatrix} -2 \\ 5 \\ 8 \end{pmatrix} = \begin{pmatrix} 22 \\ -12 \\ 1 \end{pmatrix}$$

$$\vec{v} = \overrightarrow{AC} = \vec{c} - \vec{a} = \begin{pmatrix} 5 \\ 3 \\ -11 \end{pmatrix} - \begin{pmatrix} -2 \\ 5 \\ 8 \end{pmatrix} = \begin{pmatrix} 7 \\ -2 \\ -19 \end{pmatrix}$$

Wenn die Vektoren $\vec{u}$ und $\vec{v}$ linear unabhängig sind, dann darf die Gleichung $\vec{u} = k \cdot \vec{v}$ nicht mit einem einheitlichen Wert von k erfüllt sein.

$$\vec{u} = k \cdot \vec{v} \quad \Rightarrow \quad \begin{pmatrix} 7 \\ -2 \\ -19 \end{pmatrix} = k \cdot \begin{pmatrix} 22 \\ -12 \\ 1 \end{pmatrix} \quad \Rightarrow \quad \begin{array}{lcl} 7 = 22k & \Rightarrow & k = \frac{7}{22} \\ -2 = -12k & \Rightarrow & k = \frac{2}{12} = \frac{1}{6} \\ -19 = k & \Rightarrow & k = -19 \end{array}$$

Da kein einheitlicher Wert für k existiert, sind die beiden Vektoren $\vec{u}$ und $\vec{v}$ linear unabhängig und legen das Dreieck ABC der Figur 34 fest.

Mit dem Dreieck ABC ist aber auch das Parallelogramm $ABMC$ in der Figur 34 festgelegt. Die Koordinaten des Punktes M können zum Beispiel über $\vec{m} = \vec{b} + \vec{v}$ berechnet werden:

$$\vec{m} = \begin{pmatrix} 20 \\ -7 \\ 9 \end{pmatrix} + \begin{pmatrix} 7 \\ -2 \\ -19 \end{pmatrix} = \begin{pmatrix} 27 \\ -9 \\ -10 \end{pmatrix} \quad \Rightarrow \quad M(27; -9; -10)$$

Wir berechnen nun die Maßzahl des Flächeninhalts des Parallelogramms $ABMC$, das jetzt von den Seitenvektoren $\vec{u}$ und $\vec{v}$ aufgespannt wird. Dazu muss die Formel, die wir unter Verwendung der Vektoren $\vec{a}$ und $\vec{b}$ hergeleitet haben, jetzt für die Vektoren $\vec{u}$ und $\vec{v}$ umgeschrieben werden:

$$F_{\text{Plgr}} = \sqrt{(u_2v_3 - u_3v_2)^2 + (u_3v_1 - u_1v_3)^2 + (u_1v_2 - u_2v_1)^2}$$

Nebenrechnungen:

$$u_2v_3 - u_3v_2 = -12 \cdot (-19) - 1 \cdot (-2) = 228 + 2 = 230$$
$$u_3v_1 - u_1v_3 = 1 \cdot 7 - 22 \cdot (-19) = 7 + 418 = 425$$
$$u_1v_2 - u_2v_1 = 22 \cdot (-2) - (-12) \cdot 7 = -44 + 84 = 40$$

Damit gilt nun: $F_{\text{Plgr}} = \sqrt{230^2 + 425^2 + 40^2} = \sqrt{235125} = 484{,}90$

Für die Maßzahl des Flächeninhalts des Dreiecks ABC gilt:

$$F_{\text{Dreieck}} = \frac{1}{2} \cdot F_{\text{Plgr}} = \frac{1}{2} \cdot 484{,}90 = 242{,}45$$

1.8. Vektorprodukt

1.8.1 Erklärung des Vektorprodukts

In Abschnitt 1.7.1 hatten wir die Maßzahl des Flächeninhalts eines Parallelogramms berechnet, das im $\mathbb{R}^3$ durch die beiden Vektoren $\vec{a}$ und $\vec{b}$ aufgespannt wird.

$$F_{\text{Plgr}} = \sqrt{(a_2b_3 - a_3b_2)^2 + (a_3b_1 - a_1b_3)^2 + (a_1b_2 - a_2b_1)^2}$$

Von den Quadraten der Differenzen in dieser Wurzel betrachten wir nun nur die *Differenzen* selbst und bezeichnen diese so:

$$d_1 = a_2b_3 - a_3b_2\,; \quad d_2 = a_3b_1 - a_1b_3\,; \quad d_3 = a_1b_2 - a_2b_1$$

Mit dieser Bezeichnung gilt dann:

$$F_{\text{Plgr}} = \sqrt{{d_1}^2 + {d_2}^2 + {d_3}^2}$$

Bilden wir nun mit den Zahlen d_1, d_2 und d_3 den Vektor $\vec{d} = \begin{pmatrix} d_1 \\ d_2 \\ d_3 \end{pmatrix}$, dann werden wir von den geometrischen Eigenschaften dieses Vektors $\vec{d}$ überrascht sein.

Eigenschaft 1

Der Vektor $\vec{d}$ steht auf den beiden Vektoren $\vec{a}$ und $\vec{b}$, die das Parallelogramm aufspannen, jeweils senkrecht.

Wir beweisen die Eigenschaft 1 mithilfe der zugehörigen Skalarprodukte.

$$\vec{d} \cdot \vec{a} = \begin{pmatrix} d_1 \\ d_2 \\ d_3 \end{pmatrix} \cdot \begin{pmatrix} a_1 \\ a_2 \\ a_3 \end{pmatrix} = \begin{pmatrix} a_2b_3 - a_3b_2 \\ a_3b_1 - a_1b_3 \\ a_1b_2 - a_2b_1 \end{pmatrix} \cdot \begin{pmatrix} a_1 \\ a_2 \\ a_3 \end{pmatrix} =$$

$$= (a_2b_3 - a_3b_2) \cdot a_1 + (a_3b_1 - a_1b_3) \cdot a_2 + (a_1b_2 - a_2b_1) \cdot a_3 =$$

$$= a_2b_3a_1 - a_3b_2a_1 + a_3b_1a_2 - a_1b_3a_2 + a_1b_2a_3 - a_2b_1a_3 = 0$$

Wegen $\vec{d} \cdot \vec{a} = 0$ stehen also die Vektoren $\vec{d}$ und $\vec{a}$ aufeinander senkrecht.

$$\vec{d} \cdot \vec{b} = \begin{pmatrix} d_1 \\ d_2 \\ d_3 \end{pmatrix} \cdot \begin{pmatrix} b_1 \\ b_2 \\ b_3 \end{pmatrix} = \begin{pmatrix} a_2b_3 - a_3b_2 \\ a_3b_1 - a_1b_3 \\ a_1b_2 - a_2b_1 \end{pmatrix} \cdot \begin{pmatrix} b_1 \\ b_2 \\ b_3 \end{pmatrix} =$$

$$= (a_2b_3 - a_3b_2) \cdot b_1 + (a_3b_1 - a_1b_3) \cdot b_2 + (a_1b_2 - a_2b_1) \cdot b_3 =$$

$$= a_2b_3b_1 - a_3b_2b_1 + a_3b_1b_2 - a_1b_3b_2 + a_1b_2b_3 - a_2b_1b_3 = 0$$

Wegen $\vec{d} \cdot \vec{b} = 0$ stehen auch die Vektoren $\vec{d}$ und $\vec{b}$ aufeinander senkrecht.

Figur 35

Die Eigenschaft 1 können wir auch so formulieren:
Der Vektor $\vec{d}$ steht auf dem durch die Vektoren $\vec{a}$ und $\vec{b}$ aufgespannten Parallelogramm senkrecht. Vergleichen Sie dies in der Figur 35.

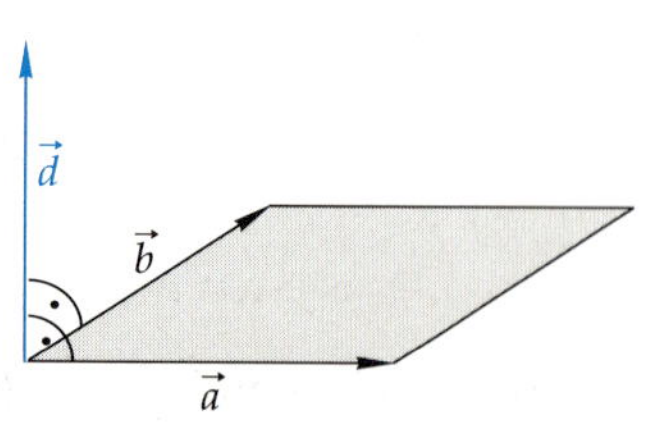

Eigenschaft 2

Die Längenmaßzahl des Vektors $\vec{d}$, also $|\vec{d}|$, stimmt mit der Maßzahl der Fläche des von den Vektoren $\vec{a}$ und $\vec{b}$ aufgespannten Parallelogramms überein.

Länge des Vektors $\vec{d}$: $|\vec{d}| = \sqrt{d_1^2 + d_2^2 + d_3^2}$

Für die Parallelogrammfläche hatten wir oben erhalten: $F_{\text{Plgr}} = \sqrt{d_1^2 + d_2^2 + d_3^2}$

Damit gilt: $|\vec{d}| = F_{\text{Plgr}}$

Es ist klar, dass der Vektor $\vec{d}$, der allein durch die Koordinaten der Vektoren $\vec{a}$ und $\vec{b}$ bestimmt ist und bezüglich der Vektoren $\vec{a}$ und $\vec{b}$ solch hervorragende Eigenschaften besitzt, zumindest einen eigenen Namen verdient.
Da den beiden Vektoren $\vec{a}$ und $\vec{b}$ ein *Vektor* $\vec{d}$ zugeordnet wird, nennt man den Vektor $\vec{d}$ das *Vektorprodukt* aus den Vektoren $\vec{a}$ und $\vec{b}$ und schreibt:

$\vec{d} = \vec{a} \times \vec{b}$ (lies: $\vec{a}$ *Kreuz* $\vec{b}$)

Wir erklären nun:

> Bildet man für zwei Vektoren $\vec{a}$ und $\vec{b}$ des $\mathbb{R}^3$ den Vektor
> $\vec{a} \times \vec{b} = \begin{pmatrix} a_2b_3 - a_3b_2 \\ a_3b_1 - a_1b_3 \\ a_1b_2 - a_2b_1 \end{pmatrix}$, dann heißt der Vektor $\vec{a} \times \vec{b}$ das **Vektorprodukt** aus den Vektoren $\vec{a}$ und $\vec{b}$.

- Der Vektor $\vec{a} \times \vec{b}$ steht auf den Vektoren $\vec{a}$ und $\vec{b}$ jeweils senkrecht.

  Es gilt: $(\vec{a} \times \vec{b}) \cdot \vec{a} = 0$ und $(\vec{a} \times \vec{b}) \cdot \vec{b} = 0$

- Die Länge des Vektors $\vec{a} \times \vec{b}$, also $|\vec{a} \times \vec{b}|$, ist gleich der Maßzahl der Fläche des von den Vektoren $\vec{a}$ und $\vec{b}$ aufgespannten Parallelogramms.

Ohne Beweis geben wir noch folgende Eigenschaft des Vektorprodukts an:

- Die Vektoren $\vec{a}$, $\vec{b}$ und $\vec{a} \times \vec{b}$ bilden *in dieser Reihenfolge* ein so genanntes **Rechtssystem**.
  Dies heißt mit anderen Worten: Haben die Repräsentanten der Vektoren $\vec{a}$ und $\vec{b}$ denselben Anfangspunkt und dreht man den Vektor $\vec{a}$ in den Vektor $\vec{b}$ über den *kleineren* Zwischenwinkel, so bewegt man sich im Sinne einer Rechtsschraube in die Richtung des Vektors $\vec{a} \times \vec{b}$.
  Vergleichen Sie dazu auch die Orientierung der Basisvektoren $\vec{e}_1$, $\vec{e}_2$ und $\vec{e}_3$ eines kartesischen Koordinatensystems.

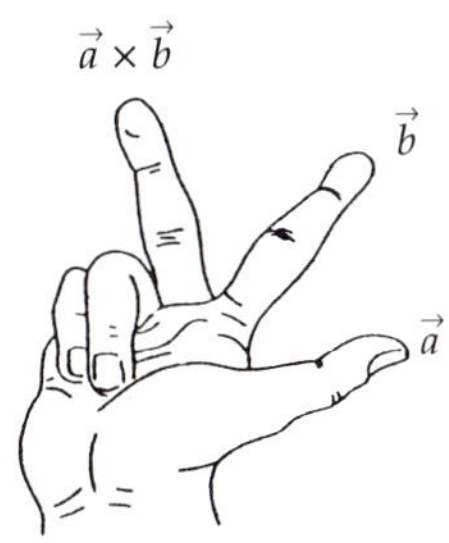

Auch die Vektoren $\vec{b}$, $\vec{a}$ und $\vec{b} \times \vec{a}$ bilden *in dieser Reihenfolge* ein Rechtssystem.

Aufgabe 14 Zeigen Sie durch Rechnung in Koordinaten, dass bei der Vertauschung der Reihenfolge der Vektoren für das Vektorprodukt gilt: $\vec{a} \times \vec{b} = -(\vec{b} \times \vec{a})$

Das Vektorprodukt ist also *nicht kommutativ.*

1.8.2 Praktische Berechnung des Vektorprodukts

Da wir die Berechnungsvorschriften für die Koordinaten des Vektors $\vec{a} \times \vec{b}$ nicht auswendig lernen wollen und eine Formelsammlung nicht immer zur Hand ist, werden wir im Folgenden ein kleines Schema besprechen, mit dem man die Koordinaten von $\vec{a} \times \vec{b}$ leicht bestimmen kann.
Da wir auch später Matrizen und Determinanten benötigen, beschäftigen wir uns zunächst mit diesen Begriffen.

Die mit runden Klammern versehene Anordnung von reellen Zahlen $\begin{pmatrix} a & c \\ b & d \end{pmatrix}$ heißt eine **Matrix**. Da wir nur zwei Zeilen und auch zwei Spalten in der Matrix haben, spricht man hier genauer von einer 2-2-Matrix.
Die durch die Zahlen a und d bestimmte Diagonale heißt **Hauptdiagonale** (von links oben nach rechts unten). Die Zahlen c und b stehen in der obigen Matrix in der **Nebendiagonale**.

Jeder 2-2-Matrix wird nun durch die folgende Vorschrift eine reelle Zahl zugeordnet:

Unter der **Determinante** einer 2-2-Matrix versteht man die *Differenz* aus dem Produkt der Zahlen in der Hauptdiagonale und dem Produkt der Zahlen in der Nebendiagonale. Dazu setzt man die Matrix (mit oder ohne runde Klammern) zwischen zwei senkrechte Striche.

$$\begin{vmatrix} a & c \\ b & d \end{vmatrix} = ad - cb$$

Die Determinanten sind also eine praktische *kürzere Schreibweise für Differenzen aus Produkten.*

Mithilfe von Determinanten können wir nun die Koordinaten des Vektors $\vec{d} = \vec{a} \times \vec{b}$ darstellen.

Für die Koordinaten des Vektors $\vec{d} = \vec{a} \times \vec{b} = \begin{pmatrix} a_2b_3 - a_3b_2 \\ a_3b_1 - a_1b_3 \\ a_1b_2 - a_2b_1 \end{pmatrix}$ gilt dann:

$$d_1 = a_2b_3 - a_3b_2 = \begin{vmatrix} a_2 & a_3 \\ b_2 & b_3 \end{vmatrix}, \quad d_2 = a_3b_1 - a_1b_3 = \begin{vmatrix} a_3 & a_1 \\ b_3 & b_1 \end{vmatrix}, \quad d_3 = a_1b_2 - a_2b_1 = \begin{vmatrix} a_1 & a_2 \\ b_1 & b_2 \end{vmatrix}$$

In den Determinanten für d_1, d_2 und d_3 fällt auf, dass die zweite Spalte der zu d_1 gehörenden Determinante mit der ersten Spalte der zu d_2 gehörenden Determinante übereinstimmt. Dies gilt auch für die Determinanten von d_2 und d_3.

Wir kommen so zu dem folgenden Schema, aus dem wir dann nach dem Streichen der ersten Spalte leicht die Determinanten für d_1, d_2 und d_3 ablesen können.
Wir schreiben die Koordinaten des Vektors $\vec{a}$ in eine Zeile und hängen die ersten beiden Koordinaten a_1 und a_2 an. Ebenso verfahren wir mit den Koordinaten des Vektors $\vec{b}$:

Schema für Determinanten

$$\begin{array}{c|cccc} a_1 & a_2 & a_3 & a_1 & a_2 \\ b_1 & b_2 & b_3 & b_1 & b_2 \end{array}$$

Streichen wir in dieser Anordnung die erste Spalte $\begin{pmatrix} a_1 \\ b_1 \end{pmatrix}$, dann erhalten wir der Reihe nach aus jeweils zwei aufeinander folgenden Spalten die zu d_1, d_2 und d_3 gehörenden Determinanten:

$$d_1 = \begin{vmatrix} a_2 & a_3 \\ b_2 & b_3 \end{vmatrix}, \quad d_2 = \begin{vmatrix} a_3 & a_1 \\ b_3 & b_1 \end{vmatrix}, \quad d_3 = \begin{vmatrix} a_1 & a_2 \\ b_1 & b_2 \end{vmatrix}$$

Bemerkung

Wenn Sie nicht erst etwas hinschreiben wollen, was dann wieder gestrichen wird, verwenden Sie gleich das folgende Schema:

$$\begin{array}{cccc} a_2 & a_3 & a_1 & a_2 \\ b_2 & b_3 & b_1 & b_2 \end{array}$$

Die Erfahrung im Unterricht zeigt aber, dass es mit dem alten Schema meist besser funktioniert. Sie haben die Wahl.

Für die Vektoren $\vec{a} = \begin{pmatrix} -3 \\ 4 \\ -2 \end{pmatrix}$ und $\vec{b} = \begin{pmatrix} 5 \\ -3 \\ 7 \end{pmatrix}$ soll der Vektor $\vec{d} = \vec{a} \times \vec{b}$ ermittelt werden.

Aus dem Schema $\begin{array}{c|cccc} -3 & 4 & -2 & -3 & 4 \\ 5 & -3 & 7 & 5 & -3 \end{array}$ erhalten wir:

$$\left.\begin{aligned} d_1 &= \begin{vmatrix} 4 & -2 \\ -3 & 7 \end{vmatrix} = 4 \cdot 7 - (-2) \cdot (-3) = 28 - 6 = 22 \\ d_2 &= \begin{vmatrix} -2 & -3 \\ 7 & 5 \end{vmatrix} (-2) \cdot 5 - (-3) \cdot 7 = -10 + 21 = 11 \\ d_3 &= \begin{vmatrix} -3 & 4 \\ 5 & -3 \end{vmatrix} = (-3) \cdot (-3) - 4 \cdot 5 = 9 - 20 = -11 \end{aligned}\right\} \Rightarrow \vec{d} = \vec{a} \times \vec{b} = \begin{pmatrix} 22 \\ 11 \\ -11 \end{pmatrix}$$

1.9. Spatprodukt

Die Figur 36 zeigt einen so genannten **Spat** (auch *Parallelflach* oder *Parallelepiped*), der im Raum von den drei linear unabhängigen Vektoren $\vec{a}$, $\vec{b}$ und $\vec{c}$ aufgespannt wird.

Die Maßzahl A des Flächeninhalts des Parallelogramms, das von den Kantenvektoren $\vec{a}$ und $\vec{b}$ gebildet wird, ist nach den Ausführungen in Abschnitt 1.8.1 gleich der Maßzahl der Länge des Vektorprodukts $\vec{a} \times \vec{b}$.

Figur 36

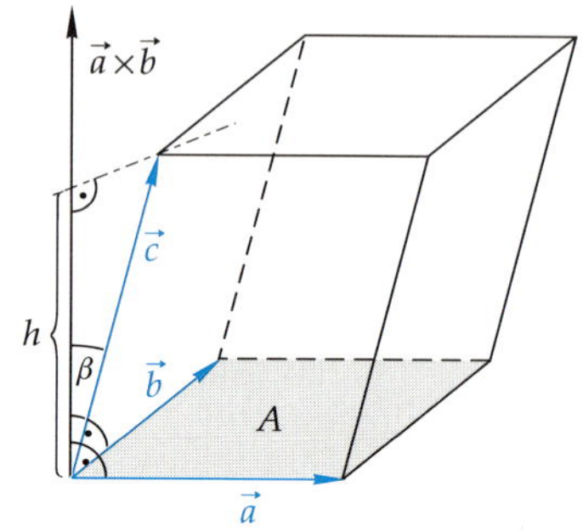

Es gilt: $A = |\vec{a} \times \vec{b}|$

Bezeichnen wir den Abstand der zur Fläche A parallelen Deckfläche zur Fläche A mit h, dann wird das Volumen dieses Spats nach der Formel $V = A \cdot h$ berechnet.
Mit dem Winkel β zwischen dem Vektor $\vec{c}$ und dem Vektorprodukt $\vec{a} \times \vec{b}$ und mit der Länge c des Vektors $\vec{c}$ erhalten wir für das in der Figur 36 eingezeichnete rechtwinklige Dreieck:

$$\frac{h}{c} = \cos\beta \quad \Rightarrow \quad h = c \cdot \cos\beta \quad \text{bzw.} \quad h = |\vec{c}| \cdot \cos\beta$$

Für das Volumen des Spats gilt damit: $V = A \cdot h = |\vec{a} \times \vec{b}| \cdot |\vec{c}| \cdot \cos\beta$

Wir vergleichen nun dieses Ergebnis für das Volumen V des Spats mit dem *Skalarprodukt* aus den Vektoren $\vec{a} \times \vec{b}$ und $\vec{c}$, also mit $(\vec{a} \times \vec{b}) \cdot \vec{c}$:

$$(\vec{a} \times \vec{b}) \cdot \vec{c} = |\vec{a} \times \vec{b}| \cdot |\vec{c}| \cdot \cos\beta$$

Ergebnis: Für das Volumen eines Spats gilt: $V = (\vec{a} \times \vec{b}) \cdot \vec{c}$

Bemerkungen

- Der Rechenausdruck $(\vec{a} \times \vec{b}) \cdot \vec{c}$ wird auch als **gemischtes Skalarprodukt** oder **Spatprodukt** bezeichnet.
- Erhalten wir für das Volumen $V = 0$, dann spannen die Vektoren $\vec{a}$, $\vec{b}$ und $\vec{c}$ keinen Spat auf. Diese Vektoren liegen dann in einer Ebene und sind daher auch nicht mehr linear unabhängig.
  Für $V = 0$ nennt man die Vektoren $\vec{a}$, $\vec{b}$ und $\vec{c}$ auch **komplanare** Vektoren (plana, lat.: Ebene).
- Mit der oben angegebenen Formel für das Volumen eines Spats erhalten Sie eine positive Maßzahl, also $V > 0$, wenn die Vektoren $\vec{a}$, $\vec{b}$ und $\vec{c}$ ein so genanntes **rechtsorientiertes Dreibein** bilden.
  Bilden die Vektoren $\vec{a}$, $\vec{b}$ und $\vec{c}$ in dieser Reihenfolge ein linksorientiertes Dreibein, dann erhalten Sie die mit -1 multiplizierte Maßzahl des Volumens des Spats.

Aufgabe 15

Berechnen Sie die folgenden Spatprodukte und deuten Sie die Ergebnisse geometrisch.

15.1 $(\vec{a} \times \vec{b}) \cdot \vec{c}_1$ mit $\vec{a} = \begin{pmatrix} 3 \\ 4 \\ -2 \end{pmatrix}$, $\vec{b} = \begin{pmatrix} 1 \\ 5 \\ 8 \end{pmatrix}$ und $\vec{c}_1 = \begin{pmatrix} 3 \\ 4 \\ 9 \end{pmatrix}$

15.2 $(\vec{a} \times \vec{b}) \cdot \vec{c}_2$ mit $\vec{a}, \vec{b}$ wie in 15.1 und $\vec{c}_2 = \begin{pmatrix} 3 \\ 4 \\ -9 \end{pmatrix}$

15.3 $(\vec{a} \times \vec{b}) \cdot \vec{c}_3$ mit $\vec{a}, \vec{b}$ wie in 15.1 und $\vec{c}_3 = \begin{pmatrix} 3 \\ 4 \\ -2 \end{pmatrix}$

2. Lineare Gleichungssysteme

2.1 Zwei Gleichungen mit zwei Variablen

Unter einem linearen Gleichungssystem mit zwei Gleichungen und zwei Variablen (= Unbekannten) versteht man die Zusammenfassung von zwei Gleichungen zu einem „System“.

Zum Beispiel ist durch:

$$\begin{aligned} 3x_1 - 4x_2 &= -29 \qquad \textbf{I} \\ -2x_1 + 7x_2 &= 41 \qquad \textbf{II} \end{aligned}$$

ein Gleichungssystem in den Variablen x_1 und x_2 gegeben.

Da die Variablen x_1 und x_2 nur **linear** (= in Potenzen mit der nicht angeschriebenen Hochzahl 1) auftreten, heißen die Gleichungen **I** und **II** jeweils *lineare* Gleichungen in den Variablen x_1 und x_2.

Als *Lösung* des obigen Systems bezeichnet man alle Zahlenpaare $(x_1; x_2)$, welche sowohl die Gleichung **I** als auch die Gleichung **II** erfüllen.

Zum Beispiel erfüllen die Zahlen $x_1 = -9$ und $x_2 = \frac{1}{2}$ die Gleichung **I**, aber *nicht* die Gleichung **II**. Daher ist das geordnete Zahlenpaar $\left(-9; \frac{1}{2}\right)$ *keine* Lösung des obigen Systems aus zwei Gleichungen.

Aus der Mittelstufe wissen wir, dass sich die Lösungsmenge einer Gleichung *nicht* ändert, wenn die Gleichung mit einer Zahl $\neq 0$ multipliziert wird. Wir erhalten auch wieder eine wahre Aussage, wenn wir die Summe der linken Gleichungsseiten bilden und diese gleichsetzen mit der Summe der rechten Gleichungsseiten. Aus $A = B$ und $C = D$ folgt natürlich $A + C = B + D$, da wir Gleiches ($C = D$) zu Gleichem ($A = B$) addiert haben.

Mit diesem Wissen können wir das obige System lösen!
Dazu multiplizieren wir die Gleichungen **I** und **II** mit geeigneten Zahlen so, dass sich bei der anschließenden Addition der neuen Gleichungsseiten die Vielfachen einer Variablen wegheben. Damit sich zum Beispiel die Variable x_1 weghebt, multiplizieren wir im obigen System die Gleichung **I** mit 2 und die Gleichung **II** mit 3:

$$\begin{aligned} 6x_1 - 8x_2 &= -58 \\ -6x_1 + 21x_2 &= 123 \\ \hline \text{Addition:} \qquad 13x_2 &= 65 \quad \Rightarrow \quad x_2 = \frac{65}{13} = 5 \end{aligned}$$

Mit $x_2 = 5$ lautet die Gleichung **I**:

$$\begin{aligned} 3x_1 - 20 &= -29 \\ 3x_1 &= -9 \\ x_1 &= -3 \end{aligned}$$

CRAMER'sche Regel

Wir werden im Folgenden eine Regel zur Lösung eines linearen Gleichungssystems mit zwei Gleichungen und zwei Variablen herleiten. Diese Regel hat der Schweizer Mathematiker GABRIEL CRAMER (1704–1752) veröffentlicht.

Wir betrachten das lineare Gleichungssystem:

$$\begin{aligned} ax_1 + cx_2 &= e \qquad \textbf{I} \\ bx_1 + dx_2 &= f \qquad \textbf{II} \end{aligned}$$

Die reellen Zahlen a, c, e, b, d und f werden im Gegensatz zu den Gleichungsvariablen x_1 und x_2 auch *Formvariable* genannt.

Damit sich bei der anschließenden Addition der Gleichungsseiten die Ausdrücke mit der Variablen x_2 aufheben, multiplizieren wir die Gleichung **I** mit d und die Gleichung **II** mit $(-c)$:

$$\begin{aligned} adx_1 + cdx_2 &= ed \\ -cbx_1 - cdx_2 &= -cf \\ \hline (ad - cb) \cdot x_1 &= ed - cf \end{aligned}$$

Multiplizieren wir nun im gegebenen Gleichungssystem die Gleichung **I** mit $(-b)$ und die Gleichung **II** mit a, dann heben sich bei anschließender Addition der neuen Gleichungsseiten die Ausdrücke mit der Variablen x_1 auf:

$$\begin{aligned} -abx_1 - cbx_2 &= -eb \\ abx_1 + adx_2 &= af \\ \hline (ad - cb) \cdot x_2 &= af - eb \end{aligned}$$

Wir erhalten so für die Variablen x_1 und x_2 die folgenden Gleichungen:

$$(ad - cb) \cdot x_1 = ed - cf \quad \text{bzw.} \quad (ad - cb) \cdot x_2 = af - eb$$

Diese Gleichungen können wir nur dann nach den Variablen x_1 und x_2 auflösen, wenn wir dabei eine Division durch null ausschließen. Für $(ad - cb) \neq 0$ ist aber diese Voraussetzung erfüllt. Wir erhalten dann:

$$x_1 = \frac{ed - cf}{ad - cb} \ ; \qquad x_2 = \frac{af - eb}{ad - cb}$$

In Abschnitt 1.8.2 hatten wir gesehen, dass man die Differenz aus zwei Produkten auch als Determinante schreiben kann.

Mit $ed - cf = \begin{vmatrix} e & c \\ f & d \end{vmatrix}$, $ad - cb = \begin{vmatrix} a & c \\ b & d \end{vmatrix}$ und $af - eb = \begin{vmatrix} a & e \\ b & f \end{vmatrix}$

können wir die Ausdrücke für x_1 und x_2 als Quotienten aus zwei Determinanten schreiben:

Regel von Cramer

Das Gleichungssystem $\begin{aligned} ax_1 + cx_2 &= e \\ bx_1 + dx_2 &= f \end{aligned}$ hat *genau dann* eine *eindeutige* Lösung, wenn für die Koeffizientendeterminante $\begin{vmatrix} a & c \\ b & d \end{vmatrix}$ gilt: $\begin{vmatrix} a & c \\ b & d \end{vmatrix} \neq 0$

Die Lösungen x_1 und x_2 sind dann die folgenden Quotienten:

$$x_1 = \frac{\begin{vmatrix} e & c \\ f & d \end{vmatrix}}{\begin{vmatrix} a & c \\ b & d \end{vmatrix}}, \quad x_2 = \frac{\begin{vmatrix} a & e \\ b & f \end{vmatrix}}{\begin{vmatrix} a & c \\ b & d \end{vmatrix}}$$

Bemerkung

Diese Lösungsformeln lassen sich leicht merken, wenn man beachtet:

- Bei beiden Variablen ist die Nennerdeterminante gleich der Koeffizientendeterminante $\begin{vmatrix} a & c \\ b & d \end{vmatrix}$.
- Die Zählerdeterminante für x_1 entsteht aus der Nennerdeterminante, wenn man darin den *ersten* Spaltenvektor $\begin{pmatrix} a \\ b \end{pmatrix}$ durch den Vektor $\begin{pmatrix} e \\ f \end{pmatrix}$ ersetzt.
- Die Zählerdeterminante für x_2 entsteht aus der Nennerdeterminante, wenn man darin den *zweiten* Spaltenvektor $\begin{pmatrix} c \\ d \end{pmatrix}$ durch den Vektor $\begin{pmatrix} e \\ f \end{pmatrix}$ ersetzt.

Zwei Sonderfälle treten ein, wenn $\begin{vmatrix} a & c \\ b & d \end{vmatrix} = 0$ ist.

Sonderfall 1

Gilt $\begin{vmatrix} a & c \\ b & d \end{vmatrix} = 0$ und ist $\begin{pmatrix} a \\ c \\ e \end{pmatrix} = k \cdot \begin{pmatrix} b \\ d \\ f \end{pmatrix}$, dann ist die Gleichung **I** das k-fache der Gleichung **II**. Es gibt daher beliebig viele Zahlenpaare $(x_1; x_2)$, welche die Gleichung **I** und wegen $\mathbf{I} = k \cdot \mathbf{II}$ zugleich die Gleichung **II** erfüllen.

Für die Lösungsmenge L gilt dann: $L = \{(x_1; x_2) \mid ax_1 + cx_2 = e\}$

Sonderfall 2

Gilt $\begin{vmatrix} a & c \\ b & d \end{vmatrix} = 0$ und ist $\begin{pmatrix} a \\ c \\ e \end{pmatrix} \neq k \cdot \begin{pmatrix} b \\ d \\ f \end{pmatrix}$, dann hat das lineare Gleichungssystem keine Lösung.

Man schreibt dann: $L = \{\ \} = \emptyset$ und nennt diese Menge L die leere Menge.

Begründung

Wir betrachten das konkrete Zahlenbeispiel: $3x_1 + 4x_2 = 20$ **I**

$6x_1 + 8x_2 = 15$ **II**

mit $\begin{vmatrix} 3 & 4 \\ 6 & 8 \end{vmatrix} = 3 \cdot 8 - 4 \cdot 6 = 24 - 24 = 0$

Aus der Mittelstufe wissen wir, dass die beiden linearen Gleichungen jeweils eine Gerade in der x_1-x_2-Ebene beschreiben:

g: $3x_1 + 4x_2 - 20 = 0$ bzw. $x_2 = -\frac{3}{4} \cdot x_1 + 5$

h: $6x_1 + 8x_2 - 15 = 0$ bzw. $x_2 = -\frac{3}{4} \cdot x_1 + \frac{15}{8}$

Im bisherigen x-y-System lauten diese Gleichungen so:

g: $y = -\frac{3}{4} \cdot x + 5$ und h: $y = -\frac{3}{4} \cdot x + \frac{15}{8}$

Da nun die beiden Geraden g und h dieselbe Steigung $m = -\frac{3}{4}$, aber die verschiedenen y-Abschnitte 5 und $\frac{15}{8}$ haben, sind die Geraden g und h getrennt parallel liegende Geraden.
Solche Geraden können keinen gemeinsamen Punkt haben.

Beispiel 1

Wir lösen das Gleichungssystem $\begin{matrix} 3x_1 - 4x_2 = -29 \\ -2x_1 + 7x_2 = 41 \end{matrix}$ unter Verwendung der Regel von CRAMER.

Wegen $\begin{vmatrix} 3 & -4 \\ -2 & 7 \end{vmatrix} = 3 \cdot 7 - (-4) \cdot (-2) = 21 - 8 = 13 \neq 0$ hat das Gleichungssystem genau eine Lösung.

$$x_1 = \frac{\begin{vmatrix} -29 & -4 \\ 41 & 7 \end{vmatrix}}{13} = \frac{(-29) \cdot 7 - (-4) \cdot 41)}{13} = \frac{-203 + 164}{13} = \frac{-39}{13} = -3$$

$$x_2 = \frac{\begin{vmatrix} 3 & -29 \\ -2 & 41 \end{vmatrix}}{13} = \frac{3 \cdot 41 - (-29) \cdot (-2)}{13} = \frac{123 - 58}{13} = \frac{65}{13} = 5$$

Bemerkung

Der Aufbau der Lösungsformeln in der Regel von CRAMER ist einfach. Die Anwendung dieser Regel liefert aber durch Rechenfehler bei der Berechnung der Determinanten oft falsche Ergebnisse. Diese Rechenfehler machen nicht nur Schüler; auch Lehrer können ein Lied davon singen.

Die Vorteile der Regel von CRAMER liegen in der übersichtlichen Darstellung der Lösungsmöglichkeiten, wenn das Gleichungssystem einen Parameter enthält. Wir betrachten dazu ein Beispiel.

Beispiel 2 Gegeben ist das lineare Gleichungssystem mit dem Parameter $r \in \mathbb{R}$:

$$\begin{aligned} (r-1)x_1 + \quad 5x_2 &= 2 \\ 1x_1 + (r+3)x_2 &= 4-r \end{aligned}$$

Für welche Wahl von r hat das Gleichungssystem genau eine Lösung, keine Lösung oder unendlich viele Lösungen?

Lösung

Das Gleichungssystem hat nach der Regel von CRAMER *genau eine* Lösung, wenn die Determinante der Koeffizientenmatrix von null verschieden ist. Wir bezeichnen diese Determinante mit D.

$$D = \begin{vmatrix} r-1 & 5 \\ 1 & r+3 \end{vmatrix} = (r-1)(r+3) - 5 = r^2 + 3r - r - 3 - 5 = r^2 + 2r - 8 = (r-2)(r+4)$$

Daher gilt $D \neq 0$ für $r \in \mathbb{R} \setminus \{2; -4\}$. Sie können auch sagen:
Für $r \neq 2$ und $r \neq -4$ hat das Gleichungssystem eine eindeutige Lösung.

$$x_1 = \frac{\begin{vmatrix} 2 & 5 \\ 4-r & r+3 \end{vmatrix}}{D} = \frac{2(r+3) - 5(4-r)}{(r-2)(r+4)} = \frac{2r + 6 - 20 + 5r}{(r-2)(r+4)} = \frac{7r-14}{(r-2)(r+4)} =$$

$$= \frac{7(r-2)}{(r-2)(r+4)} = \frac{7}{r+4}$$

$$x_2 = \frac{\begin{vmatrix} r-1 & 2 \\ 1 & 4-r \end{vmatrix}}{D} = \frac{(r-1)(4-r) - 2}{(r-2)(r+4)} = \frac{4r - r^2 - 4 + r - 2}{(r-2)(r+4)} = \frac{-r^2 + 5r - 6}{(r-2)(r+4)} =$$

$$= \frac{-(r-3)(r-2)}{(r-2)(r+4)} = \frac{3-r}{r+4}$$

Ergebnis

Für $r \in \mathbb{R} \setminus \{2; -4\}$ hat das Gleichungssystem die *eindeutige* Lösung $x_1 = \dfrac{7}{r+4}$ und $x_2 = \dfrac{3-r}{r+4}$.

Die bisher ausgeschlossenen Werte $r = 2$ und $r = -4$ werden nun nacheinander einzeln betrachtet. Die zugehörigen Gleichungssysteme enthalten beim Einsetzen dieser Werte keinen Parameter mehr und können dann leicht interpretiert werden.

Sonderfall $r = 2$:

Für $r = 2$ lautet das Gleichungssystem:

$$\begin{aligned} 1x_1 + 5x_2 &= 2 \qquad \textbf{I} \\ 1x_1 + 5x_2 &= 2 \qquad \textbf{II} \end{aligned}$$

Dies heißt aber, dass wir nur eine Gleichung in zwei Variablen haben. Alle geordneten Zahlenpaare $(x_1; x_2)$, welche die Gleichung $x_1 + 5x_2 = 2$ erfüllen, bilden jetzt die Lösungsmenge.

Wählen wir für die Variable x_2 den neuen Parameter t, also $x_2 = t$, dann können wir über die Gleichung **I** die Variable x_1 in Abhängigkeit von t darstellen:

$$x_1 + 5t = 2 \quad \Rightarrow \quad x_1 = 2 - 5t$$

Alle geordneten Zahlenpaare $(2 - 5t; t)$ mit $t \in \mathbb{R}$ erfüllen dann das Gleichungssystem. Man sagt dazu auch, dass eine einparametrige unendliche Lösungsmenge vorliegt.

Sie können auch die Variable x_1 als neuen Parameter u, also $x_1 = u$, einführen und dann über die Gleichung **I** die Variable x_2 mit u darstellen:

$$u + 5x_2 = 2 \quad \Rightarrow \quad 5x_2 = 2 - u \quad \Rightarrow \quad x_2 = \frac{1}{5}(2 - u)$$

Alle geordneten Zahlenpaare $\left(u; \frac{1}{5}(2 - u)\right)$ mit $u \in \mathbb{R}$ erfüllen das Gleichungssystem.

Bemerkung

In der Mittelstufe hatten Sie die Koordinatenachsen nicht mit x_1 und x_2, sondern mit x und y bezeichnet.

Die Gleichung **I** lautet damit: $x + 5y = 2$ oder $y = -\frac{1}{5}x + \frac{2}{5}$.

Geometrisch interpretiert erfüllen alle Punkte dieser Geraden mit ihren Koordinaten unser Gleichungssystem im Fall $r = 2$.

Sonderfall $r = -4$:

Das Gleichungssystem lautet jetzt:

$$\begin{aligned} -5x_1 + 5x_2 &= 2 \quad |\cdot(-1) \\ 1x_1 - 1x_2 &= 8 \quad |\cdot 5 \end{aligned} \quad \Rightarrow \quad \begin{aligned} 5x_1 - 5x_2 &= -2 \qquad \textbf{I} \\ 5x_1 - 5x_2 &= 40 \qquad \textbf{II} \end{aligned}$$

Da die linken Gleichungsseiten gleich sind, müssen auch die rechten Gleichungsseiten gleich sein. Wir erhalten so die falsche Aussage $-2 = 40$.

Unser Gleichungssystem hat daher im Fall $r = -4$ *keine* Lösung.

Aufgabe 16 Für welche Wahl des Parameters r haben die folgenden Gleichungssysteme genau eine Lösung, keine Lösung oder unendlich viele Lösungen?

16.1 $$\begin{aligned}(r+2)x_1 + \quad 1x_2 &= 3\\ (r+8)x_1 + (r-2)x_2 &= 2+r\end{aligned}$$

16.2 $$\begin{aligned}rx_1 + \quad 1x_2 &= 5-r\\ 3x_1 + (r-2)x_2 &= 2\end{aligned}$$

16.3 $$\begin{aligned}(r+1)x_1 + (8r+8)x_2 &= -3r-3\\ (r-6)x_1 - (6r+6)x_2 &= 2r+3\end{aligned}$$

16.4 $$\begin{aligned}rx_1 + \quad rx_2 &= 3r\\ -x_1 + (r-2)x_2 &= -3\end{aligned}$$

2.1.2 GAUSS'sches Eliminationsverfahren

Zum Inhalt dieses Abschnitts:

In Abschnitt 2.1.1 hatten wir die Regel von CRAMER zur Lösung eines linearen Gleichungssystems in einem Beispiel ausführlich vorgerechnet. Die Regel von CRAMER könnte zwar im Prinzip auf lineare Gleichungssysteme mit mehr als zwei Gleichungen erweitert werden, aber der Rechenaufwand für die Berechnung der benötigten Determinanten würde zu umfangreich.

Wir werden im Folgenden ein einfacheres Verfahren zur Lösung von linearen Gleichungssystemen begründen, das wir später auf lineare Gleichungssysteme mit mehr als zwei Gleichungen anwenden werden. Dabei verwenden wir nur einfache Umformungen von Gleichungen und die aus der Mittelstufe bekannten Grundsätze der Gleichungslehre. Es wird sich zeigen, dass dieses „neue" Verfahren für den Einsatz eines Computerprogramms sehr geeignet ist.

Grundidee des GAUSS'schen Eliminationsverfahrens:

Aus der Gleichungslehre der Mittelstufe wissen wir, dass die Lösungsmenge eines Gleichungssystems *nicht* verändert wird, wenn wir eine der folgenden Umformungen vornehmen:

- Zwei Gleichungen werden in der Reihenfolge vertauscht.
- Eine Gleichung wird mit einer Zahl $r \neq 0$ multipliziert.
- Eine Gleichung wird ersetzt durch die *Summe* aus dieser (evtl. multiplizierten) Gleichung und einer anderen (evtl. multiplizierten) Gleichung. Zum Beispiel kann die Gleichung **II** ersetzt werden durch die Gleichung **II'** mit $\mathbf{II'} = r_1 \cdot \mathbf{II} + r_2 \cdot \mathbf{I}$.

➡➡➡➡➡➡

Beispiel 1 Die oben angeführten Regeln reichen aus, um das Gleichungssystem

$$\begin{aligned}2x_1 + 3x_2 &= 4 \qquad \mathbf{I}\\ 5x_1 - 1x_2 &= -7 \qquad \mathbf{II}\end{aligned}$$

so umzuformen, dass man die Lösung leicht angeben kann.

Unter Beibehaltung der Gleichung **I** bilden wir unter Verwendung dieser Regeln eine neue Gleichung **II'**, die bei der Variablen x_1 den Koeffizienten 0 hat.

Dies erreichen wir, wenn wir die Gleichung **I** mit 5 multiplizieren, die Gleichung **II** mit (– 2) multiplizieren und die Summe $5 \cdot \mathbf{I} + (-2) \cdot \mathbf{II}$ bilden:

$$\begin{array}{rcl} 10x_1 + 15x_2 = 20 & \triangleq & 5 \cdot \mathbf{I} \\ -10x_1 + \;\; 2x_2 = 14 & \triangleq & (-2) \cdot \mathbf{II} \\ \hline 0x_1 + 17x_2 = 34 & \triangleq & 5 \cdot \mathbf{I} + (-2) \cdot \mathbf{II} = \mathbf{II'} \end{array}$$

Wir erhalten so das Gleichungssystem mit den Gleichungen **I** und **II'**:

$$\begin{array}{ll} 2x_1 + \;\; 3x_2 = 4 & \qquad \mathbf{I} \\ 0x_1 + 17x_2 = 34 & \qquad \mathbf{II'} \end{array}$$

Damit haben wir unser Ziel erreicht: Aus der Gleichung **II'** erhalten wir sofort $x_2 = 2$ und durch „Rückeinsetzen" in die Gleichung **I**:

$$2x_1 + 6 = 4 \quad \Rightarrow \quad 2x_1 = -2 \quad \Rightarrow \quad x_1 = -1$$

Der ganze Lösungsweg für lineare Gleichungssysteme wird übersichtlicher, wenn wir unter Beibehaltung der Reihenfolge der Variablen nur die Koeffizienten dieser Variablen und die Zahlen auf den rechten Gleichungsseiten in der so genannten *schematisierten Form* anschreiben.

In unserem Beispiel erhalten wir mit RS für „rechte Seite":

x_1	x_2	RS	
2	3	4	$\vert \cdot 5$
5	– 1	– 7	$\vert \cdot (-2)$
2	3	4	
0	17	34	

10	15	20
– 10	2	14
0	17	34

Die letzte Zeile lautet ausführlich: $0x_1 + 17x_2 = 34 \quad \Rightarrow \quad x_2 = 2$

Mit $x_2 = 2$ lautet die vorletzte Zeile ausführlich angeschrieben:
$2x_1 + 3 \cdot 2 = 4 \quad \Rightarrow \quad 2x_1 = 4 - 6 \quad \Rightarrow \quad 2x_1 = -2 \quad \Rightarrow \quad x_1 = -1$

Ein nützlicher Hinweis:
Schreiben Sie die Bildung der neuen Gleichung $\mathbf{II'} = 5 \cdot \mathbf{I} + (-2) \cdot \mathbf{II}$ wie im obigen Beispiel *ausführlich* an! Sie werden bald merken, dass hier die meisten Rechenfehler unterlaufen. Sie ersparen sich auch bei der Fehlersuche viel Zeit.

Beispiel 2 Das Gleichungssystem $2x_1 + 3x_2 = 4$ **I**

$4x_1 + 6x_2 = 8$ **II**

soll durch das GAUSS-Verfahren gelöst werden.

Wir rechnen in der *schematisierten Form*:

x_1	x_2	RS				
2	3	4	$\mid \cdot 2$	4	6	8
4	6	8	$\mid \cdot (-1)$	−4	−6	−8
2	3	4		0	0	0
0	0	0				

Die letzte Zeile lautet ausführlich: $0x_1 + 0x_2 = 0$

Betrachtet man nur diese Gleichung, so könnte man x_1 und x_2 beliebig wählen. Da aber durch die ursprünglich gegebenen Gleichungen **I** bzw. **II** ein bestimmter Zusammenhang zwischen den Variablen x_1 und x_2 besteht, kann nur *eine* der beiden Variablen beliebig gewählt werden. Sie haben dazu zwei Möglichkeiten:

Möglichkeit 1

Wir setzen $x_2 = t$ mit $t \in \mathbb{R}$ und erhalten damit aus der Gleichung **I**:

$$2x_1 + 3t = 4 \quad \Rightarrow \quad 2x_1 = 4 - 3t \quad \Rightarrow \quad x_1 = 2 - \frac{3}{2}t$$

Alle Zahlenpaare $(x_1; x_2) = \left(2 - \frac{3}{2}t; t\right)$ mit $t \in \mathbb{R}$ erfüllen das Gleichungssystem. Für jede bestimmte Wahl von t erhalten wir dann eine spezielle Lösung.

Zum Beispiel liefert die Wahl $t = 2$ die spezielle Lösung $(-1; 2)$.

Möglichkeit 2

Wir setzen $x_1 = u$ mit $u \in \mathbb{R}$ und erhalten aus der Gleichung **I**:

$$2u + 3x_2 = 4 \quad \Rightarrow \quad 3x_2 = 4 - 2u \quad \Rightarrow \quad x_2 = \frac{4}{3} - \frac{2}{3}u$$

Alle Zahlenpaare $(x_1; x_2) = \left(u; \frac{4}{3} - \frac{2}{3}u\right)$ erfüllen das Gleichungssystem.

Jetzt erhalten Sie zum Beispiel für $u = -1$ die obige spezielle Lösung $(-1; 2)$.

Beispiel 3 Das Gleichungssystem $2x_1 + 3x_2 = 4$

$4x_1 + 6x_2 = 10$

soll durch das GAUSS-Verfahren gelöst werden.

Wir rechnen wieder in der schematisierten Form:

x_1	x_2	RS				
2	3	4	$\|\cdot 2$	4	6	8
4	6	10	$\|\cdot(-1)$	-4	-6	-10
2	3	4		0	0	-2
0	0	-2				

Die letzte Zeile lautet ausführlich $0x_1 + 0x_2 = -2$ und liefert den Widerspruch $0 = -2$.

Das Gleichungssystem hat also keine Lösung!

Ein Blick nach vorn:

Die in den obigen Beispielen angewandte Methode lässt sich auf drei Gleichungen in drei Variablen übertragen. Ziel der Umformungen ist es, ein Gleichungssystem schließlich in die folgende Form zu bringen:

Beispiel 4

$$
\begin{aligned}
6x_1 - 3x_2 + x_3 &= 25 \qquad &\textbf{I}\\
x_2 + 5x_3 &= -3 \qquad &\textbf{II}\\
2x_3 &= -4 \qquad &\textbf{III}
\end{aligned}
$$

Die im Beispiel 4 erreichte Form wird als **Trapezform** bezeichnet. In der Trapezform kann man aus der letzten Gleichung den Wert der Variablen x_3 berechnen:

Aus $2x_3 = -4$ folgt $x_3 = -2$.

Durch Rückeinsetzen von $x_3 = -2$ in die Gleichung **II** erhalten wir:

$x_2 + 5 \cdot (-2) = -3 \quad \Rightarrow \quad x_2 = -3 + 10 \quad \Rightarrow \quad x_2 = 7$

Die Gleichung **I** lautet damit: $6x_1 - 21 - 2 = 25 \quad \Rightarrow \quad x_1 = 8$

Das Verfahren, ein lineares Gleichungssystem schrittweise in die Trapezform zu überführen, heißt **GAUSS'sches Eliminationsverfahren** oder kurz **GAUSS-Verfahren**, nach CARL-FRIEDRICH GAUSS, deutscher Mathematiker (1777–1855).

2.2 Drei Gleichungen mit drei Variablen

2.2.1 GAUSS'sches Eliminationsverfahren

Beispiel 1 Das folgende Gleichungssystem ist durch das GAUSS-Verfahren zu lösen.

Allgemeine Form:

$$\begin{aligned} 2x_1 - x_2 + 5x_3 &= 51 \\ -3x_1 + 5x_2 + 6x_3 &= 4 \\ 5x_1 + x_2 + x_3 &= 33 \end{aligned}$$

Schematisierte Form:

x_1	x_2	x_3	RS
2	−1	5	51
−3	5	6	4
5	1	1	33

Ziel 1:

Durch geeignete Umformungen, die jeweils ausführlich angegeben sind, erreichen wir, dass die zweite und dritte Zeile des Schemas mit der Zahl 0 beginnen.
Die erste Zeile wird dabei unverändert im Schema beibehalten.

x_1	x_2	x_3	RS	
2	−1	5	51	$\mid \cdot 3$
−3	5	6	4	$\mid \cdot 2$
5	1	1	33	
2	−1	5	51	$\mid \cdot 5$
0	7	27	161	
5	1	1	33	$\mid \cdot (-2)$
2	−1	5	51	
0	7	27	161	
0	−7	23	189	

6	−3	15	153
−6	10	12	8
0	7	27	161

10	−5	25	255
−10	−2	−2	−66
0	−7	23	189

Ziel 2:

Die erste und die zweite Zeile des Schemas bleiben nun fest. Nun versuchen wir durch Kombination der zweiten und dritten Zeile eine neue dritte Zeile zu bilden, die dann auch auf der zweiten Stelle, also bei x_2, den Faktor 0 hat.
Bei diesem Beispiel macht uns das nicht viel Arbeit:

2	−1	5	51	
0	7	27	161	$\| \cdot 1$
0	−7	23	189	$\| \cdot 1$

0	7	27	161
0	−7	23	189
0	0	50	350

2	−1	5	51
0	7	27	161
0	0	50	350

Mit der letzten Umformung haben wir die Trapezform des Gleichungssystems erreicht und können nun die Lösung leicht berechnen:

Die dritte Zeile lautet ausführlich: $50x_3 = 350 \quad \Rightarrow \quad x_3 = 7$

Zweite Zeile:
$$7x_2 + 27 \cdot 7 = 161$$
$$7x_2 = 161 - 189$$
$$7x_2 = -28 \quad \Rightarrow \quad x_2 = -4$$

Erste Zeile:
$$2x_1 - 1 \cdot (-4) + 5 \cdot 7 = 51$$
$$2x_1 + 4 + 35 = 51$$
$$2x_1 = 12 \quad \Rightarrow \quad x_1 - 6$$

Das Gleichungssystem des Beispiels 1 ist eindeutig lösbar. Die Lösung ist das Zahlentripel $(x_1; x_2; x_3) = (6; -4; 7)$.

Bei der Durchführung des GAUSS-Verfahrens muss man gelegentlich zwei Zeilen vertauschen. Vergleichen Sie dazu Beispiel 2 und Beispiel 3.

Beispiel 2

Gegeben ist das lineare Gleichungssystem:
$$1x_1 + 2x_2 + 1x_3 = 6 \qquad \text{I}$$
$$1x_1 + 2x_2 - 1x_3 = 10 \qquad \text{II}$$
$$3x_1 - 6x_2 + 4x_3 = -8 \qquad \text{III}$$

Dieses Gleichungssystem lautet in der schematisierten Form:

x_1	x_2	x_3	RS
1	2	1	6
1	2	−1	10
3	−6	4	−8

Ziel 1:
Durch geeignete Umformungen, die jeweils ausführlich rechts angegeben sind, erreichen wir, dass die zweite und die dritte Zeile des Schemas mit der Zahl 0 beginnen:

x_1	x_2	x_3	RS	
1	2	1	6	$\mid \cdot 1$
1	2	−1	10	$\mid \cdot (-1)$
3	−6	4	−8	
1	2	1	6	$\mid \cdot 3$
0	0	2	−4	
3	−6	4	−8	$\mid \cdot (-1)$
1	2	1	6	
0	0	2	−4	
0	12	−1	26	

1	2	1	6
−1	−2	1	−10
0	0	2	−4

3	6	3	18
−3	6	−4	8
0	12	−1	26

Vertauschen wir nun im letzten Schema die Zeilen 2 und 3, dann liegt bereits die Trapezform vor.

x_1	x_2	x_3	RS
1	2	1	6
0	12	−1	26
0	0	2	−4

Die letzte Zeile lautet ausführlich: $2x_3 = -4 \quad \Rightarrow \quad x_3 = -2$

Zeile 2: $12x_2 - (-2) = 26 \quad \Rightarrow \quad 12x_2 = 24 \quad \Rightarrow \quad x_2 = 2$

Zeile 1: $x_1 + 4 - 2 = 6 \quad \Rightarrow \quad x_1 = 4$

Das Gleichungssystem ist eindeutig lösbar und hat das Zahlentripel $(x_1; x_2; x_3) = (4; 2; -2)$ als Lösung.

Beispiel 3 Das folgende lineare Gleichungssystem soll durch das GAUSS-Verfahren gelöst werden.

Allgemeine Form:

$$\begin{aligned} 3x_2 + 1x_3 &= 5 && \textbf{I} \\ 1x_1 - 2x_2 + 3x_3 &= -23 && \textbf{II} \\ 2x_1 + 1x_2 + 1x_3 &= -11 && \textbf{III} \end{aligned}$$

Schematisierte Form:

x_1	x_2	x_3	RS
0	3	1	5
1	−2	3	−23
2	1	1	−11

In diesem Beispiel können wir das Ziel 1 (jeweils eine 0 am Anfang der zweiten und dritten Zeile) *nicht* durch Kombination mit der ersten Zeile erreichen, da der Koeffizient der Variablen x_1 in der Gleichung **I** (also in der ersten Zeile des Schemas) gleich null ist. Wir vertauschen daher die Reihenfolge der Gleichungen **I** und **II**:

x_1	x_2	x_3	RS	
1	– 2	3	– 23	$\mid \cdot (-2)$
0	3	1	5	
2	1	1	– 11	$\mid \cdot 1$
1	– 2	3	– 23	
0	3	1	5	$\mid \cdot 5$
0	5	– 5	35	$\mid \cdot (-3)$
1	– 2	3	– 23	
0	3	1	5	
0	0	20	– 80	

– 2	4	– 6	46
2	1	1	– 11
0	5	– 5	35

0	15	5	25
0	– 15	15	– 105
0	0	20	– 80

Nun haben wir die „Trapezform" des Gleichungssystems erreicht und können die Lösung des Systems leicht berechnen:

Die dritte Zeile des Schemas lautet ausführlich $20x_3 = -80$ und liefert $x_3 = -4$.

Die Variablen x_2 und x_1 werden durch „Rückeinsetzen" berechnet:

Zweite Zeile: $3x_2 + 1 \cdot (-4) = 5 \quad \Rightarrow \quad 3x_2 = 9 \quad \Rightarrow \quad x_2 = 3$

Erste Zeile: $1x_1 - 2 \cdot 3 + 3 \cdot (-4) = -23 \quad \Rightarrow \quad x_1 - 6 - 12 = -23$

$\Rightarrow \quad x_1 = -23 + 18 \quad \Rightarrow \quad x_1 = -5$

Das Gleichungssystem ist eindeutig lösbar und hat die Lösung
$(x_1; x_2; x_3) = (-5; 3; -4)$.

Ein Gleichungssystem hat keine Lösung, wenn bei der Durchführung des GAUSS-Verfahrens eine widersprüchliche Zeile im Schema auftritt.

Beispiel 4 Wir betrachten das folgende Gleichungssystem und lösen es nach dem GAUSS-Verfahren:

$$\begin{aligned} 2x_1 - 1x_2 + 6x_3 &= -24 \\ 1x_1 + 1x_2 - 2x_3 &= 11 \\ 1x_1 - 2x_2 + 8x_3 &= -30 \end{aligned}$$

x_1	x_2	x_3	RS	
2	−1	6	−24	$\mid \cdot 1$
1	1	−2	11	$\mid \cdot (-2)$
1	−2	8	−30	
2	−1	6	−24	$\mid \cdot 1$
0	−3	10	−46	
1	−2	8	−30	$\mid \cdot (-2)$
2	−1	6	−24	
0	−3	10	−46	$\mid \cdot 1$
0	3	−10	36	$\mid \cdot 1$
2	−1	6	−24	
0	−3	10	−46	
0	0	0	−10	

Nebenrechnungen:

2	−1	6	−24
−2	−2	4	−22
0	−3	10	−46

2	−1	6	−24
−2	4	−16	60
0	3	−10	36

0	−3	10	−46
0	3	−10	36
0	0	0	−10

Die letzte Zeile des Schemas lautet $0 \cdot x_1 + 0 \cdot x_2 + 0 \cdot x_3 = -10$ und liefert den Widerspruch $0 = -10$. Das obige Gleichungssystem hat daher keine Lösung bzw. die leere Menge Ø ist Lösungsmenge.

Lineare Gleichungssysteme mit drei Gleichungen in drei Variablen können auch unendliche einparametrige bzw. unendliche zweiparametrige Lösungsmengen haben. Wir sehen uns diese Fälle in Beispiel 5 und Beispiel 6 an.

Beispiel 5 Wir lösen das folgende lineare Gleichungssystem nach dem GAUSS-Verfahren:

$$\begin{aligned} 1x_1 - 1x_2 + 2x_3 &= 13 \\ 3x_1 + 1x_2 - 1x_3 &= 14 \\ -3x_1 + 3x_2 - 6x_3 &= -39 \end{aligned}$$

x_1	x_2	x_3	RS	
1	– 1	2	13	$\mid \cdot 3$
3	1	– 1	14	$\mid \cdot (-1)$
– 3	3	– 6	– 39	
1	– 1	2	13	$\mid \cdot 3$
0	– 4	7	25	
– 3	3	– 6	– 39	$\mid \cdot 1$
1	– 1	2	13	
0	– 4	7	25	
0	0	0	0	

3	– 3	6	39
– 3	– 1	1	– 14
0	– 4	7	25

3	– 3	6	39
– 3	3	– 6	– 39
0	0	0	0

Die letzte Zeile des Schemas lautet ausführlich angeschrieben:
$0 \cdot x_1 + 0 \cdot x_2 + 0 \cdot x_3 = 0$

Diese Gleichung wäre nur für sich betrachtet für jede Wahl der Variablen x_1, x_2, x_3 erfüllt. Da aber durch die zweite und erste Zeile noch Zusammenhänge zwischen den Variablen festgelegt sind, dürfen wir nur eine Variable frei wählen. Wir entscheiden uns für x_3 und setzen $x_3 = t$ mit $t \in \mathbb{R}$.
Mit $x_3 = t$ können wir nun aus der zweiten Zeile die Variable x_2 in Abhängigkeit von t darstellen:

$$0 \cdot x_1 - 4x_2 + 7t = 25 \quad \Rightarrow \quad 4x_2 = 7t - 25 \quad \Rightarrow \quad x_2 = \frac{7t - 25}{4}$$

Aus der ersten Zeile erhalten wir damit eine Darstellung der Variablen x_1 in Abhängigkeit vom Parameter t:

$$x_1 - \frac{7t - 25}{4} + 2t = 13 \quad \Rightarrow \quad x_1 = 13 - 2t + \frac{7t - 25}{4}$$

$$x_1 = \frac{52 - 8t + 7t - 25}{4}, \quad \text{also } x_1 = \frac{27 - t}{4}$$

Das Gleichungssystem des Beispiels 5 hat eine unendliche einparametrige Lösungsmenge, die durch alle geordneten Zahlentripel
$(x_1; x_2; x_3) = \left(\frac{27 - t}{4}; \frac{7t - 25}{4}; t\right)$ mit $t \in \mathbb{R}$ gegeben ist.

Für jede spezielle Wahl von $t \in \mathbb{R}$ erhalten wir dann eine spezielle Lösung. Wählen wir zum Beispiel $x_3 = t = 7$, so erhalten wir das Zahlentripel $(x_1; x_2; x_3) = (5; 6; 7)$ als zugehörige Lösung.

Beispiel 6

Wir lösen das folgende Gleichungssystem nach dem GAUSS-Verfahren:

$$\begin{aligned} 3x_1 - 1x_2 + 2x_3 &= 7 \\ 6x_1 - 2x_2 + 4x_3 &= 14 \\ -9x_1 + 3x_2 - 6x_3 &= -21 \end{aligned}$$

x_1	x_2	x_3	RS	
3	−1	2	7	$\vert \cdot (-2)$
6	−2	4	14	$\vert \cdot 1$
−9	3	−6	−21	
3	−1	2	7	$\vert \cdot 3$
0	0	0	0	
−9	3	−6	−21	$\vert \cdot 1$
3	−1	2	7	
0	0	0	0	
0	0	0	0	

−6	2	−4	−14
6	−2	4	14
0	0	0	0

9	−3	6	21
−9	3	−6	−21
0	0	0	0

Die zweite und die dritte Zeile heißen **Nullzeilen** und sind für jede beliebige Wahl der Variablen x_1, x_2, x_3 erfüllt. Wir müssen jetzt nur noch den Zusammenhang zwischen den Variablen berücksichtigen, der durch die erste Zeile gegeben ist.

Die erste Zeile lautet ausführlich angeschrieben $3x_1 - 1x_2 + 2x_3 = 7$ und stellt *eine* Gleichung in drei Variablen dar. In diesem Fall können wir über zwei Variable frei verfügen und die restliche Variable durch die eingeführten Parameter darstellen.

Wir wählen zum Beispiel $x_3 = t$ mit $t \in \mathbb{R}$ und $x_2 = u$ mit $u \in \mathbb{R}$.
Die erste Zeile lautet dann $3x_1 - u + 2t = 7$ und liefert $x_1 = \dfrac{7 + u - 2t}{3}$. Da wir die Parameter t und u frei, das heißt unabhängig voneinander, wählen können, sagt man in diesem Fall, dass das Gleichungssystem eine unendliche zweiparametrige Lösungsmenge besitzt. Die Lösung lässt sich als geordnetes Zahlentripel durch $(x_1; x_2; x_3) = \left(\dfrac{7 + u - 2t}{3}; u; t\right)$ mit $u, t \in \mathbb{R}$ beschreiben.

Jede spezielle Wahl der Parameter u und t liefert dann eine spezielle Lösung. Zum Beispiel erhalten wir für $u = 3$ und $t = -4$ die spezielle Lösung:

$(x_1; x_2; x_3) = (6; 3; -4)$

Zusammenfassung:

Nach der Durchführung des Gauss-Verfahrens kann man anhand des entstandenen Gleichungssystems in der Trapezform und der Anzahl der Nullzeilen sofort eine Aussage über die Lösungsmenge machen und die Lösungsmenge auch leicht bestimmen.

Übersicht für drei lineare Gleichungen

Durch Vertauschen von zwei Gleichungen können wir immer erreichen, dass im Koeffizientenschema der Variablen der Koeffizient von x_1 von null verschieden ist.
In der Übersicht steht das Symbol • für eine beliebige reelle Zahl, die auch null sein kann.

Fall 1

x_1	x_2	x_3	RS
a	•	•	•
0	b	•	•
0	0	c	•

Voraussetzung:

$a \neq 0, \quad b \neq 0, \quad c \neq 0$

Das Gleichungssystem hat *genau eine Lösung*, die wir durch „Rückeinsetzen" berechnen können.

Fall 2.1

x_1	x_2	x_3	RS
a	•	•	•
0	b	•	•
0	0	0	0

Voraussetzung:

$a \neq 0, \quad b \neq 0$

Da genau eine Nullzeile auftritt, hat das Gleichungssystem eine unendliche einparametrige Lösungsmenge. Wir können zum Beispiel $x_3 = t$ mit $t \in \mathbb{R}$ als Parameter einführen.

Fall 2.2

x_1	x_2	x_3	RS
a	•	•	•
0	0	0	0
0	0	0	0

Voraussetzung:

$a \neq 0$

Da genau zwei Nullzeilen auftreten, hat das Gleichungssystem eine unendliche zweiparametrige Lösungsmenge. Wir können zum Beispiel $x_3 = t$ mit $t \in \mathbb{R}$ und $x_2 = u$ mit $u \in \mathbb{R}$ als Parameter einführen.

Fall 3

x_1	x_2	x_3	RS
a	•	•	•
0	b	•	•
0	0	0	d

Voraussetzung:

$a \neq 0, \quad b \neq 0, \quad d \neq 0$

Das Gleichungssystem hat keine Lösung, da in einer Zeile des Schemas die Koeffizienten der Variablen x_1, x_2, x_3 alle gleich null sind, aber auf der zugehörigen rechten Seite der Gleichung eine von null verschiedene Zahl d steht.

2.2.2 Homogene und inhomogene Gleichungssysteme

Die Übersicht aus Abschnitt 2.2.1 über die Lösungsmöglichkeiten eines Gleichungssystems gilt auch für „homogene" Systeme.

Ein lineares Gleichungssystem heißt **homogen**, wenn auf der rechten Seite *aller* Gleichungen jeweils die Zahl Null steht. In allen anderen Fällen heißt das Gleichungssystem **inhomogen**.

Der Fall 3 kann bei homogenen Systemen *nicht* eintreten. Dies heißt mit anderen Worten, dass ein homogenes Gleichungssystem stets die Lösung $x_1 = x_2 = x_3 = 0$ hat. Diese Null-Lösung wird auch als *triviale Lösung* des homogenen Systems bezeichnet.
Außer dieser trivialen Lösung können aber auch noch nichttriviale Lösungen existieren, die sich aus den Fällen 1, 2.1 und 2.2 der Übersicht von der vorhergehenden Seite ergeben.

Aufgabe 17 Lösen Sie die folgenden linearen Gleichungssysteme unter Verwendung des GAUSS-Verfahrens.

17.1
$$\begin{aligned} 1x_2 + 1x_3 &= 3 \\ 1x_2 - 1x_3 &= 1 \\ 2x_1 + 1x_2 + 1x_3 &= 5 \end{aligned}$$

17.2
$$\begin{aligned} 3x_1 + 2x_2 + 6x_3 &= -2 \\ 2x_1 + 4x_2 - 3x_3 &= 10 \\ 4x_1 - 5x_2 + 7x_3 &= 7 \end{aligned}$$

17.3
$$\begin{aligned} 1x_2 - 1x_3 &= 1 \\ 1x_1 + 1x_2 &= 3 \\ 2x_1 + 1x_2 + 1x_3 &= 5 \end{aligned}$$

17.4
$$\begin{aligned} 1x_1 + 2x_2 + 1x_3 &= 4 \\ 1x_1 + 2x_2 - 1x_3 &= 6 \\ 3x_1 - 6x_2 + 4x_3 &= -1 \end{aligned}$$

17.5
$$\begin{aligned} 1x_1 + 2x_2 + 1x_3 &= 8 \\ 2x_1 - 1x_2 + 3x_3 &= 9 \\ 2x_1 + 4x_2 + 2x_3 &= 16 \end{aligned}$$

Analytische Geometrie

3.

Was heißt eigentlich „analytische Geometrie"?

Das Wort *analytisch* bedeutet in diesem Zusammenhang, dass wir zunächst die geometrischen Objekte in der Ebene und im Raum, also Punkte, Geraden und Ebenen, durch Zahlen und Gleichungen beschreiben. Anschließend werden wir geometrische Fragestellungen in Gleichungen „übersetzen". Diese Gleichungen bzw. Gleichungssysteme werden dann mithilfe der Rechenregeln für Vektoren und der Theorie der linearen Gleichungssysteme gelöst. Diese Lösungen können wir dann wieder geometrisch interpretieren.

Zunächst aber wollen wir uns mit den Gleichungen für Geraden im $\mathbb{R}^2$ und $\mathbb{R}^3$ und mit den Gleichungen von Ebenen beschäftigen.
Die wichtigsten Eigenschaften des Skalarprodukts und des Vektorprodukts von zwei Vektoren sollten Ihnen bekannt sein.

Gleichungen von Geraden und Ebenen 3.1

Gleichung einer Geraden in der Ebene 3.1.1

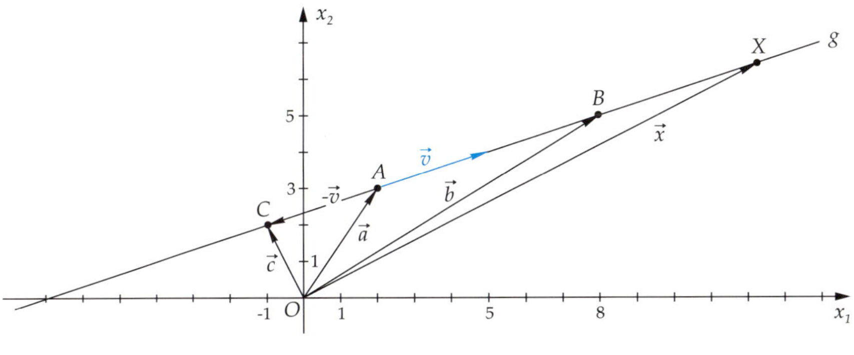

Figur 37

In einem kartesischen Koordinatensystem ist die Gerade g gegeben. In der Figur 37 geht die Gerade g durch den Punkt $A(2;3)$ und hat die Richtung des Vektors $\vec{v} = \begin{pmatrix} 3 \\ 1 \end{pmatrix}$. Hängen wir im Punkt A den Vektor $2 \cdot \vec{v} = \begin{pmatrix} 6 \\ 2 \end{pmatrix}$ an, dann können wir den Ortsvektor $\overrightarrow{OB} = \vec{b}$ des Punktes B der Geraden so darstellen:

$$\overrightarrow{OB} = \overrightarrow{OA} + 2 \cdot \vec{v}$$
$$\vec{b} = \vec{a} + 2 \cdot \vec{v}$$
$$\vec{b} = \begin{pmatrix} 2 \\ 3 \end{pmatrix} + 2 \cdot \begin{pmatrix} 3 \\ 1 \end{pmatrix}$$
$$\vec{b} = \begin{pmatrix} 2 \\ 3 \end{pmatrix} + \begin{pmatrix} 6 \\ 2 \end{pmatrix} = \begin{pmatrix} 8 \\ 5 \end{pmatrix}; \quad B(8;5)$$

Hängen wir nun den Vektor $(-\vec{v})$ im Punkt A an, so liegt die Spitze des Vektors $(-\vec{v})$ im Punkt C der Geraden g.
Der Ortsvektor $\overrightarrow{OC}$ des Punktes C kann jetzt mithilfe des Ortsvektors $\overrightarrow{OA}$ und des Vektors $(-\vec{v})$ so beschrieben werden:

$$\overrightarrow{OC} = \overrightarrow{OA} + (-\vec{v})$$

$$\vec{c} = \vec{a} + (-\vec{v})$$

$$\vec{c} = \begin{pmatrix} 2 \\ 3 \end{pmatrix} + \begin{pmatrix} -3 \\ -1 \end{pmatrix} = \begin{pmatrix} -1 \\ 2 \end{pmatrix}; \quad C(-1; 2)$$

Für einen beliebigen Punkt X der Geraden g machen wir den Ansatz: $\overrightarrow{OX} = \overrightarrow{OA} + k \cdot v$ mit einer reellen Zahl k.

Mit $\overrightarrow{OX} = \vec{x}$ und $\overrightarrow{OA} = \vec{a}$ (Ortsvektoren) schreiben wir kürzer:

$$g\colon\ \vec{x} = \vec{a} + k \cdot \vec{v} \quad \text{mit} \quad k \in \mathbb{R}$$

Ist $X \neq A$, dann ist der Vektor $\overrightarrow{AX}$ ein Vielfaches des Vektors $\vec{v}$. Es gilt dann $\overrightarrow{AX} = k \cdot \vec{v}$ und $k \neq 0$. Für $X = A$ ist $k = 0$.

Wir stellen fest:
Jeder Punkt X der Geraden g kann durch seinen Ortsvektor $\overrightarrow{OX} = \overrightarrow{OA} + \overrightarrow{AX}$ mit $\overrightarrow{AX} = k \cdot \vec{v}$, also durch $\overrightarrow{OX} = \overrightarrow{OA} + k \cdot \vec{v}$ und $k \in \mathbb{R}$ beschrieben werden.

Mit der kürzeren Schreibweise $\overrightarrow{OX} = \vec{x}$ und $\overrightarrow{OA} = \vec{a}$ für die Ortsvektoren erhalten wir dann die so genannte **vektorielle Parameterform** oder **Vektorgleichung** für die Gerade g:

$$g\colon\ \vec{x} = \vec{a} + k \cdot \vec{v} \quad \text{und} \quad k \in \mathbb{R}$$

In unserem Beispiel gilt: $g\colon\ \vec{x} = \begin{pmatrix} 2 \\ 3 \end{pmatrix} + k \cdot \begin{pmatrix} 3 \\ 1 \end{pmatrix},\ k \in \mathbb{R}$

Diese Vektorform der Geradengleichung für g ist *nicht* eindeutig. Als Richtungsvektor für die Gerade g kann man jeden zum Vektor $\vec{v}$ parallelen Vektor verwenden. Der so genannte „Aufpunkt“ $A(2; 3)$ der Geraden g muss natürlich beibehalten werden, da wir sonst eine zu g getrennt parallel liegende Gerade h erhalten würden.

Mit dem Richtungsvektor $\vec{u} = 2 \cdot \vec{v} = 2 \cdot \begin{pmatrix} 3 \\ 1 \end{pmatrix} = \begin{pmatrix} 6 \\ 2 \end{pmatrix}$ lautet eine mögliche Vektorform für g dann so:

$$g\colon\ \vec{x} = \begin{pmatrix} 2 \\ 3 \end{pmatrix} + s \cdot \begin{pmatrix} 6 \\ 2 \end{pmatrix} \quad \text{und} \quad s \in \mathbb{R}$$

In dieser zweiten Darstellung gehört zum Parameterwert $s = 1$ der Punkt $X(8; 5)$. Denselben Punkt $X(8; 5)$ erhalten wir für den Parameterwert $k = 2$ auch aus der ersten Vektorform.

Dieser ärgerlichen Vielfalt von Vektorformen für ein und dieselbe Gerade des $\mathbb{R}^2$ werden wir nun zu Leibe rücken, indem wir versuchen den Parameter loszuwerden.

In der Mittelstufe hatten die Gleichungen von Geraden doch eine einfachere Form ohne Parameter. Zum Beispiel hieß eine Gerade h: $3x - 4y + 5 = 0$, oder im neuen x_1-x_2-Koordinatensystem: h: $3x_1 - 4x_2 + 5 = 0$

Es muss also einen Weg geben, wie man von der Vektorform zu einer parameterfreien Gleichung der Geraden g gelangt.

Der anzuwendende Trick ist recht einfach, wenn wir uns an eine besondere Eigenschaft des Skalarprodukts aus zwei Vektoren erinnern:

Vertauscht man im Richtungsvektor $\vec{v} = \begin{pmatrix} 3 \\ 1 \end{pmatrix}$ die Koordinaten und wechselt bei einer Koordinate noch das Vorzeichen, dann hat das Skalarprodukt den Wert null und die beiden Vektoren stehen aufeinander senkrecht:

$$\begin{pmatrix} 3 \\ 1 \end{pmatrix} \cdot \begin{pmatrix} 1 \\ -3 \end{pmatrix} = 3 \cdot 1 + 1 \cdot (-3) = 3 - 3 = 0$$

Der Vektor $\begin{pmatrix} 1 \\ -3 \end{pmatrix}$ ist senkrecht (= orthogonal) zum Vektor $\vec{v} = \begin{pmatrix} 3 \\ 1 \end{pmatrix}$.

Statt „senkrecht" sagt man auch „normal" und nennt deswegen den Vektor $\begin{pmatrix} 1 \\ -3 \end{pmatrix}$ einen **Normalenvektor** zum Vektor $\begin{pmatrix} 3 \\ 1 \end{pmatrix}$.

Wir multiplizieren nun die Vektorform der Geradengleichung von g skalar mit dem Vektor $\begin{pmatrix} 1 \\ -3 \end{pmatrix}$:

$$g\colon \vec{x} = \begin{pmatrix} 2 \\ 3 \end{pmatrix} + k \cdot \begin{pmatrix} 3 \\ 1 \end{pmatrix} \qquad | \cdot \begin{pmatrix} 1 \\ -3 \end{pmatrix}$$

$$\begin{pmatrix} x_1 \\ x_2 \end{pmatrix} \cdot \begin{pmatrix} 1 \\ -3 \end{pmatrix} = \left[\begin{pmatrix} 2 \\ 3 \end{pmatrix} + k \cdot \begin{pmatrix} 3 \\ 1 \end{pmatrix} \right] \cdot \begin{pmatrix} 1 \\ -3 \end{pmatrix}$$

Wir beachten das Distributivgesetz für das Skalarprodukt:

$$\begin{pmatrix} x_1 \\ x_2 \end{pmatrix} \cdot \begin{pmatrix} 1 \\ -3 \end{pmatrix} = \begin{pmatrix} 2 \\ 3 \end{pmatrix} \cdot \begin{pmatrix} 1 \\ -3 \end{pmatrix} + k \cdot \begin{pmatrix} 3 \\ 1 \end{pmatrix} \cdot \begin{pmatrix} 1 \\ -3 \end{pmatrix}$$

Nun rechnen wir die einzelnen Skalarprodukte aus:

$$\begin{aligned} x_1 \cdot 1 + x_2 \cdot (-3) &= 2 \cdot 1 + 3 \cdot (-3) + k(3 \cdot 1 + 1 \cdot (-3)) \\ 1x_1 - 3x_2 &= 2 - 9 + k(3 - 3) \\ 1x_1 - 3x_2 &= -7 + k \cdot 0 \end{aligned}$$

$$g\colon\ 1x_1 - 3x_2 + 7 = 0$$

Damit haben wir das Ziel erreicht und für die Gerade g eine Gleichung *ohne* Parameter erhalten.

Die Gleichung $g\colon\ 1x_1 - 3x_2 + 7 = 0$ heißt eine **Normalenform** der Geraden g, da man mithilfe der Zahlen bei den Koordinaten x_1 und x_2 einen Vektor $\vec{n} = \begin{pmatrix} 1 \\ -3 \end{pmatrix}$ bilden kann, der zur Geraden g senkrecht (= normal) liegt.

(Den Vektor $\vec{n} = \begin{pmatrix} 1 \\ -3 \end{pmatrix}$ hatten wir ja so „konstruiert", dass er senkrecht zum Richtungsvektor $\vec{v} = \begin{pmatrix} 3 \\ 1 \end{pmatrix}$ liegt.)

Wir fassen zusammen:

Nachdem wir im $\mathbb{R}^2$ für eine Gerade g eine mögliche Vektorform (*Durchgangsgleichung*) aufgestellt haben, formen wir sie mithilfe des Skalarprodukts in eine für das praktische Rechnen besser geeignete Normalenform um.

Hat die Gerade g den Richtungsvektor $\vec{v} = \begin{pmatrix} v_1 \\ v_2 \end{pmatrix}$, dann multiplizieren wir die Vektorform mit dem Vektor $\begin{pmatrix} v_2 \\ -v_1 \end{pmatrix}$ skalar durch. Dies ist möglich, da für einen Richtungsvektor immer $\vec{v} \neq \vec{o}$ erfüllt ist.

Schritt 1:

Vektorform („Durchgangsgleichung") von g aufstellen:

$g\colon\ \vec{x} = \vec{a} + k \cdot \vec{v}$ mit $k \in \mathbb{R}$

Schritt 2:

Zum Vektor $\vec{v} = \begin{pmatrix} v_1 \\ v_2 \end{pmatrix}$ den senkrechten Vektor $\begin{pmatrix} v_2 \\ -v_1 \end{pmatrix}$ bilden und die Vektorform damit skalar multiplizieren:

$$\begin{pmatrix} x_1 \\ x_2 \end{pmatrix} \cdot \begin{pmatrix} v_2 \\ -v_1 \end{pmatrix} = \begin{pmatrix} a_1 \\ a_2 \end{pmatrix} \cdot \begin{pmatrix} v_2 \\ -v_1 \end{pmatrix} + k \cdot \begin{pmatrix} v_1 \\ v_2 \end{pmatrix} \cdot \begin{pmatrix} v_2 \\ -v_1 \end{pmatrix}$$

$$v_2x_1 - v_1x_2 = a_1v_2 - a_2v_1 + k \cdot 0$$

$$g\colon\ v_2x_1 - v_1x_2 - (a_1v_2 - a_2v_1) = 0$$

Diese Gleichung ist dann eine parameterfreie Geradengleichung für die Gerade g.

Allgemein bezeichnet man die Gleichung $n_1x_1 + n_2x_2 + n_0 = 0$ bzw. $\begin{pmatrix} n_1 \\ n_2 \end{pmatrix} \cdot \begin{pmatrix} x_1 \\ x_2 \end{pmatrix} + n_0 = 0$, kurz: $\vec{n} \cdot \vec{x} + n_0 = 0$, als eine **Normalenform** einer Geraden des $\mathbb{R}^2$.

Wir sagen *eine* Normalenform und nicht *die* Normalenform einer Geraden, da sich die Erfüllungsmenge einer Gleichung bei der Multiplikation mit einer Zahl $\neq 0$ nicht ändert. Die Erfüllungsmenge ist die Menge $\{(x_1; x_2)\}$ aller geordneten Zahlenpaare, die als Punkte der Geraden aufgefasst werden können.

Wir sehen uns nun in einigen typischen Beispielen aus Prüfungsaufgaben an, wie man Normalenformen von Geraden aufstellen kann.

Beispiel 1

Bestimmen Sie eine Normalenform der Geraden g, die die Punkte $A(-3;7)$ und $B(6;2)$ verbindet.
Liegen die Punkte $C(7;-2)$ und $D(-12;12)$ auf dieser Geraden g?

Schritt 1:

Wie finden wir als „Durchgangsgleichung" eine Vektorform der Geraden g?

Als Aufpunkt kann der Punkt $A(-3;7)$ gewählt werden. Der Verbindungsvektor $\overrightarrow{AB} = \vec{b} - \vec{a} = \begin{pmatrix} 6 \\ 2 \end{pmatrix} - \begin{pmatrix} -3 \\ 7 \end{pmatrix} = \begin{pmatrix} 9 \\ -5 \end{pmatrix}$ liegt parallel zur Geraden g und kann daher als Richtungsvektor für die Gerade genommen werden:

$$g\colon\ \overrightarrow{OX} = \overrightarrow{OA} + k \cdot \overrightarrow{AB} \quad \text{und} \quad k \in \mathbb{R}$$

$$\vec{x} = \begin{pmatrix} -3 \\ 7 \end{pmatrix} + k \cdot \begin{pmatrix} 9 \\ -5 \end{pmatrix}$$

Schritt 2:

Der Vektor $\begin{pmatrix} 5 \\ 9 \end{pmatrix}$ steht wegen $\begin{pmatrix} 9 \\ -5 \end{pmatrix} \cdot \begin{pmatrix} 5 \\ 9 \end{pmatrix} = 45 - 45 = 0$ auf dem Vektor $\begin{pmatrix} 9 \\ -5 \end{pmatrix}$ senkrecht. Wir multiplizieren die Vektorform mit dem Vektor $\begin{pmatrix} 5 \\ 9 \end{pmatrix}$ skalar durch:

$$\vec{x} \cdot \begin{pmatrix} 5 \\ 9 \end{pmatrix} = \begin{pmatrix} -3 \\ 7 \end{pmatrix} \cdot \begin{pmatrix} 5 \\ 9 \end{pmatrix} + k \cdot \begin{pmatrix} 9 \\ -5 \end{pmatrix} \cdot \begin{pmatrix} 5 \\ 9 \end{pmatrix}$$

$$5x_1 + 9x_2 = -15 + 63 + k \cdot 0 \quad \Rightarrow \quad 5x_1 + 9x_2 = 48$$

also: $g\colon\ 5x_1 + 9x_2 - 48 = 0$ oder $\begin{pmatrix} 5 \\ 9 \end{pmatrix} \cdot \vec{x} - 48 = 0$

Wenn der Punkt $C(7;-2)$ ein Punkt der Geraden g ist, dann müssen seine Koordinaten die Normalenform von g erfüllen. Um dies zu überprüfen, setzen wir die Koordinaten von C für x_1 und x_2 ein:

$$\begin{aligned} 5 \cdot 7 + 9 \cdot (-2) - 48 &= 0 \\ 35 - 18 - 48 &= 0 \\ -31 &= 0 \end{aligned}$$

Die falsche Aussage $-31 = 0$ können wir geometrisch nur so deuten: Der Punkt C liegt nicht auf der Geraden g.

Ebenso verfahren wir mit den Koordinaten des Punktes $D(-12;12)$:

$$\begin{aligned} 5 \cdot (-12) + 9 \cdot 12 - 48 &= 0 \\ -60 + 108 - 48 &= 0 \\ 0 &= 0 \quad \Rightarrow \quad \text{Punkt } D \text{ liegt auf } g. \end{aligned}$$

Beispiel 2 Wie lautet eine Normalenform der Geraden h, die durch den Punkt $B(8; -5)$ geht und zur Geraden m: $\vec{x} = \begin{pmatrix} 4 \\ 3 \end{pmatrix} + s \cdot \begin{pmatrix} -6 \\ 5 \end{pmatrix}$, $(s \in \mathbb{R})$ *parallel* liegt?

Da der Richtungsvektor $\begin{pmatrix} -6 \\ 5 \end{pmatrix}$ der Geraden m parallel zur gesuchten Geraden h liegt, übernehmen wir ihn als Richtungsvektor für h.
Damit erhalten wir die folgende Vektorgleichung als Durchgangsgleichung für h:

$$h\colon \vec{x} = \begin{pmatrix} 8 \\ -5 \end{pmatrix} + k \cdot \begin{pmatrix} -6 \\ 5 \end{pmatrix} \quad \text{und} \quad k \in \mathbb{R}$$

Die skalare Multiplikation der Vektorform von h mit dem Vektor $\begin{pmatrix} 5 \\ 6 \end{pmatrix}$, der auf dem Richtungsvektor $\begin{pmatrix} -6 \\ 5 \end{pmatrix}$ senkrecht steht, liefert dann:

$$h\colon \vec{x} \cdot \begin{pmatrix} 5 \\ 6 \end{pmatrix} = \begin{pmatrix} 8 \\ -5 \end{pmatrix} \cdot \begin{pmatrix} 5 \\ 6 \end{pmatrix} + k \cdot \begin{pmatrix} -6 \\ 5 \end{pmatrix} \cdot \begin{pmatrix} 5 \\ 6 \end{pmatrix}$$

$$5x_1 + 6x_2 = 40 - 30 + k \cdot 0$$

$$h\colon 5x_1 + 6x_2 - 10 = 0 \quad \text{oder} \quad \begin{pmatrix} 5 \\ 6 \end{pmatrix} \cdot \vec{x} - 10 = 0$$

Beispiel 3 Bestimmen Sie eine Normalenform der Geraden f, die durch den Punkt $Q(-4; -7)$ geht und zur Geraden g: $\vec{x} = \begin{pmatrix} 1 \\ 2 \end{pmatrix} + t \cdot \begin{pmatrix} 6 \\ -11 \end{pmatrix}$, $(t \in \mathbb{R})$ *senkrecht* liegt.

Zum Vektor $r_g = \begin{pmatrix} 6 \\ -11 \end{pmatrix}$ bilden wir den dazu senkrechten Vektor $\vec{r}_f = \begin{pmatrix} 11 \\ 6 \end{pmatrix}$, der dann ein Richtungsvektor der gesuchten Geraden f ist.

Vektorgleichung von f als Durchgangsgleichung aufstellen:

$$f\colon \vec{x} = \begin{pmatrix} -4 \\ -7 \end{pmatrix} + k \cdot \begin{pmatrix} 11 \\ 6 \end{pmatrix} \quad \text{und} \quad k \in \mathbb{R}$$

Die Skalarmultiplikation dieser Vektorform mit dem Vektor $\begin{pmatrix} 6 \\ -11 \end{pmatrix}$, der senkrecht zum Vektor $\begin{pmatrix} 11 \\ 6 \end{pmatrix}$ liegt, liefert dann:

$$f\colon \vec{x} \cdot \begin{pmatrix} 6 \\ -11 \end{pmatrix} = \begin{pmatrix} -4 \\ -7 \end{pmatrix} \cdot \begin{pmatrix} 6 \\ -11 \end{pmatrix} + k \cdot 0$$

$$6x_1 - 11x_2 = -24 + 77 \quad (= 53)$$

$$f\colon 6x_1 - 11x_2 - 53 = 0 \quad \text{oder} \quad \begin{pmatrix} 6 \\ -11 \end{pmatrix} \cdot \vec{x} - 53 = 0$$

Aufgabe 18

18.1 Gegeben sind die Punkte $C(2; -5)$ und $D(13; 4)$. Wie lautet eine vektorielle Parameterform bzw. eine Normalenform der Geraden h durch diese Punkte?

18.2 Geben Sie jeweils eine vektorielle Parameterform und eine Normalenform an für:
- die x_1-Achse, die x_2-Achse.
- für die Gerade h parallel zur Geraden g: $\vec{x} = \begin{pmatrix} 5 \\ 7 \end{pmatrix} + k \cdot \begin{pmatrix} -4 \\ 9 \end{pmatrix}$ und durch den Punkt $A(2; -3)$.

18.3 Gesucht sind eine vektorielle Parameterform und eine Normalenform der Geraden m, die den Punkt $P(2; 7)$ enthält und senkrecht zur Geraden g (vergleiche Teilaufgabe 18.2) liegt.

18.4 Gesucht sind eine vektorielle Parameterform und eine Normalenform der Geraden f, die den Punkt $K(-5; 3)$ enthält und parallel zur Geraden $3x_1 - 4x_2 + 20 = 0$ liegt.

18.5 Wie lauten eine vektorielle Parameterform und eine Normalenform der Geraden b, welche den Punkt $L(7; -3)$ enthält und senkrecht zur Geraden $3x_1 - 4x_2 + 20 = 0$ liegt?

Gerade des $\mathbb{R}^2$ als Punktmenge

Sie fühlen sich fit im Aufstellen von Geradengleichungen und können im $\mathbb{R}^2$ eine Vektorgleichung sicher in eine Normalengleichung umformen. In der Prüfung ist nun plötzlich die Rede von einer Menge von Punkten mit variablen Koordinaten. Außerdem sollen diese Punkte auch noch auf einer Geraden liegen.

Im folgenden Beispiel sehen Sie, was sich dahinter verbirgt.

Wir betrachten die Menge aller Punkte $X_t(2 + t; -4 - 3t)$ mit $t \in \mathbb{R}$. Für jede bestimmte Wahl von t erhalten wir die festen Koordinaten eines bestimmten Punkts. Die Wahl $t = 1$ liefert zum Beispiel den Punkt $X_1(3; -7)$.
Wir zeigen nun, dass alle Punkte X_t auf einer bestimmten Geraden liegen:

Setzen wir $X_t(2 + t; -4 - 3t) = X_t(x_1; x_2)$, dann gilt:

$$\begin{aligned} x_1 &= 2 + t \\ x_2 &= -4 - 3t \end{aligned} \quad \text{bzw.} \quad \begin{aligned} x_1 &= 2 + t \cdot (1) \\ x_2 &= -4 + t \cdot (-3) \end{aligned}$$

Fassen wir nun in eine Vektorgleichung zusammen, dann erhalten wir:

$$\begin{pmatrix} x_1 \\ x_2 \end{pmatrix} = \begin{pmatrix} 2 \\ -4 \end{pmatrix} + t \cdot \begin{pmatrix} 1 \\ -3 \end{pmatrix} \quad \text{oder} \quad \vec{x} = \begin{pmatrix} 2 \\ -4 \end{pmatrix} + t \cdot \begin{pmatrix} 1 \\ -3 \end{pmatrix} \quad \text{und } t \in \mathbb{R}$$

Damit haben wir die Punktmenge X_t durch eine vektorielle Parameterform einer Geraden g dargestellt. Multiplizieren wir diese Vektorgleichung mit dem Vektor $\begin{pmatrix} 3 \\ 1 \end{pmatrix}$, der senkrecht zum Richtungsvektor $\vec{r}_g = \begin{pmatrix} 1 \\ -3 \end{pmatrix}$ liegt, skalar durch, so erhalten wir eine Normalenform der Geradengleichung von g:

$$g\colon \vec{x} = \begin{pmatrix} 2 \\ -4 \end{pmatrix} + t \cdot \begin{pmatrix} 1 \\ -3 \end{pmatrix} \quad | \cdot \begin{pmatrix} 3 \\ 1 \end{pmatrix}$$

$$\begin{pmatrix} x_1 \\ x_2 \end{pmatrix} \cdot \begin{pmatrix} 3 \\ 1 \end{pmatrix} = \begin{pmatrix} 2 \\ -4 \end{pmatrix} \cdot \begin{pmatrix} 3 \\ 1 \end{pmatrix} + t \cdot \begin{pmatrix} 1 \\ -3 \end{pmatrix} \cdot \begin{pmatrix} 3 \\ 1 \end{pmatrix}$$

$$g\colon 3x_1 + 1x_2 = 6 - 4 + t(3 - 3)$$

$$g\colon 3x_1 + 1x_2 - 2 = 0 \quad \text{oder} \quad \begin{pmatrix} 3 \\ 1 \end{pmatrix} \cdot \vec{x} - 2 = 0$$

Sind die Koordinaten des Punktes $X_t(x_1;\ x_2)$ lineare Funktionen in der Variablen t, dann liegen alle Punkte X_t auf einer Geraden.

$$\left.\begin{aligned} x_1 &= a_1 + t \cdot r_1 \\ x_2 &= a_2 + t \cdot r_2 \end{aligned}\right\} \Rightarrow \quad \vec{x} = \vec{a} + t \cdot \vec{r} \quad \text{mit} \quad t \in \mathbb{R}$$

Achsenabschnittsform

Jede Gerade der Ebene, die *nicht* durch den Ursprung $O\,(0;0)$ geht, hat in einer Normalenform $n_1x_1 + n_2x_2 + n_0 = 0$ immer eine Konstante $n_0 \neq 0$.

Die Gleichung $n_1x_1 + n_2x_2 = -n_0$ kann daher stets durch $-n_0$ dividiert und auf die Form $\frac{x_1}{s} + \frac{x_2}{t} = 1$ gebracht werden.

In dieser so genannten **Achsenabschnittsform** der Geraden(gleichung) stehen im Nenner die Abschnitte der Geraden auf den Koordinatenachsen:

Mit $x_2 = 0$ erhalten wir $\frac{x_1}{s} = 1$, also $x_1 = s$ oder den Punkt $S\,(s;\ 0)$ auf der x_1-Achse. Ebenso folgt aus $x_1 = 0$ der Achsenabschnitt $x_2 = t$ bzw. der Punkt $T\,(0;\ t)$ auf der x_2-Achse.

Bei der Herstellung der Achsenabschnittsform muss man beachten, dass auf der linken Seite der Gleichung zwischen den Ausdrücken $\frac{x_1}{s}$ und $\frac{x_2}{t}$ ein „+“ steht und eventuelle Faktoren bei den Variablen x_1 und x_2 in den Nenner gebracht werden müssen:

Beispiel

$$
\begin{aligned}
g\colon\ & -3x_1 + 4x_2 + 24 = 0 \\
& -3x_1 + 4x_2 = -24 \qquad |:(-24) \\
& \frac{-3x_1}{-24} + \frac{4x_2}{-24} = 1 \quad \Rightarrow \quad \frac{x_1}{8} + \frac{x_2}{-6} = 1 \quad \Rightarrow \quad S(8;0),\ T(0;-6)
\end{aligned}
$$

Bei der Umformung einer Normalenform in die Achsenabschnittsform treten meist Rechenfehler auf. Die Achsenabschnitte erhalten Sie einfacher aus der Normalenform, wenn Sie darin eine Variable gleich null setzen und die andere dann berechnen:

$$g\colon\ -3x_1 + 4x_2 + 24 = 0$$

$$
\begin{aligned}
x_1 = 0\colon\ & 4x_2 + 24 = 0 \quad \Rightarrow \quad 4x_2 = -24 \quad \Rightarrow \quad x_2 = -6 \quad \Rightarrow \quad T(0;-6) \\
x_2 = 0\colon\ & -3x_1 + 24 = 0 \quad \Rightarrow \quad 3x_1 = 24 \quad \Rightarrow \quad x_1 = 8 \quad \Rightarrow \quad S(8;0)
\end{aligned}
$$

Steigungsform

Für $n_2 \neq 0$ können wir die Normalenform durch n_2 dividieren:

$$\frac{n_1}{n_2} \cdot x_1 + x_2 + \frac{n_0}{n_2} = 0 \quad \Rightarrow \quad x_2 = -\frac{n_1}{n_2} \cdot x_1 - \frac{n_0}{n_2}$$

Damit haben wir die Geradengleichung in die Form $x_2 = m \cdot x_1 + t$ gebracht, die als **Steigungsform** der Geraden bezeichnet wird.

Vergleichen Sie diese Form der Darstellung mit der in der Analysis üblichen Form $y = m \cdot x + t$, dann erkennen Sie, dass die Zahl m die Steigung der Geraden ist.
Mit anderen Worten: Die Zahl m ist der Tangens desjenigen Winkels, den die Gerade mit der positiv orientierten x_1-Achse bildet.

Aus der Darstellung $m = -\frac{n_1}{n_2}$ folgt auch, wie man die Steigung m aus den Koordinaten n_1 und n_2 des Normalenvektors $\vec{n} = \begin{pmatrix} n_1 \\ n_2 \end{pmatrix}$ einfach berechnen kann.

Beispiel 1

Eine Normalenform der Geraden g lautet: $5x_1 - 3x_2 + 13 = 0$

Für die Steigungsform der Geraden g erhalten wir daraus: $x_2 = \frac{5}{3} \cdot x_1 + \frac{13}{3}$

Diese Gerade g hat also die Steigung $m = \tan\beta = \frac{5}{3}$ und schneidet für $x_1 = 0$ die x_2-Achse in $T\left(0; \frac{13}{3}\right)$.

Beispiel 2 Welche Gerade g hat die Steigung $m = 3$ und geht durch den Punkt $B(4; -7)$?

Wir setzen zunächst $m = 3$ in der Steigungsform $x_2 = m \cdot x_1 + t$ ein:

$g\colon\ x_2 = 3 \cdot x_1 + t$

Um jetzt die noch fehlende Größe t berechnen zu können, beachten wir die folgenden Feststellungen:

- Wenn der Punkt B auf der Geraden g liegt, dann müssen seine Koordinaten die Gleichung der Geraden g erfüllen.
- Wenn die Koordinaten des Punktes B die Gleichung der Geraden g erfüllen, dann muss der Punkt B auf der Geraden g liegen.

Im Beispiel enthält die gesuchte Gerade g den Punkt $B(4; -7)$ und wir dürfen daher die Koordinaten des Punktes B in die Geradengleichung einsetzen, um t zu berechnen: $-7 = 3 \cdot 4 + t \quad \Rightarrow \quad t = -19$

Also: $g\colon\ x_2 = 3x_1 - 19 \quad \Rightarrow \quad g\colon\ 3x_1 - x_2 - 19 = 0$ oder $\begin{pmatrix} 3 \\ -1 \end{pmatrix} \cdot \vec{x} - 19 = 0$

3.1.2 Gleichung einer Geraden im Raum

Ebenso wie in der Ebene ist auch im Raum eine Gerade g durch den Ortsvektor $\overrightarrow{OA} = \vec{a}$ eines Aufpunktes A und einen zur Geraden g parallelen Vektor $\vec{v}$ festgelegt. Hängen wir nun Vielfache des Vektors $\vec{v}$ im Punkt A an, dann können wir so jeden Punkt X der Geraden g erreichen:

$$g\colon\ \overrightarrow{OX} = \overrightarrow{OA} + k \cdot \vec{v} \text{ und } k \in \mathbb{R}$$

Mit $\overrightarrow{OX} = \vec{x}$ und $\overrightarrow{OA} = \vec{a}$ können wir dann eine so genannte **vektorielle Parameterform** der Geradengleichung von g angeben:

$$g\colon\ \vec{x} = \vec{a} + k \cdot \vec{v} \text{ und } k \in \mathbb{R}$$

Da es im Raum *keine* eindeutig festgelegte senkrechte Richtung zu einer Geraden g gibt, kann man die Vektorform der Geradengleichung nicht in eine Normalenform umformen.
Durch eine Gerade g des Raumes ist aber eine Schar von Parallelebenen dadurch festgelegt, dass der Richtungsvektor der Geraden g auf jeder Ebene dieser Schar senkrecht steht.

Setzen wir in der Vektorgleichung für die Gerade g die Koordinaten der Vektoren ein, dann können wir schrittweise so umformen:

$$g\colon\ \begin{pmatrix} x_1 \\ x_2 \\ x_3 \end{pmatrix} = \begin{pmatrix} a_1 \\ a_2 \\ a_3 \end{pmatrix} + k \cdot \begin{pmatrix} v_1 \\ v_2 \\ v_3 \end{pmatrix} \qquad | \text{ S-Multiplikation}$$

$$\begin{pmatrix} x_1 \\ x_2 \\ x_3 \end{pmatrix} = \begin{pmatrix} a_1 \\ a_2 \\ a_3 \end{pmatrix} + \begin{pmatrix} k \cdot v_1 \\ k \cdot v_2 \\ k \cdot v_3 \end{pmatrix} \qquad | \text{ Vektoraddition}$$

$$\begin{pmatrix} x_1 \\ x_2 \\ x_3 \end{pmatrix} = \begin{pmatrix} a_1 + k \cdot v_1 \\ a_2 + k \cdot v_2 \\ a_3 + k \cdot v_3 \end{pmatrix}$$

Da zwei Vektoren gleich sind, wenn sie in den entsprechenden Koordinaten übereinstimmen, erhalten wir aus der letzten Gleichung die **Koordinatengleichungen** zur Beschreibung eines beliebigen Punktes $X(x_1; x_2; x_3)$ der Geraden g:

$$\begin{aligned} x_1 &= a_1 + k \cdot v_1 \\ x_2 &= a_2 + k \cdot v_2 \\ x_3 &= a_3 + k \cdot v_3 \end{aligned}$$

Wir zeigen nun in Beispielen, wie man eine Vektorform für eine Gerade g des Raumes aufstellt.

Beispiel 1

Wie lautet eine Vektorform der Verbindungsgeraden durch die Punkte $A(-7; 3; 4)$ und $B(2; -8; 5)$?

Mit dem Aufpunkt A und dem Richtungsvektor $\vec{v} = \overrightarrow{AB} = \vec{b} - \vec{a} =$

$$= \begin{pmatrix} 2 \\ -8 \\ 5 \end{pmatrix} - \begin{pmatrix} -7 \\ 3 \\ 4 \end{pmatrix} = \begin{pmatrix} 9 \\ -11 \\ 1 \end{pmatrix}$$

können wir alle Punkte X der Geraden g so beschreiben:

$$\vec{x} = \begin{pmatrix} -7 \\ 3 \\ 4 \end{pmatrix} + s \cdot \begin{pmatrix} 9 \\ -11 \\ 1 \end{pmatrix} \quad \text{und} \quad s \in \mathbb{R}$$

Für die Koordinatengleichungen der Geraden g gilt dann:

$$\begin{aligned} x_1 &= -7 + 9s \\ x_2 &= 3 - 11s \\ x_3 &= 4 + s \end{aligned}$$

Diese Koordinatengleichungen helfen Ihnen weiter, wenn es in einer Aufgabe etwa heißt: „Durch den Punkt $P(p_1; p_2; 3)$ der Geraden g wird nun eine Gerade h so gelegt, dass …"

Da wir wissen, dass der Punkt P auf der Geraden g liegt, müssen seine Koordinaten die Gleichung der Geraden g und damit auch die Koordinatengleichungen für einen bestimmten Wert s_0 des Parameters erfüllen. Wir setzen daher die Koordinaten von P anstelle der Koordinaten des beliebigen Punktes X in die Koordinatengleichungen von g ein und erhalten:

$$\begin{array}{ll} p_1 = -7 + 9s_0 & \textbf{I} \\ p_2 = 3 - 11s_0 & \textbf{II} \\ 3 = 4 + s_0 & \textbf{III} \end{array}$$

Aus der Gleichung **III** erhalten wir $s_0 = -1$. Da der Punkt P ein Punkt der Geraden g ist, müssen auch die Gleichungen **I** und **II** für $s_0 = -1$ erfüllt sein:

$$p_1 = -7 + 9 \cdot (-1) = -7 - 9 = -16$$
$$p_2 = 3 - 11 \cdot (-1) = 3 + 11 = 14$$

Der Punkt P lautet damit $P(-16; 14; 3)$.

➡➡➡➡➡➡

Beispiel 2 Wie lautet eine Gleichung der Geraden h, die durch den Punkt $C(-3; 6; -9)$ geht und parallel zur Geraden m mit

$m\colon \vec{x} = \begin{pmatrix} 0 \\ -1 \\ 0 \end{pmatrix} + t \cdot \begin{pmatrix} -2 \\ 4 \\ -6 \end{pmatrix}$ liegt?

Da die Richtungsvektoren von zueinander parallel liegenden Geraden immer linear abhängig sind, können wir als Richtungsvektor für die Gerade h den Richtungsvektor der Gerade m oder einen davon linear abhängigen Vektor nehmen.

Als Richtungsvektor $\vec{r}_h$ kommen z. B. infrage: $\begin{pmatrix} -2 \\ 4 \\ -6 \end{pmatrix}, \begin{pmatrix} -1 \\ 2 \\ -3 \end{pmatrix}, \begin{pmatrix} 1 \\ -2 \\ 3 \end{pmatrix}$

Wir entscheiden uns für den „einfachsten" Richtungsvektor (weniger Minuszeichen) und schreiben:

$$h\colon \vec{x} = \begin{pmatrix} -3 \\ 6 \\ -9 \end{pmatrix} + s \cdot \begin{pmatrix} 1 \\ -2 \\ 3 \end{pmatrix}, \quad s \in \mathbb{R}$$

! Der Aufpunkt $C(-3; 6; -9)$ darf auf *keinen Fall* durch Kürzen oder Erweitern der Koordinaten verändert werden!

Wenn Sie zum Beispiel $C(-3; 6; -9)$ durch $C^*(-1; 2; -3)$ ersetzen, dann erhalten Sie eine Gerade h^*, die parallel zur Geraden h durch den Punkt C^* verläuft.

Beispiel 3 Da bekanntlich die einfachsten Geradengleichungen die größten Schwierigkeiten bereiten, geben wir die Gleichungen der Koordinatenachsen an:

Gleichung der x_1-Achse:

Die x_1-Achse geht durch $O(0; 0; 0)$ und hat $\vec{e}_1 = \begin{pmatrix} 1 \\ 0 \\ 0 \end{pmatrix}$ als Richtungsvektor.

$$x_1\text{-Achse: } \vec{x} = \begin{pmatrix} 0 \\ 0 \\ 0 \end{pmatrix} + s \cdot \begin{pmatrix} 1 \\ 0 \\ 0 \end{pmatrix}$$

Da die Addition der Zahlen 0 in den Koordinatengleichungen nichts verändert, schreiben wir kürzer:

$$x_1\text{-Achse: } \vec{x} = s \cdot \begin{pmatrix} 1 \\ 0 \\ 0 \end{pmatrix}, \quad s \in \mathbb{R}$$

Ebenso erhalten wir für die beiden anderen Achsen:

$$x_2\text{-Achse: } \vec{x} = t \cdot \begin{pmatrix} 0 \\ 1 \\ 0 \end{pmatrix}, \ t \in \mathbb{R}; \quad x_3\text{-Achse: } \vec{x} = u \cdot \begin{pmatrix} 0 \\ 0 \\ 1 \end{pmatrix}, \ u \in \mathbb{R}$$

Bemerkung

Da zum Beispiel der Punkt $A(-7; 0; 0)$ auf der x_1-Achse liegt und der Vektor $\begin{pmatrix} 5 \\ 0 \\ 0 \end{pmatrix}$ parallel zur x_1-Achse liegt, könnten Sie die x_1-Achse auch so beschreiben:

$$\vec{x} = \begin{pmatrix} -7 \\ 0 \\ 0 \end{pmatrix} + k \cdot \begin{pmatrix} 5 \\ 0 \\ 0 \end{pmatrix}, \quad k \in \mathbb{R}$$

Diese Darstellung ist möglich, aber sie ist sicher nicht die einfachste!

Gerade im $\mathbb{R}^3$ als Punktmenge

Wir betrachten zum Beispiel die Menge aller Punkte $X_t(3 + t; -4 - 3t; 5 + 7t)$ mit $t \in \mathbb{R}$.
Für jede bestimmte Wahl des Parameters t erhalten wir dann die festen Koordinaten eines bestimmten Punktes. Die Wahl $t = 2$ liefert zum Beispiel den Punkt $X_2(5; -10; 19)$.

Wir zeigen nun, dass alle Punkte X_t auf einer Geraden liegen:

Setzen wir $X_t(3 + t; -4 - 3t; 5 + 7t) = X_t(x_1; x_2; x_3)$, dann gilt:

$$\begin{aligned} x_1 &= 3 + t & \qquad & & x_1 &= 3 + t \cdot (1) \\ x_2 &= -4 - 3t & & \text{bzw.} & x_2 &= -4 + t \cdot (-3) \\ x_3 &= 5 + 7t & & & x_3 &= 5 + t \cdot (7) \end{aligned}$$

Fassen wir jetzt die Koordinatengleichungen in eine Vektorgleichung zusammen, dann erhalten wir:

$$g: \quad \vec{x} = \begin{pmatrix} 3 \\ -4 \\ 5 \end{pmatrix} + t \cdot \begin{pmatrix} 1 \\ -3 \\ 7 \end{pmatrix}, \quad t \in \mathbb{R}$$

Damit haben wir die Punktmenge X_t durch eine vektorielle Parameterform einer Geraden(gleichung) dargestellt.

Im Gegensatz zum $\mathbb{R}^2$ gibt es im $\mathbb{R}^3$ *keine* Normalenform für diese Gerade g.

Sind die Koordinaten des Punktes $X_t(x_1; x_2; x_3)$ lineare Funktionen in der Variablen t, dann liegen alle Punkte X_t auf einer Geraden.

$$\left.\begin{aligned} x_1 &= a_1 + t \cdot r_1 \\ x_2 &= a_2 + t \cdot r_2 \\ x_3 &= a_3 + t \cdot r_3 \end{aligned}\right\} \quad \Rightarrow \quad \vec{x} = \vec{a} + t \cdot \vec{r} \quad \text{mit } t \in \mathbb{R}$$

Durchstoßpunkte mit den Koordinatenebenen

Ist eine Gerade g im Raum durch eine vektorielle Parameterform gegeben und sind die Durchstoßpunkte mit den Koordinatenebenen, die von den Koordinatenachsen aufgespannt werden, gesucht, dann gehen wir so vor:

Gesucht sind die Durchstoßpunkte der Geraden $g: \vec{x} = \begin{pmatrix} 6 \\ 9 \\ -20 \end{pmatrix} + t \cdot \begin{pmatrix} 2 \\ -3 \\ 5 \end{pmatrix}$ mit den Koordinatenebenen.

Alle Punkte der x_1-x_2-Ebene haben die Form $D(d_1; d_2; 0)$. Ist der Punkt D auch ein Punkt der Geraden g, dann ist für ein bestimmtes t_0 das folgende Gleichungssystem zu lösen:

$$\begin{aligned} d_1 &= 6 + 2t_0 && \textbf{I} \\ d_2 &= 9 - 3t_0 && \textbf{II} \\ 0 &= -20 + 5t_0 && \textbf{III} \end{aligned}$$

Aus **III** folgt $5t_0 = 20 \quad \Rightarrow \quad t_0 = 4$

Eingesetzt in **I** und **II**: $d_1 = 6 + 8 = 14$; $d_2 = 9 - 12 = -3 \quad \Rightarrow \quad D(14; -3; 0)$

Alle Punkte der x_2-x_3-Ebene haben die Form $G(0; g_2; g_3)$ und das Gleichungssystem lautet:

$$\begin{aligned} 0 &= 6 + 2t_0 && \textbf{IV} \\ g_2 &= 9 - 3t_0 && \textbf{V} \\ g_3 &= -20 + 5t_0 && \textbf{VI} \end{aligned}$$

Aus **IV** folgt $2t_0 = -6 \quad \Rightarrow \quad t_0 = -3$

Eingesetzt in **V** und **VI**:

$g_2 = 9 + 9 = 18;\ g_3 = -20 - 15 = -35 \quad \Rightarrow \quad G(0; 18; -35)$

Alle Punkte der x_1-x_3-Ebene haben die Form $H(h_1; 0; h_3)$ und wir erhalten dann analog zu den obigen Rechnungen $H(12; 0; -5)$.

Gleichung einer Ebene

3.1.3

Vektorielle Parameterform

Im Raum ist eine Ebene E durch den festen Punkt A und die beiden linear *unabhängigen* Vektoren $\vec{u}$ und $\vec{v}$ gegeben.

Figur 38

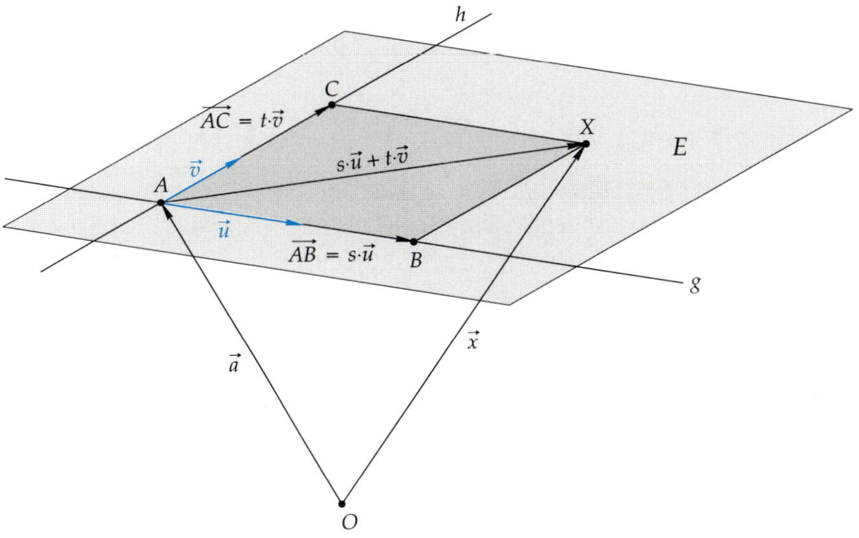

In der Figur 38 spannen die beiden im Punkt A angehängten Vektoren $\vec{u}$ und $\vec{v}$ die Ebene E auf. Für jeden beliebigen Punkt X der Ebene E können wir den Vektor $\overrightarrow{AX}$ als Linearkombination der Vektoren $\vec{u}$ und $\vec{v}$ darstellen:

$\overrightarrow{AX} = s \cdot \vec{u} + t \cdot \vec{v}$ und $s, t \in \mathbb{R}$

Der Ortsvektor $\overrightarrow{OX}$ eines Punktes X der Ebene E ist nach Figur 38 der Summenvektor $\overrightarrow{OA} + \overrightarrow{AX}$. Damit gilt:

$$\overrightarrow{OX} = \overrightarrow{OA} + \overrightarrow{AX} \quad \text{und} \quad \overrightarrow{AX} = s \cdot \vec{u} + t \cdot \vec{v}$$

$$\overrightarrow{OX} = \overrightarrow{OA} + s \cdot \vec{u} + t \cdot \vec{v}$$

Mit der kürzeren Schreibweise $\overrightarrow{OX} = \vec{x}$ und $\overrightarrow{OA} = \vec{a}$ erhalten wir dann eine so genannte **vektorielle Parameterform** (kurz: *Vektorform*) als Gleichung *für die Ebene E*:

$$E\colon\ \vec{x} = \vec{a} + s \cdot \vec{u} + t \cdot \vec{v} \quad \text{und} \quad s, t \in \mathbb{R}$$

Bemerkung 1

Betrachten wir die Vektorform von E für $s \in \mathbb{R}$ und $t = 0$, dann werden durch die Gleichung $\vec{x} = \vec{a} + s \cdot \vec{u}$ alle Punkte der Geraden g in der Figur 38 beschrieben.
Für $s = 0$ und $t \in \mathbb{R}$ ist $\vec{x} = \vec{a} + t \cdot \vec{v}$ eine Gleichung der Geraden h.

Hat im Raum der Punkt A den Ortsvektor $\overrightarrow{OA} = \vec{a}$ und addiert man zur Vektorgleichung $\vec{x} = \vec{a} + s \cdot \vec{u}$ einer Geraden des Raums den Term $t \cdot \vec{v}$ und sind die Vektoren $\vec{u}$ und $\vec{v}$ linear *unabhängig*, so entsteht eine Vektorgleichung derjenigen Ebene E, die den Punkt A enthält und von den beiden Vektoren $\vec{u}$ und $\vec{v}$ aufgespannt wird.

Bemerkung 2

Die Vektorformen von Ebenen sind wegen der darin enthaltenen Parameter für das praktische Rechnen ungeeignet. Wir betrachten sie als „Durchgangsformen" und werden gleich zeigen, wie man sie schnell in Normalenformen umrechnen kann.
Das heißt natürlich nicht, dass die Vektorformen keine Bedeutung haben. In den meisten Fällen ist die Vektorform einer Ebenengleichung die „Vorstufe" der Normalengleichung.

Von der Vektorform zur Normalenform der Ebene

Wir überlegen nun, wie wir von der Vektorform einer Ebene

$E\colon \vec{x} = \vec{a} + s \cdot \vec{u} + t \cdot \vec{v}$

zu einer Gleichung kommen, welche die Parameter s und t nicht mehr enthält. Die nächstliegende Möglichkeit, nämlich aus den drei Koordinatengleichungen der Ebene E die beiden Parameter s und t zu eliminieren, ist recht umständlich! Besser wäre es, wenn wir *einen* Vektor, nennen wir ihn $\vec{n}$, so bestimmen könnten, dass er auf den beiden Vektoren $\vec{u}$ und $\vec{v}$ jeweils senkrecht steht. Bei der skalaren Multiplikation der Vektorform von E mit dem Vektor $\vec{n}$ würden dann wegen $\vec{n} \cdot \vec{u} = 0$ und $\vec{n} \cdot \vec{v} = 0$ auch die beiden Parameter s und t verschwinden.

Hier bietet sich das *Vektorprodukt* förmlich an. In Abschnitt 1.8.1 hatten wir das Vektorprodukt $\vec{u} \times \vec{v}$ (dort: $\vec{a} \times \vec{b}$) eingeführt und gezeigt, dass im Raum der Vektor $\vec{u} \times \vec{v}$ sowohl auf dem Vektor $\vec{u}$ als auch auf dem Vektor $\vec{v}$ jeweils senkrecht steht:

$\vec{u} \cdot (\vec{u} \times \vec{v}) = 0$ und $\vec{v} \cdot (\vec{u} \times \vec{v}) = 0$

Praktische Berechnung des Vektors $\vec{n} = \vec{u} \times \vec{v}$

Wie in Abschnitt 1.8.1 berechnet man die Koordinaten des Vektors $\vec{n} = \vec{u} \times \vec{v}$ mithilfe des folgenden Schemas über zweireihige Determinanten:

Schema: $\begin{array}{c|cccc} u_1 & u_2 & u_3 & u_1 & u_2 \\ v_1 & v_2 & v_3 & v_1 & v_2 \end{array}$

$$n_1 = \begin{vmatrix} u_2 & u_3 \\ v_2 & v_3 \end{vmatrix} = u_2v_3 - u_3v_2, \quad n_2 = \begin{vmatrix} u_3 & u_1 \\ v_3 & v_1 \end{vmatrix} = u_3v_1 - u_1v_3, \quad n_3 = \begin{vmatrix} u_1 & u_2 \\ v_1 & v_2 \end{vmatrix} = u_1v_2 - u_2v_1$$

Man erhält die angegebenen Determinanten für n_1, n_2 und n_3, wenn man im obigen Schema die erste Spalte streicht und dann jeweils zwei aufeinander folgende Spalten in eine Determinante zusammenfasst.

Beispiel

Die Vektorform der Ebene $E\colon \vec{x} = \begin{pmatrix} 3 \\ 2 \\ -1 \end{pmatrix} + s \cdot \begin{pmatrix} -5 \\ 3 \\ 3 \end{pmatrix} + t \cdot \begin{pmatrix} 3 \\ 6 \\ -7 \end{pmatrix}$ soll in eine Normalenform umgeformt werden.

Schritt 1:

Vektor $\vec{n}$ berechnen: $\begin{array}{c|cccc} -5 & 3 & 3 & -5 & 3 \\ 3 & 6 & -7 & 3 & 6 \end{array}$

$$n_1 = \begin{vmatrix} 3 & 3 \\ 6 & -7 \end{vmatrix} = 3 \cdot (-7) - 3 \cdot 6 = -21 - 18 = -39$$

$$n_2 = \begin{vmatrix} 3 & -5 \\ -7 & 3 \end{vmatrix} = 3 \cdot 3 - (-5) \cdot (-7) = 9 - 35 = -26$$

$$n_3 = \begin{vmatrix} -5 & 3 \\ 3 & 6 \end{vmatrix} = -5 \cdot 6 - 3 \cdot 3 = -30 - 9 = -39$$

$$\vec{n} = \begin{pmatrix} -39 \\ -26 \\ -39 \end{pmatrix} = -13 \cdot \begin{pmatrix} 3 \\ 2 \\ 3 \end{pmatrix} = -13 \cdot \vec{n}^* \quad \text{mit} \quad \vec{n}^* = \begin{pmatrix} 3 \\ 2 \\ 3 \end{pmatrix}$$

Mit dem Vektor $\vec{n}$ steht natürlich auch der Vektor $\vec{n}^*$ auf den Vektoren $\vec{u}$ und $\vec{v}$ jeweils senkrecht, da wir durch Ausklammern des Faktors −13 aus den Koordinaten nur die Länge des Vektors $\vec{n}$, aber nicht seine Richtung verändert haben.
Der Vektor $\vec{n}$ (bzw. der Vektor $\vec{n}^*$) steht senkrecht auf der Ebene E und heißt daher auch ein **Normalenvektor** der Ebene E.

Schritt 2:

Die Vektorform von E wird nun mit dem Vektor $\vec{n}$ bzw. dem einfacheren Vektor $\vec{n}^*$ skalar multipliziert:

$$E\colon \vec{x} = \begin{pmatrix} 3 \\ 2 \\ -1 \end{pmatrix} + s \cdot \begin{pmatrix} -5 \\ 3 \\ 3 \end{pmatrix} + t \cdot \begin{pmatrix} 3 \\ 6 \\ -7 \end{pmatrix} \quad | \cdot \begin{pmatrix} 3 \\ 2 \\ 3 \end{pmatrix}$$

$$\begin{pmatrix} x_1 \\ x_2 \\ x_3 \end{pmatrix} \cdot \begin{pmatrix} 3 \\ 2 \\ 3 \end{pmatrix} = \begin{pmatrix} 3 \\ 2 \\ -1 \end{pmatrix} \cdot \begin{pmatrix} 3 \\ 2 \\ 3 \end{pmatrix} + s \cdot \begin{pmatrix} -5 \\ 3 \\ 3 \end{pmatrix} \cdot \begin{pmatrix} 3 \\ 2 \\ 3 \end{pmatrix} + t \cdot \begin{pmatrix} 3 \\ 6 \\ -7 \end{pmatrix} \cdot \begin{pmatrix} 3 \\ 2 \\ 3 \end{pmatrix}$$

$$3x_1 + 2x_2 + 3x_3 = 9 + 4 - 3 + s \cdot (-15 + 6 + 9) + t \cdot (9 + 12 - 21)$$
$$3x_1 + 2x_2 + 3x_3 = 10 + s \cdot 0 + t \cdot 0$$

$$E\colon\ 3x_1 + 2x_2 + 3x_3 - 10 = 0 \quad \text{oder} \quad E\colon\ \begin{pmatrix} 3 \\ 2 \\ 3 \end{pmatrix} \cdot \vec{x} - 10 = 0$$

Diese Gleichungen für die Ebene E heißen auch **Normalenformen**, da man aus ihnen leicht einen Normalenvektor der Ebene E ablesen kann. Sie brauchen dazu nur den Vektor zu bilden, der die Faktoren bei den Variablen x_1, x_2, x_3 als Koordinaten hat.

In unserem Beispiel steht der Vektor $\begin{pmatrix} 3 \\ 2 \\ 3 \end{pmatrix}$ senkrecht auf der Ebene E.

Aufgabe 19 Formen Sie die folgenden vektoriellen Parameterformen der Ebenen jeweils in eine Normalenform um:

19.1 $E_1\colon\ \vec{x} = \begin{pmatrix} -1 \\ 1 \\ -2 \end{pmatrix} + s \cdot \begin{pmatrix} 1 \\ -2 \\ 0 \end{pmatrix} + t \cdot \begin{pmatrix} 3 \\ 4 \\ 5 \end{pmatrix}$ und $s, t \in \mathbb{R}$

19.2 $E_2\colon\ \vec{x} = \begin{pmatrix} 3 \\ -4 \\ 7 \end{pmatrix} + s \cdot \begin{pmatrix} 2 \\ 0 \\ -1 \end{pmatrix} + t \cdot \begin{pmatrix} 2 \\ 9 \\ -1 \end{pmatrix}$ und $s, t \in \mathbb{R}$

19.3 $E_3\colon\ \vec{x} = \begin{pmatrix} 5 \\ 0 \\ 3 \end{pmatrix} + s \cdot \begin{pmatrix} 0 \\ 1 \\ 1 \end{pmatrix} + t \cdot \begin{pmatrix} 4 \\ 3 \\ -4 \end{pmatrix}$ und $s, t \in \mathbb{R}$

Aufgabe 20 Gegeben ist die Gerade $g\colon\ \vec{x} = \begin{pmatrix} 3 \\ 2 \\ -1 \end{pmatrix} + s \cdot \begin{pmatrix} 4 \\ -3 \\ 5 \end{pmatrix}$, $s \in \mathbb{R}$.

Wie lautet eine Normalenform derjenigen Ebene E, die auf der Geraden g *senkrecht* steht und den Punkt $P(7; p_2; p_3)$ der Geraden g enthält?

Aufstellen von Ebenengleichungen

Wir betrachten in den folgenden Beispielen die wichtigsten Fälle, die meist in Prüfungen auftreten.

➡➡➡➡➡➡

Ebene durch drei Punkte **Beispiel 1**

Gegeben sind die Punkte $A(3; 2; -1)$, $B(-2; 5; 2)$ und $C(0; -4; 6)$.
Zeigen Sie, dass diese drei Punkte eindeutig eine Ebene E festlegen und geben Sie eine vektorielle Parameterform der Ebenengleichung an.

Wir müssen zunächst nachweisen, dass die drei Punkte A, B und C tatsächlich ein Dreieck aufspannen. Dies tun wir, indem wir zeigen, dass die Vektoren $\overrightarrow{AB}$ und $\overrightarrow{AC}$ linear unabhängig sind. Damit haben wir auch schon die Vektoren bereitgestellt, die wir für die vektorielle Parameterform verwenden können!

$$\overrightarrow{AB} = \vec{b} - \vec{a} = \begin{pmatrix} -2 \\ 5 \\ 2 \end{pmatrix} - \begin{pmatrix} 3 \\ 2 \\ -1 \end{pmatrix} = \begin{pmatrix} -5 \\ 3 \\ 3 \end{pmatrix}, \quad \overrightarrow{AC} = \vec{c} - \vec{a} = \begin{pmatrix} 0 \\ -4 \\ 6 \end{pmatrix} - \begin{pmatrix} 3 \\ 2 \\ -1 \end{pmatrix} = \begin{pmatrix} -3 \\ -6 \\ 7 \end{pmatrix}$$

$$\overrightarrow{AB} = k \cdot \overrightarrow{AC} \quad \Rightarrow \quad \begin{pmatrix} -5 \\ 3 \\ 3 \end{pmatrix} = k \cdot \begin{pmatrix} -3 \\ -6 \\ 7 \end{pmatrix} \quad \Rightarrow \quad \begin{matrix} k = \frac{5}{3} \\ k = -\frac{1}{2} \\ k = \frac{3}{7} \end{matrix} \quad \Rightarrow \quad \overrightarrow{AB} \neq k \cdot \overrightarrow{AC}$$

$\Rightarrow$ $\overrightarrow{AB}$ und $\overrightarrow{AC}$ sind linear unabhängig

Da die Vektoren $\overrightarrow{AB}$ und $\overrightarrow{AC}$ linear unabhängig sind, können wir zum Beispiel mithilfe des Aufpunkts $A(3; 2; -1)$ eine vektorielle Parameterform für E angeben:

$$E\colon \vec{x} = \begin{pmatrix} 3 \\ 2 \\ -1 \end{pmatrix} + s \cdot \begin{pmatrix} -5 \\ 3 \\ 3 \end{pmatrix} + t \cdot \begin{pmatrix} -3 \\ -6 \\ 7 \end{pmatrix} \text{ mit } s, t \in \mathbb{R}$$

Umformung von E in eine Normalenform:

$$\text{Schema für } \vec{n}\text{:} \quad \begin{array}{r|rrrr} -5 & 3 & 3 & -5 & 3 \\ -3 & -6 & 7 & -3 & -6 \end{array}$$

$$n_1 = \begin{vmatrix} 3 & 3 \\ -6 & 7 \end{vmatrix} = 3 \cdot 7 - 3 \cdot (-6) = 21 + 18 = 39$$

$$n_2 = \begin{vmatrix} 3 & -5 \\ 7 & -3 \end{vmatrix} = 3 \cdot (-3) - (-5) \cdot 7 = -9 + 35 = 26$$

$$n_3 = \begin{vmatrix} -5 & 3 \\ -3 & -6 \end{vmatrix} = (-5) \cdot (-6) - 3 \cdot (-3) = 30 + 9 = 39$$

$$\vec{n} = \begin{pmatrix} 39 \\ 26 \\ 39 \end{pmatrix} = 13 \cdot \begin{pmatrix} 3 \\ 2 \\ 3 \end{pmatrix} = 13 \cdot \vec{n}^* \quad \text{mit } \vec{n}^* = \begin{pmatrix} 3 \\ 2 \\ 3 \end{pmatrix}$$

Wir multiplizieren nun die Vektorgleichung von E mit dem Vektor $\vec{n}^*$ skalar durch:

$$\vec{x} \cdot \begin{pmatrix} 3 \\ 2 \\ 3 \end{pmatrix} = \begin{pmatrix} 3 \\ 2 \\ -1 \end{pmatrix} \cdot \begin{pmatrix} 3 \\ 2 \\ 3 \end{pmatrix} + s \cdot 0 + t \cdot 0$$

$$3x_1 + 2x_2 + 3x_3 = 9 + 4 - 3 \;\; (= 10)$$

$$E\colon\; 3x_1 + 2x_2 + 3x_3 - 10 = 0 \;\text{ oder }\; E\colon \begin{pmatrix} 3 \\ 2 \\ 3 \end{pmatrix} \cdot \vec{x} - 10 = 0$$

Beispiel 2 **Ebene durch sich schneidende Geraden**

Gegeben sind die beiden Geraden g und h, von denen bekannt ist, dass sie sich im Punkt $S(-1; 1; -2)$ schneiden.

$$g\colon\; \vec{x} = \begin{pmatrix} 1 \\ -3 \\ -2 \end{pmatrix} + s \cdot \begin{pmatrix} 1 \\ -2 \\ 0 \end{pmatrix}, \quad h\colon\; \vec{x} = \begin{pmatrix} 2 \\ 5 \\ 3 \end{pmatrix} + t \cdot \begin{pmatrix} 3 \\ 4 \\ 5 \end{pmatrix}, \quad s, t \in \mathbb{R}$$

Da die beiden Richtungsvektoren der Geraden wegen $\begin{pmatrix} 1 \\ -2 \\ 0 \end{pmatrix} \neq k \cdot \begin{pmatrix} 3 \\ 4 \\ 5 \end{pmatrix}$ linear unabhängig sind, können wir zum Beispiel den Schnittpunkt S (oder einen der beiden Aufpunkte der Geraden) als Aufpunkt für die Ebene E nehmen:

$$E\colon\; \vec{x} = \begin{pmatrix} -1 \\ 1 \\ -2 \end{pmatrix} + s \cdot \begin{pmatrix} 1 \\ -2 \\ 0 \end{pmatrix} + t \cdot \begin{pmatrix} 3 \\ 4 \\ 5 \end{pmatrix}, \quad s, t \in \mathbb{R}$$

Wenn von der Aufgabenstellung her bekannt ist, dass sich die beiden Geraden g und h in genau einem Punkt schneiden, dann müssen Sie die Koordinaten dieses Schnittpunktes *nicht* ausrechnen, um die Gleichung der Ebene aufzustellen. Nehmen Sie einfach einen der Aufpunkte der Geraden als Aufpunkt für die Gleichung der Ebene.

Umformung von E in eine Normalenform:

$$\text{Schema für } \vec{n}\colon \quad \begin{array}{c|cccc} 1 & -2 & 0 & 1 & -2 \\ 3 & 4 & 5 & 3 & 4 \end{array}$$

$$n_1 = \begin{vmatrix} -2 & 0 \\ 4 & 5 \end{vmatrix} = (-2) \cdot 5 - 0 \cdot 4 = -10 - 0 = -10$$

$$n_2 = \begin{vmatrix} 0 & 1 \\ 5 & 3 \end{vmatrix} = 0 \cdot 3 - 1 \cdot 5 = 0 - 5 = -5$$

$$n_3 = \begin{vmatrix} 1 & -2 \\ 3 & 4 \end{vmatrix} = 1 \cdot 4 - (-2) \cdot 3 = 4 + 6 = 10$$

$$\vec{n} = \begin{pmatrix} -10 \\ -5 \\ 10 \end{pmatrix} = -5 \cdot \begin{pmatrix} 2 \\ 1 \\ -2 \end{pmatrix} = -5 \cdot \vec{n}^* \;\text{ mit }\; \vec{n}^* = \begin{pmatrix} 2 \\ 1 \\ -2 \end{pmatrix}$$

Die Vektorform von E wird nun mit $\vec{n}^*$ skalar multipliziert:

$$\vec{x} \cdot \begin{pmatrix} 2 \\ 1 \\ -2 \end{pmatrix} = \begin{pmatrix} -1 \\ 1 \\ -2 \end{pmatrix} \cdot \begin{pmatrix} 2 \\ 1 \\ -2 \end{pmatrix} + s \cdot 0 + t \cdot 0$$

E: $2x_1 + 1x_2 - 2x_3 = -2 + 1 + 4 \ (= 3)$

E: $2x_1 + 1x_2 - 2x_3 - 3 = 0$ oder E: $\begin{pmatrix} 2 \\ 1 \\ -2 \end{pmatrix} \cdot \vec{x} - 3 = 0$

Ebene durch getrennt parallele Geraden

Beispiel 3

Gegeben sind die beiden getrennt (echt) parallelen Geraden:

$$g\colon\ \vec{x} = \begin{pmatrix} 2 \\ -3 \\ 5 \end{pmatrix} + s \cdot \begin{pmatrix} -2 \\ 3 \\ 5 \end{pmatrix},\quad h\colon\ \vec{x} = \begin{pmatrix} 0 \\ 1 \\ 0 \end{pmatrix} + t \cdot \begin{pmatrix} 4 \\ -6 \\ -10 \end{pmatrix},\quad s, t \in \mathbb{R}$$

Da die Richtungsvektoren $\vec{r}_g$ und $\vec{r}_h$ der beiden Geraden g und h linear abhängig, also parallel sind, können sie nicht beide zum Aufstellen einer vektoriellen Parameterform derjenigen Ebene E verwendet werden, die durch die beiden Geraden festgelegt ist. Mit dem Aufpunkt der Geraden g und dem Richtungsvektor $\vec{r}_g$ können wir die Gleichung für E zunächst schreiben:

$$E\colon\ \vec{x} = \begin{pmatrix} 2 \\ -3 \\ 5 \end{pmatrix} + m \cdot \begin{pmatrix} -2 \\ 3 \\ 5 \end{pmatrix} + k \cdot \vec{v}$$

Wie finden wir nun einen Vektor $\vec{v}$, der vom Vektor $\vec{r}_g$ linear unabhängig ist und in der Ebene E liegt?

Die Lösung ist recht einfach, wenn Sie darauf kommen, dass jeder Vektor, der von einem beliebigen Punkt der Geraden g zu einem beliebigen Punkt der Geraden h (oder umgekehrt) zeigt, niemals parallel zu den Richtungsvektoren $\vec{r}_g$ oder $\vec{r}_h$ liegen kann.

Die einfachste Lösung ist zum Beispiel der Vektor $\vec{v}$ vom Aufpunkt der Geraden g zum Aufpunkt der Geraden h:

$$\vec{v} = \overrightarrow{AB} = \vec{b} - \vec{a} = \begin{pmatrix} 0 \\ 1 \\ 0 \end{pmatrix} - \begin{pmatrix} 2 \\ -3 \\ 5 \end{pmatrix} = \begin{pmatrix} -2 \\ 4 \\ -5 \end{pmatrix}$$

$$E\colon\ \vec{x} = \begin{pmatrix} 2 \\ -3 \\ 5 \end{pmatrix} + m \cdot \begin{pmatrix} -2 \\ 3 \\ 5 \end{pmatrix} + k \cdot \begin{pmatrix} -2 \\ 4 \\ -5 \end{pmatrix},\quad m, k \in \mathbb{R}$$

Umformung von E in eine Normalenform:

Schema für $\vec{n}$:

$$\begin{array}{r|rrrr} -2 & 3 & 5 & -2 & 3 \\ -2 & 4 & -5 & -2 & 4 \end{array}$$

$$n_1 = \begin{vmatrix} 3 & 5 \\ 4 & -5 \end{vmatrix} = 3 \cdot (-5) - 5 \cdot 4 = -15 - 20 = -35$$

$$n_2 = \begin{vmatrix} 5 & -2 \\ -5 & -2 \end{vmatrix} = 5 \cdot (-2) - (-2) \cdot (-5) = -10 - 10 = -20$$

$$n_3 = \begin{vmatrix} -2 & 3 \\ -2 & 4 \end{vmatrix} = (-2) \cdot 4 - 3 \cdot (-2) = -8 + 6 = -2$$

$$\vec{n} = \begin{pmatrix} -35 \\ -20 \\ -2 \end{pmatrix} = -1 \cdot \begin{pmatrix} 35 \\ 20 \\ 2 \end{pmatrix} = -1 \cdot \vec{n}^* \quad \text{mit} \quad \vec{n}^* = \begin{pmatrix} 35 \\ 20 \\ 2 \end{pmatrix}$$

Die Vektorform von E wird nun mit $\vec{n}^*$ skalar multipliziert:

$$\vec{x} \cdot \begin{pmatrix} 35 \\ 20 \\ 2 \end{pmatrix} = \begin{pmatrix} 2 \\ -3 \\ 5 \end{pmatrix} \cdot \begin{pmatrix} 35 \\ 20 \\ 2 \end{pmatrix} + m \cdot 0 + k \cdot 0$$

$$35x_1 + 20x_2 + 2x_3 = 70 - 60 + 10 \quad (= 20)$$

$$E\colon\ 35x_1 + 20x_2 + 2x_3 - 20 = 0 \quad \text{oder} \quad E\colon\ \begin{pmatrix} 35 \\ 20 \\ 2 \end{pmatrix} \cdot \vec{x} - 20 = 0$$

Aufgabe 21 Zeigen Sie, dass die beiden Geraden

$$g\colon\ \vec{x} = \begin{pmatrix} 3 \\ -4 \\ 7 \end{pmatrix} + s \cdot \begin{pmatrix} 2 \\ 0 \\ -1 \end{pmatrix} \quad \text{und} \quad h\colon\ \vec{x} = \begin{pmatrix} 5 \\ 5 \\ 6 \end{pmatrix} + t \cdot \begin{pmatrix} -4 \\ 0 \\ 2 \end{pmatrix} \quad \text{mit } s, t \in \mathbb{R} \text{ getrennt}$$

parallel liegen.
Wie lautet eine Normalenform der Ebene E, die durch die Geraden g und h festgelegt ist?

Beispiel 4 **Ebene durch eine Gerade g und einen Punkt $P \notin g$**

Wie lautet eine Normalenform derjenigen Ebene E, welche die Gerade

$$g\colon\ \vec{x} = \begin{pmatrix} 2 \\ 3 \\ 0 \end{pmatrix} + s \cdot \begin{pmatrix} 1 \\ 1 \\ 1 \end{pmatrix} \quad \text{und den Punkt } P(3; 4; 6) \text{ enthält?}$$

Damit durch eine Gerade g und einen Punkt P eindeutig eine Ebene E festgelegt ist, darf der Punkt P *nicht* auf der Geraden g liegen!

Durch Einsetzen der Koordinaten des Punktes P in die Geradengleichung überzeugen wir uns zunächst, dass P nicht auf der Geraden g liegt:

$$\begin{pmatrix}3\\4\\6\end{pmatrix} = \begin{pmatrix}2\\3\\0\end{pmatrix} + s_0 \cdot \begin{pmatrix}1\\1\\1\end{pmatrix} \Rightarrow \begin{pmatrix}1\\1\\6\end{pmatrix} = s_0 \cdot \begin{pmatrix}1\\1\\1\end{pmatrix} \Rightarrow \begin{cases} s_0 = 1 \\ s_0 = 1 \\ s_0 = 6 \end{cases}$$

Da es kein s_0 gibt, welches alle drei Koordinatengleichungen erfüllt, liegt der Punkt P auch nicht auf der Geraden g.

Wählen wir zum Beispiel den Aufpunkt A der Geraden g als Aufpunkt für die Ebene E und die beiden linear unabhängigen Vektoren $\vec{r}_g$ und $\overrightarrow{AP} = \vec{p} - \vec{a}$, dann können wir eine vektorielle Parameterform für E angeben:

$$\vec{a} = \begin{pmatrix}2\\3\\0\end{pmatrix}, \quad \overrightarrow{AP} = \vec{p} - \vec{a} = \begin{pmatrix}3\\4\\6\end{pmatrix} - \begin{pmatrix}2\\3\\0\end{pmatrix} = \begin{pmatrix}1\\1\\6\end{pmatrix}$$

$$E\colon\ \vec{x} = \begin{pmatrix}2\\3\\0\end{pmatrix} + s \cdot \begin{pmatrix}1\\1\\1\end{pmatrix} + t \cdot \begin{pmatrix}1\\1\\6\end{pmatrix}, \quad s, t \in \mathbb{R}$$

Umformung von E in eine Normalenform:

Schema für $\vec{n}$:

$$\begin{array}{c|cccc} 1 & 1 & 1 & 1 & 1 \\ 1 & 1 & 6 & 1 & 1 \end{array}$$

$$n_1 = \begin{vmatrix}1 & 1\\1 & 6\end{vmatrix} = 1 \cdot 6 - 1 \cdot 1 = 6 - 1 = 5$$

$$n_2 = \begin{vmatrix}1 & 1\\6 & 1\end{vmatrix} = 1 \cdot 1 - 1 \cdot 6 = 1 - 6 = -5$$

$$n_3 = \begin{vmatrix}1 & 1\\1 & 1\end{vmatrix} = 1 \cdot 1 - 1 \cdot 1 = 1 - 1 = 0$$

$$\vec{n} = \begin{pmatrix}5\\-5\\0\end{pmatrix} = 5 \cdot \begin{pmatrix}1\\-1\\0\end{pmatrix} = 5 \cdot \vec{n}^* \quad \text{mit} \quad \vec{n}^* = \begin{pmatrix}1\\-1\\0\end{pmatrix}$$

Die Vektorform von E wird nun mit $\vec{n}^*$ skalar multipliziert:

$$\vec{x} \cdot \begin{pmatrix}1\\-1\\0\end{pmatrix} = \begin{pmatrix}2\\3\\0\end{pmatrix} \cdot \begin{pmatrix}1\\-1\\0\end{pmatrix} + s \cdot 0 + t \cdot 0$$

$$1x_1 - 1x_2 + 0 \cdot x_3 = 2 - 3 + 0 \quad (= -1)$$

$$E\colon\ 1x_1 - 1x_2 + 0x_3 + 1 = 0 \quad \text{oder} \quad E\colon \begin{pmatrix}1\\-1\\0\end{pmatrix} \cdot \vec{x} + 1 = 0$$

Beispiel 5 **Ebene E enthält den Punkt P und liegt parallel zur Ebene H**

Gesucht ist eine Normalenform derjenigen Ebene E, die den Punkt $P(7; 2; 0)$ enthält und parallel zu H: $\vec{x} = \begin{pmatrix} 2 \\ -3 \\ 4 \end{pmatrix} + s \cdot \begin{pmatrix} 1 \\ 1 \\ 0 \end{pmatrix} + t \cdot \begin{pmatrix} 4 \\ 0 \\ -3 \end{pmatrix}$ liegt.

Wir erhalten zunächst eine Vektorform für die Ebene E, wenn wir den Punkt $P(7; 2; 0)$ als Aufpunkt für E nehmen und Vielfache der beiden linear unabhängigen Vektoren der Ebene H im Punkt P anhängen:

$$E\colon\ \vec{x} = \begin{pmatrix} 7 \\ 2 \\ 0 \end{pmatrix} + m \cdot \begin{pmatrix} 1 \\ 1 \\ 0 \end{pmatrix} + k \cdot \begin{pmatrix} 4 \\ 0 \\ -3 \end{pmatrix} \quad \text{und} \quad m, k \in \mathbb{R}$$

Umformung von E in eine Normalenform:

Schema für $\vec{n}$:

$$\begin{array}{c|cccc} 1 & 1 & 0 & 1 & 1 \\ 4 & 0 & -3 & 4 & 0 \end{array}$$

$$n_1 = \begin{vmatrix} 1 & 0 \\ 0 & -3 \end{vmatrix} = 1 \cdot (-3) - 0 \cdot 0 = -3$$

$$n_2 = \begin{vmatrix} 0 & 1 \\ -3 & 4 \end{vmatrix} = 0 \cdot 4 - 1 \cdot (-3) = 0 + 3 = 3$$

$$n_3 = \begin{vmatrix} 1 & 1 \\ 4 & 0 \end{vmatrix} = 1 \cdot 0 - 1 \cdot 4 = 0 - 4 = -4$$

$$\vec{n} = \begin{pmatrix} -3 \\ 3 \\ -4 \end{pmatrix} = -1 \cdot \begin{pmatrix} 3 \\ -3 \\ 4 \end{pmatrix} = -1 \cdot \vec{n}^* \quad \text{mit} \quad \vec{n}^* = \begin{pmatrix} 3 \\ -3 \\ 4 \end{pmatrix}$$

Vektorgleichung von E mit $\vec{n}^*$ skalar multiplizieren:

$$\vec{x} \cdot \begin{pmatrix} 3 \\ -3 \\ 4 \end{pmatrix} = \begin{pmatrix} 7 \\ 2 \\ 0 \end{pmatrix} \cdot \begin{pmatrix} 3 \\ -3 \\ 4 \end{pmatrix} + m \cdot 0 + t \cdot 0$$

$$3x_1 - 3x_2 + 4x_3 = 21 - 6 \quad (= 15)$$

$$E\colon\ 3x_1 - 3x_2 + 4x_3 - 15 = 0 \quad \text{oder} \quad E\colon\ \begin{pmatrix} 3 \\ -3 \\ 4 \end{pmatrix} \cdot \vec{x} - 15 = 0$$

Gleichungen der Koordinatenebenen

Die x_1-x_2-Ebene kann durch den Aufpunkt $O(0; 0; 0)$ mit dem Ortsvektor $\vec{o}$ und den beiden linear unabhängigen Einheitsvektoren $\vec{e}_1 = \begin{pmatrix} 1 \\ 0 \\ 0 \end{pmatrix}$ und $\vec{e}_2 = \begin{pmatrix} 0 \\ 1 \\ 0 \end{pmatrix}$ beschrieben werden.

x_1-x_2-Ebene: $\vec{x} = \vec{o} + s \cdot \begin{pmatrix} 1 \\ 0 \\ 0 \end{pmatrix} + t \cdot \begin{pmatrix} 0 \\ 1 \\ 0 \end{pmatrix}$ Den Vektor $\vec{o}$ des Aufpunktes $O(0; 0; 0)$ dürfen wir weglassen.

$$\vec{x} = s \cdot \begin{pmatrix} 1 \\ 0 \\ 0 \end{pmatrix} + t \cdot \begin{pmatrix} 0 \\ 1 \\ 0 \end{pmatrix}; \quad \text{Normalenform: } x_3 = 0$$

Analog erhalten wir:

x_2-x_3-Ebene: $\vec{x} = s \cdot \begin{pmatrix} 0 \\ 1 \\ 0 \end{pmatrix} + t \cdot \begin{pmatrix} 0 \\ 0 \\ 1 \end{pmatrix}$; Normalenform: $x_1 = 0$

x_1-x_3-Ebene: $\vec{x} = s \cdot \begin{pmatrix} 1 \\ 0 \\ 0 \end{pmatrix} + t \cdot \begin{pmatrix} 0 \\ 0 \\ 1 \end{pmatrix}$; Normalenform: $x_2 = 0$

Achsenabschnittsform

Wenn eine Ebene E den Koordinatenursprung O *nicht* enthält, dann ist in einer Normalenform von E: $n_1x_1 + n_2x_2 + n_3x_3 + n_0 = 0$ die Konstante n_0 von null verschieden.
Wir können dann die Gleichung von E durch $n_0 \neq 0$ dividieren und auf die Form $\frac{x_1}{s} + \frac{x_2}{t} + \frac{x_3}{u} = 1$ bringen.
Diese Form einer Ebenengleichung von E heißt die**Achsenabschnittsform der Ebenengleichung**.

Die in den Nennern stehenden Zahlen sind die entsprechenden Koordinaten der Achsenschnittpunkte $S(s; 0; 0)$, $T(0; t; 0)$ und $U(0; 0; u)$ der Ebene E mit den Koordinatenachsen.

Begründung

Alle Punkte X der x_1-Achse haben die Form $X(x_1; 0; 0)$. Mit $x_2 = 0$ und $x_3 = 0$ erhalten wir aus der obigen Achsenabschnittsform von E:

$$\frac{x_1}{s} + 0 + 0 = 1, \text{ also } x_1 = s$$

Die Ebene E hat daher mit der x_1-Achse den Punkt $S(s; 0; 0)$ gemeinsam.

Analog erhalten wir die Punkte $T(0; t; 0)$ auf der x_2-Achse und $U(0; 0; u)$ auf der x_3-Achse.

➡➡➡➡➡➡

Beispiel

Wie lautet die Ebenengleichung E: $3x_1 - 4x_2 + x_3 + 24 = 0$ in der Achsenabschnittsform? Welche Koordinaten haben die Durchstoßpunkte von E mit den Koordinatenachsen?

Umformung: E: $3x_1 - 4x_2 + x_3 + 24 = 0 \quad | -24$

$$3x_1 - 4x_2 + x_3 = -24 \quad |:(-24)$$

$$\frac{3x_1}{-24} - \frac{4x_2}{-24} + \frac{x_3}{-24} = 1$$

$$\frac{x_1}{-8} + \frac{x_2}{6} + \frac{x_3}{-24} = 1 \quad \Rightarrow \quad S(-8;0;0),\ T(0;6;0),\ U(0;0;-24)$$

Besondere Ebenen

Fall 1 Die Ebene E liegt parallel zu einer Koordinatenachse.

Beispiel 1 E: $3x_1 + x_3 - 18 = 0$

In der Normalenform der Ebene E hat die Koordinate x_2 den Faktor 0. Mit $0 \cdot x_2$ können wir die Gleichung von E ausführlich angeben:

E: $3x_1 + 0 \cdot x_2 + 1x_3 - 18 = 0$

(Diese Schreibweise empfiehlt sich besonders dann, wenn man den Normalenvektor von E ablesen möchte!)

In der Achsenabschnittsform lautet E: $\frac{x_1}{6} + \frac{x_3}{18} = 1$

Figur 39 Wir erkennen, dass die Ebene E die x_1-Achse im Punkt $S(6;\ 0;\ 0)$ und die x_3-Achse im Punkt $U(0;\ 0;\ 18)$ schneidet. Einen Schnittpunkt T mit der x_2-Achse können wir nicht berechnen.

Die Ebene E liegt daher parallel zur x_2-Achse. Vergleichen Sie dazu die Figur 39.

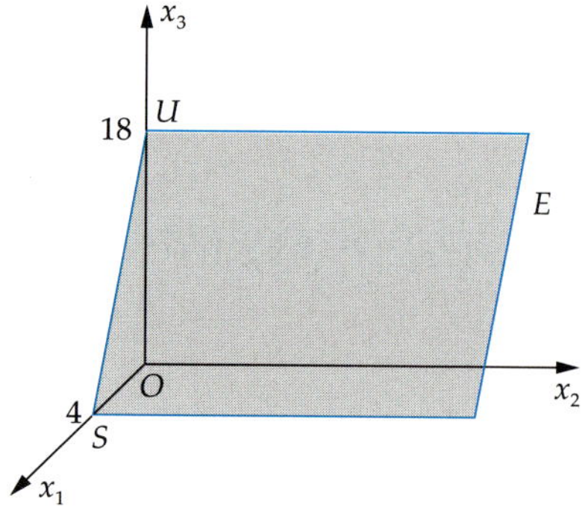

Allgemein gilt:

Tritt in der Normalenform der Ebene E eine Koordinate *nicht* auf, dann liegt die Ebene E parallel zu dieser Koordinatenachse.

Fall 2 Die Ebene E liegt parallel zu zwei Koordinatenachsen.

Beispiel 2 E: $x_1 - 4 = 0$ bzw. E: $1x_1 + 0 \cdot x_2 + 0 \cdot x_3 - 4 = 0$

Für die Ebene E des Beispiels 2 kann man nur den Punkt $S(4;0;0)$ auf der x_1-Achse berechnen. Die Punkte T und U existieren nicht.

Die Ebene E geht also durch den Punkt $S(4;0;0)$ der x_1-Achse und liegt parallel zur x_2-x_3-Ebene. Vergleichen Sie dazu die Figur 40.

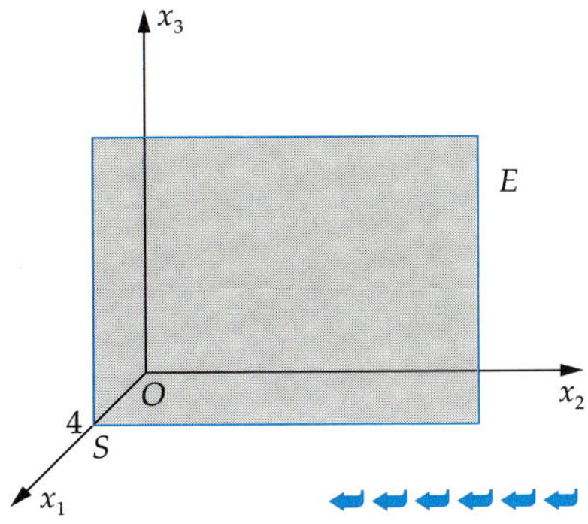

Figur 40

Die Gleichungen der Ebenen, die im Koordinatensystem von den Koordinatenachsen aufgespannt werden, lauten:

x_1-x_2-Ebene: $x_3 = 0$ bzw. $0x_1 + 0x_2 + 1x_3 = 0$
x_2-x_3-Ebene: $x_1 = 0$ bzw. $1x_1 + 0x_2 + 0x_3 = 0$
x_1-x_3-Ebene: $x_2 = 0$ bzw. $0x_1 + 1x_2 + 0x_3 = 0$

Allgemein gilt:

Treten in der Normalenform der Ebene E zwei Koordinaten *nicht* auf, dann liegt die Ebene E parallel zu der Ebene, die durch die Koordinatenachsen der fehlenden Koordinaten aufgespannt wird.

Lotvektor; Abstandsformel

3.2.

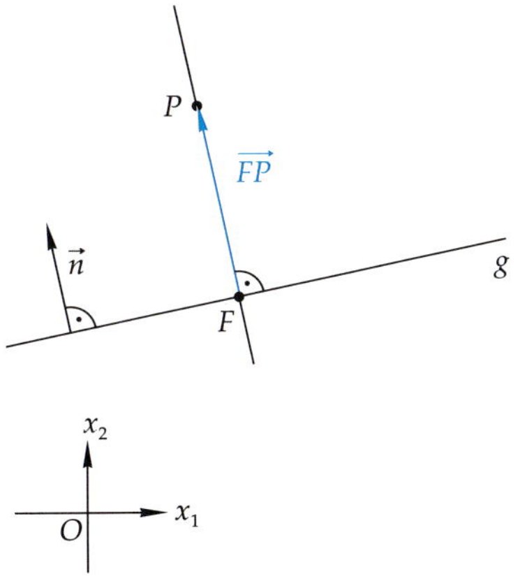

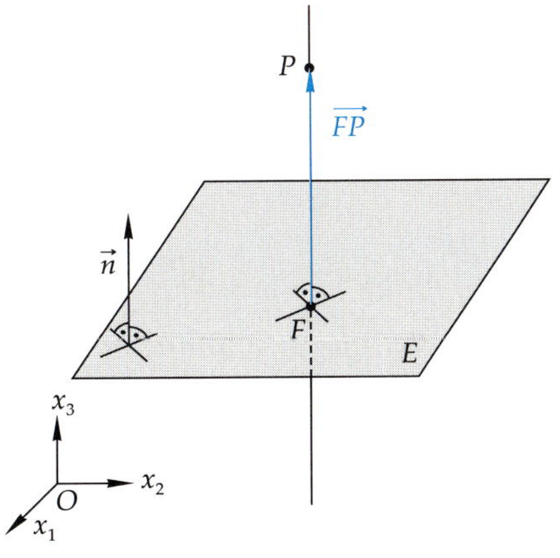

Figur 41

Figur 42

In der Figur 41 ist g eine *Gerade der Ebene*. Die Figur 42 zeigt den Ausschnitt einer Ebene E des Raums.
Für einen beliebigen, aber festen Punkt des $\mathbb{R}^2$ (bzw. des $\mathbb{R}^3$) fällen wir nun

das Lot auf die Gerade g (bzw. auf die Ebene E). Wir erhalten so im ebenen und im räumlichen Fall den Lotfußpunkt F.

Wir werden im Folgenden zeigen, wie man den Lotvektor $\overrightarrow{FP}$ einfach durch Einsetzen der Koordinaten des Punktes P in eine Formel aufstellen kann. Die Länge des Vektors $\overrightarrow{FP}$, also $|\overrightarrow{FP}|$, ist dann der Abstand des Punktes P von der Geraden g bzw. von der Ebene E.

Da die Gerade g in der *Ebene* liegt, kann sie durch eine Normalenform beschrieben werden:

g: $n_1x_1 + n_2x_2 + n_0 = 0$

Mit $n_1x_1 + n_2x_2 = \begin{pmatrix} n_1 \\ n_2 \end{pmatrix} \cdot \begin{pmatrix} x_1 \\ x_2 \end{pmatrix} = \vec{n} \cdot \vec{x}$ können wir die Normalenform der Geraden g auch so angeben:

g: $\vec{n} \cdot \vec{x} + n_0 = 0$

Die Gleichung der Ebene E lautet in einer Normalenform:

E: $n_1x_1 + n_2x_2 + n_3x_3 + n_0 = 0$ oder E: $\vec{n} \cdot \vec{x} + n_0 = 0$

Da der Lotfußpunkt F auf der Geraden g bzw. in der Ebene E liegt, müssen seine Koordinaten die Gleichung der Geraden g bzw. die Gleichung der Ebene E erfüllen.
Es gilt daher in beiden Fällen die Gleichung: $\vec{n} \cdot \vec{f} + n_0 = 0$

Da der Vektor $\vec{n}$ ein Normalenvektor der Geraden g (bzw. der Ebene E) ist, können wir die Verbindungsgerade der Punkte P und F mithilfe des Aufpunkts P und des Richtungsvektors $\vec{n}$ in einer Vektorform angeben:

$$\vec{x} = \vec{p} + t \cdot \vec{n}$$

Betrachten wir nun den Punkt F als einen Punkt dieser Verbindungsgeraden, dann gehört zum Punkt F ein bestimmter Wert t_0 des Parameters t:

$$\vec{f} = \vec{p} + t_0 \cdot \vec{n}$$

Aus den beiden Gleichungen $\vec{n} \cdot \vec{f} + n_0 = 0$ **I**

$\vec{f} = \vec{p} + t_0 \cdot \vec{n}$ **II**

können wir nun den Parameterwert t_0 so berechnen:
Wir setzen den Ausdruck für $\vec{f}$ aus Gleichung **II** in die Gleichung **I** ein:

$$\vec{n} \cdot (\vec{p} + t_0 \cdot \vec{n}) + n_0 = 0$$
$$\vec{n} \cdot \vec{p} + t_0 \cdot \vec{n} \cdot \vec{n} + n_0 = 0 \quad \Rightarrow \quad t_0 \cdot \vec{n} \cdot \vec{n} = -\vec{n} \cdot \vec{p} - n_0$$

Beachten wir nun, dass das Skalarprodukt $\vec{n} \cdot \vec{n}$ gleich dem Quadrat der Länge des Vektors $\vec{n}$ ist, dann gilt mit $\vec{n} \cdot \vec{n} = |\vec{n}|^2$:

$$t_0 \cdot |\vec{n}|^2 = -\vec{n} \cdot \vec{p} - n_0 \qquad |:|\vec{n}|^2$$

$$t_0 = \frac{-\vec{n} \cdot \vec{p} - n_0}{|\vec{n}|^2}$$

Diesen Ausdruck für t_0 setzen wir nun in die Gleichung **II** ein und berechnen zunächst den Ortsvektor $\vec{f}$ des Lotfußpunktes F:

$$\vec{f} = \vec{p} + \frac{-\vec{n} \cdot \vec{p} - n_0}{|\vec{n}|^2} \cdot \vec{n}$$

$$\vec{p} - \vec{f} = \frac{\vec{n} \cdot \vec{p} + n_0}{|\vec{n}|^2} \cdot \vec{n}$$

Da $\vec{p}$ und $\vec{f}$ die Ortsvektoren der Punkte P und F sind, gilt $\overrightarrow{FP} = \vec{p} - \vec{f}$ und wir erhalten:

$$\overrightarrow{FP} = \frac{\vec{n} \cdot \vec{p} + n_0}{|\vec{n}|^2} \cdot \vec{n}$$

Für die Länge des Vektors $\overrightarrow{FP}$, also den Abstand $|\overrightarrow{FP}|$ des Punktes P von der Geraden g (bzw. von der Ebene E), erhalten wir aus der letzten Formel:

$$|\overrightarrow{FP}| = \frac{|\vec{n} \cdot \vec{p} + n_0|}{|\vec{n}|^2} \cdot |\vec{n}| = \frac{|\vec{n} \cdot \vec{p} + n_0|}{|\vec{n}|}$$

Die Zahl $|\overrightarrow{FP}|$ ist für jeden festen Punkt $P \notin g$ (bzw. $P \notin E$) immer positiv und wird als *Abstand* des Punktes P von der Geraden g (bzw. von der Ebene E) bezeichnet.
Wir schreiben in Zeichen für diesen Abstand: $d_{P;\,g}$ (bzw. $d_{P;\,E}$)

Wir fassen nun unsere Ergebnisse zusammen und stellen fest:

Ist durch $\vec{n} \cdot \vec{x} + n_0 = 0$ im $\mathbb{R}^2$ eine Gerade g (bzw. ist im Raum eine Ebene E) gegeben und ist P mit dem Ortsvektor $\vec{p}$ ein fester Punkt des $\mathbb{R}^2$ (des $\mathbb{R}^3$), dann kann der **Lotvektor** $\overrightarrow{FP}$ mit dem Anfangspunkt F auf der Geraden g (bzw. in der Ebene E) und der Spitze P so dargestellt werden:

$$\overrightarrow{FP} = \frac{\vec{n} \cdot \vec{p} + n_0}{|\vec{n}|^2} \cdot \vec{n} = \frac{n_1 p_1 + n_2 p_2 + n_0}{n_1^2 + n_2^2} \cdot \begin{pmatrix} n_1 \\ n_2 \end{pmatrix} \quad \text{im } \mathbb{R}^2$$

$$\overrightarrow{FP} = \frac{\vec{n} \cdot \vec{p} + n_0}{|\vec{n}|^2} \cdot \vec{n} = \frac{n_1 p_1 + n_2 p_2 + n_3 p_3 + n_0}{n_1^2 + n_2^2 + n_3^2} \cdot \begin{pmatrix} n_1 \\ n_2 \\ n_3 \end{pmatrix} \quad \text{im } \mathbb{R}^3$$

Für den Abstand des Punktes P von der Geraden g (bzw. von der Ebene E) gilt die so genannte *Abstandsformel*:

$$d_{P;\,g} = \frac{|\vec{n} \cdot \vec{p} + n_0|}{|\vec{n}|} = \frac{|n_1 p_1 + n_2 p_2 + n_0|}{\sqrt{n_1^2 + n_2^2}} \quad \text{im } \mathbb{R}^2$$

$$d_{P;\,E} = \frac{|\vec{n} \cdot \vec{p} + n_0|}{|\vec{n}|} = \frac{|n_1 p_1 + n_2 p_2 + n_3 p_3 + n_0|}{\sqrt{n_1^2 + n_2^2 + n_3^2}} \quad \text{im } \mathbb{R}^3$$

➡➡➡➡➡➡

Beispiel 1 Im $\mathbb{R}^2$ sind die Gerade g: $5x_1 - 12x_2 - 99 = 0$ und der Punkt $P(7; -14)$ gegeben.

Gesucht ist der Abstand $d_{P;g}$ des Punktes P von der Geraden g.

Wir schreiben die Geradengleichung in der Form $\begin{pmatrix} 5 \\ -12 \end{pmatrix} \cdot \vec{x} - 99 = 0$ und berechnen die Ausdrücke $\vec{n} \cdot \vec{p} + n_0$ und $|\vec{n}|$ in

Nebenrechnungen: $\vec{n} \cdot \vec{p} + n_0 = \begin{pmatrix} 5 \\ -12 \end{pmatrix} \cdot \begin{pmatrix} 7 \\ -14 \end{pmatrix} - 99 = 35 + 168 - 99 = 104$

$$|\vec{n}| = \sqrt{5^2 + (-12)^2} = \sqrt{25 + 144} = \sqrt{169} = 13$$

Wir setzen diese Werte in die Formel für $d_{P;g}$ ein und erhalten:

$$d_{P;g} = \frac{|104|}{13} = \frac{104}{13} = 8$$

Ergebnis: Der Punkt P hat von der Geraden g den Abstand 8 L.E..

Beispiel 2 Im $\mathbb{R}^3$ sind die Ebene E: $3x_1 + 0x_2 - 4x_3 - 24 = 0$ und der Punkt $P(-2; 7; -5)$ gegeben.

Welchen Abstand $d_{P;E}$ hat der Punkt P von der Ebene E und wie lauten die Koordinaten des Lotfußpunktes F?

Wir schreiben für die Ebene E: $\begin{pmatrix} 3 \\ 0 \\ -4 \end{pmatrix} \cdot \vec{x} - 24 = 0$ und berechnen die Ausdrücke $\vec{n} \cdot \vec{p} + n_0$ und $|\vec{n}|$ in

Nebenrechnungen: $\vec{n} \cdot \vec{p} + n_0 = \begin{pmatrix} 3 \\ 0 \\ -4 \end{pmatrix} \cdot \begin{pmatrix} -2 \\ 7 \\ -5 \end{pmatrix} - 24 = -6 + 0 + 20 - 24 = -10$

$$|\vec{n}| = \sqrt{3^2 + 0^2 + (-4)^2} = \sqrt{9 + 16} = \sqrt{25} = 5$$

Nun setzen wir die Ergebnisse der Nebenrechnungen in die Formel für $d_{P;E}$ ein:

$$d_{P;E} = \frac{|-10|}{5} = \frac{10}{5} = 2$$

Ergebnis: Der Punkt P hat von der Ebene E den Abstand 2 L.E..

Für den Lotvektor $\overrightarrow{FP}$ erhalten wir mit $|\vec{n}|^2 = 5^2 = 25$ nach der Formel:

$$\overrightarrow{FP} = \frac{\vec{n} \cdot \vec{p} + n_0}{|\vec{n}|^2} \cdot \vec{n} = \frac{-10}{25} \cdot \begin{pmatrix} 3 \\ 0 \\ -4 \end{pmatrix} = -\frac{2}{5} \cdot \begin{pmatrix} 3 \\ 0 \\ -4 \end{pmatrix}$$

Da $\overrightarrow{FP} = \vec{p} - \vec{f}$ ist, können wir auch den Lotfußpunkt F berechnen. Mit $P(-2; 7; -5)$ erhalten wir:

$$\begin{pmatrix}-2\\7\\-5\end{pmatrix}-\vec{f}=-\frac{2}{5}\cdot\begin{pmatrix}3\\0\\-4\end{pmatrix} \Rightarrow \vec{f}=\begin{pmatrix}-2\\7\\-5\end{pmatrix}+\frac{2}{5}\cdot\begin{pmatrix}3\\0\\-4\end{pmatrix}=\frac{1}{5}\cdot\begin{pmatrix}-4\\7\\-33\end{pmatrix}$$

Der Lotfußpunkt F in der Ebene E hat die Koordinaten: $F\left(-\frac{4}{5};\frac{7}{5};\frac{-33}{5}\right)$

Die Formeln für den Lotvektor $\overrightarrow{FP}$ und den Abstand eines Punktes P von der Geraden g gelten *nicht für Geraden im* $\mathbb{R}^3$, da es für diese Geraden keine Normalenform gibt.
Zur Berechnung des Abstands eines Punktes von einer Geraden im $\mathbb{R}^3$ vergleichen Sie den Abschnitt 3.4.4.

HESSE'sche Normalenform

3.2.1

Auf Seite 113 hatten wir für eine Gerade g in der Ebene (bzw. für eine Ebene E des Raums) mit der Normalenform g (bzw. E) $n_1x_1 + n_2x_2\ (+\ n_3x_3) + n_0 = 0$ eine Formel zur Berechnung des Lotvektors $\overrightarrow{FP}$ hergeleitet.
Der Fußpunkt F des Vektors $\overrightarrow{FP}$ liegt auf der Geraden g (bzw. in der Ebene E) und seine Spitze fällt mit dem Punkt P ($P \notin g$ bzw. $P \notin E$) zusammen.

In der Formel für $\overrightarrow{FP}$ nehmen wir zunächst die folgende Umformung vor:

$$\overrightarrow{FP}=\frac{\vec{n}\cdot\vec{p}+n_0}{|\vec{n}|^2}\cdot\vec{n}=\frac{\vec{n}\cdot\vec{p}+n_0}{|\vec{n}|}\cdot\frac{\vec{n}}{|\vec{n}|}=\frac{\vec{n}\cdot\vec{p}+n_0}{|\vec{n}|}\cdot\vec{n}^0$$

Ausführlich geschrieben erhalten wir damit:

$$\overrightarrow{FP}=\frac{n_1p_1+n_2p_2\ (+\ n_3p_3)+n_0}{\sqrt{n_1^2+n_2^2\ (+\ n_3^2)}}\cdot\vec{n}^0$$

Wir setzen zur Abkürzung für den Skalarfaktor bei $\vec{n}^0$ die Variable k ($k \in \mathbb{R}$) und können dann die Formel $\overrightarrow{FP}=k\cdot\vec{n}^0$ leichter geometrisch deuten:

Durch die Gleichung $\overrightarrow{FP}=k\cdot\vec{n}^0$ wird ausgedrückt, dass die Vektoren $\overrightarrow{FP}$ und $\vec{n}^0$ linear abhängig sind.
Mit anderen Worten:
Für $k > 0$ haben die Vektoren $\overrightarrow{FP}$ und $\vec{n}^0$ dieselbe Orientierung oder sind gleichsinnig parallel.
Für $k < 0$ haben die Vektoren $\overrightarrow{FP}$ und $\vec{n}^0$ entgegengesetzte Orientierung oder sind gegensinnig parallel.
Der Fall $k = 0$ kann wegen $P \notin g$ (bzw. $P \notin E$) nicht eintreten.

Für die Orientierung des Normaleneinheitsvektors $\vec{n}^0$ hat der deutsche Mathematiker OTTO LUDWIG HESSE (1811–1874) den folgenden Vorschlag gemacht:

In der Normalenform einer Geraden *g* der Ebene (bzw. in der Normalenform einer Ebene *E* des Raums), die den Koordinatenursprung *O* nicht enthält, soll derjenige Normaleneinheitsvektor $\vec{n}^0$ verwendet werden, dessen im Ursprung *O* angehefteter Repräsentant immer *zur Geraden g* (zur Ebene *E*) *hin* zeigt.

Mit dieser speziellen Orientierung des Vektors $\vec{n}^0$ werden einer Geraden g, die den Ursprung O nicht enthält, zwei Seiten zugeordnet: Die eine Seite enthält O, die andere nicht. In derselben Weise werden auch einer Ebene E zwei Seiten zugeordnet.

Fall 1

Für alle Punkte $P \notin g$ (bzw. $P \notin E$), die mit dem Ursprung O auf *derselben* Seite der Geraden g (der Ebene E) liegen, gilt:
$\overrightarrow{FP} = k \cdot \vec{n}^0$ mit $k < 0$, da die Vektoren $\overrightarrow{FP}$ und $\vec{n}^0$ in diesem Fall entgegengesetzt orientiert sind.

Fall 2

Für alle Punkte $P \notin g$ (bzw. $P \notin E$), die auf der Seite der Geraden g (der Ebene E) liegen, die den Ursprung O *nicht* enthält, gilt:
$\overrightarrow{FP} = k \cdot \vec{n}^0$ mit $k > 0$, da jetzt die Vektoren $\overrightarrow{FP}$ und $\vec{n}^0$ dieselbe Orientierung haben.

Wir müssen noch klären, wie wir die oben festgelegte Orientierung des Normaleneinheitsvektors $\vec{n}^0$ erreichen können. Wir betrachten dazu den Fall 1, in welchem der Punkt P mit dem Ursprung O auf derselben Seite liegt und daher $k < 0$ sein muss.

Wir schreiben die Gleichung $\overrightarrow{FP} = k \cdot \vec{n}^0$ mit $k < 0$ ausführlich an und multiplizieren sie dann skalar mit dem Vektor $\vec{n}^0$:

$$\overrightarrow{FP} = \frac{n_1p_1 + n_2p_2\ (+\ n_3p_3) + n_0}{\sqrt{n_1^2 + n_3^2\ (+\ n_3^2)}} \cdot \vec{n}^0 \qquad | \cdot \vec{n}^0$$

$$\overrightarrow{FP} \cdot \vec{n}^0 = \frac{n_1p_1 + n_2p_2\ (+\ n_3p_3) + n_0}{\sqrt{n_1^2 + n_3^2\ (+\ n_3^2)}} \cdot 1, \text{ da } \vec{n}^0 \cdot \vec{n}^0 = 1 \text{ ist.}$$

Da nun die Vektoren $\overrightarrow{FP}$ und $\vec{n}^0$ in diesem Fall entgegengesetzt orientiert sind, bilden ihre Repräsentanten von einem gemeinsamen Anfangspunkt aus gesehen einen Winkel $\varphi = 180°$.

Damit erhalten wir für das Skalarprodukt $\overrightarrow{FP} \cdot \vec{n}^0$:
$\overrightarrow{FP} \cdot \vec{n}^0 = |\overrightarrow{FP}| \cdot |\vec{n}^0| \cdot \cos 180° = |\overrightarrow{FP}| \cdot 1 \cdot (-1) = -|\overrightarrow{FP}| < 0$

Also: $\overrightarrow{FP} \cdot \vec{n}^0 < 0$ für alle Punkt P, die mit O auf derselben Seite der Geraden g (der Ebene E) liegen.

Wählen wir nun den speziellen Punkt $P = O$, dann gilt: $\overrightarrow{FO} \cdot \vec{n}^0 < 0$

$$\overrightarrow{FO} \cdot \vec{n}^0 = \frac{n_1 \cdot 0 + n_2 \cdot 0\,(+\,n_3 \cdot 0) + n_0}{\sqrt{n_1^2 + n_2^2\,(+\,n_3^2)}} = \frac{n_0}{|\vec{n}|} < 0$$

Wegen $|\vec{n}| > 0$ muss daher in der Normalenform von g (von E) die Konstante n_0 *negativ* sein.

Ergebnis:

Wir erhalten die so genannte **HESSE'sche Normalenform** einer Geraden g der Ebene (bzw. einer Ebene E des Raums) in zwei Schritten:

Schritt 1:
Die Konstante n_0 in der Normalenform muss negativ sein. Dazu muss die Normalenform gegebenenfalls mit (– 1) multipliziert werden.

Schritt 2:
Die in Schritt 1 erhaltene Normalenform wird nun durch $|\vec{n}|$ dividiert.

Beispiel

Die Normalenform der Ebene E: $5x_1 - 3x_2 + 4x_3 + 12 = 0$ soll in die HESSE'sche Normalenform (= HNF) umgeformt werden.

Schritt 1: Multiplikation mit (– 1): $-5x_1 + 3x_2 - 4x_3 - 12 = 0$

Schritt 2: Division durch $|\vec{n}| = \sqrt{(-5)^2 + 3^2 + (-4)^2} = \sqrt{50}$:

$$\text{HNF}(E): \frac{-5x_1 + 3x_2 - 4x_3 - 12}{\sqrt{50}} = 0; \quad \vec{n}^0 = \frac{1}{\sqrt{50}} \cdot \begin{pmatrix} -5 \\ 3 \\ -4 \end{pmatrix}; \; |\vec{n}^0| = 1$$

Eigenschaften der HESSE'schen Normalenform

Ersetzt man in der HNF(E) die Koordinaten x_1, x_2, x_3 durch die Koordinaten des Punktes $P(p_1; p_2; p_3)$, so erhält man auf der rechten Seite der Gleichung nicht mehr null, sondern bis auf das Vorzeichen den Abstand $d_{p;E}$ des Punktes P von der Ebene E.

Beispiele

$$P(3; 2; 7): \frac{-5 \cdot 3 + 3 \cdot 2 - 4 \cdot 7 - 12}{\sqrt{50}} = \frac{-15 + 6 - 28 - 12}{\sqrt{50}} = \frac{-49}{\sqrt{50}} < 0$$

Der Punkt P liegt mit O auf derselben Seite der Ebene E.

Für den Abstand $d_{P;E}$ gilt: $d_{P;E} = \frac{|-49|}{\sqrt{50}} = \frac{49}{\sqrt{50}} > 0$

$$Q(-4;5;-2):\ \frac{-5\cdot(-4)+3\cdot 5-4\cdot(-2)-12}{\sqrt{50}} = \frac{20+15+8-12}{\sqrt{50}} = \frac{31}{\sqrt{50}} > 0$$

Die Punkte Q und O liegen auf verschiedenen Seiten der Ebene E.

Es gilt: $d_{Q;E} = \dfrac{31}{\sqrt{50}}$

Bemerkung

! Sie können bei allen Aufgaben zu Abständen, Spiegelpunkten oder Winkelhalbierenden die HESSSE'sche Normalenform *vermeiden*, wenn Sie diese Aufgaben mithilfe des in Kapitel 3.2 hergeleiteten Lotvektors und der Abstandsformel lösen.

3.3 Geraden in der Ebene

3.3.1 Gegenseitige Lage von zwei Geraden im $\mathbb{R}^2$

Für zwei Geraden der Ebene, die *nicht beide* durch den Ursprung $O(0;0)$ gehen, gibt es genau die drei verschiedenen gegenseitigen Lagen, die in der Figur 43 zu sehen sind.

Figur 43

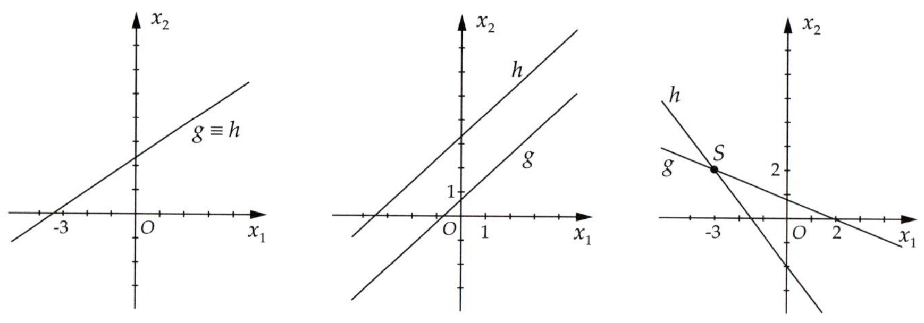

Fall 1 Fall 2 Fall 3

Fall 1:

Die beiden Geraden g und h sind *identisch*, in Zeichen $g \equiv h$, wenn die zugehörigen Normalenformen durch Multiplikation mit einer Zahl $\neq 0$ ineinander übergeführt werden können.

Beispiel 1 g: $2x_1 - 3x_2 + 7 = 0$ **I**

h: $-4x_1 + 6x_2 - 14 = 0$ **II**

Multiplizieren wir die Gleichung der Geraden g mit (-2), so erhalten wir die Gleichung der Geraden h.

Symbolisch schreibt man: **II** $= (-2)\cdot$ **I** und sagt, dass die Gleichungen linear abhängig sind.

Die Untersuchung der gegenseitigen Lage von zwei Geraden des $\mathbb{R}^2$ (später von zwei Ebenen des $\mathbb{R}^3$), die in Normalenformen gegeben sind, vereinfacht sich wesentlich, wenn wir die folgende Vereinbarung treffen:

Vereinbarung

Wenn die Normalenformen von zwei (drei, ...) Geraden des $\mathbb{R}^2$ bei der Variablen x_1 jeweils Koeffizienten $\neq 0$ haben, so multiplizieren wir die Gleichungen mit geeigneten Zahlen so durch, dass dann alle Normalengleichungen bei x_1 *denselben* Koeffizienten haben.

Im Beispiel 1 sieht dies so aus:

$$\begin{array}{llll} g\colon & 2x_1 - 3x_2 + 7 = 0 & |\cdot 2 & \\ h\colon & -4x_1 + 6x_2 - 14 = 0 & |\cdot(-1) & \Rightarrow \end{array} \qquad \begin{array}{lll} g\colon & 4x_1 - 6x_2 + 14 = 0 & \mathbf{I'} \\ h\colon & 4x_1 - 6x_2 + 14 = 0 & \mathbf{II'} \end{array}$$

In der neuen Darstellung gilt dann: **I′ = II′**

Fall 2:

Die Geraden g und h sind zueinander **echt parallel**, wenn sie parallel, aber nicht identisch sind.
Statt *echt parallel* sagt man auch **getrennt parallel**.

Beispiel 2

$$\begin{array}{lll} g\colon & -3x_1 + 4x_2 + 5 = 0 & |\cdot(-2) \\ h\colon & 6x_1 - 8x_2 + 7 = 0 & |\cdot 1 \end{array}$$

Einigen wir uns auf denselben Koeffizienten 6 bei der Variablen x_1 (vergleiche obige Vereinbarung), dann erhalten wir für die beiden Geraden die folgenden Normalenformen:

$$\begin{array}{ll} g\colon & 6x_1 - 8x_2 - 10 = 0 \\ h\colon & 6x_1 - 8x_2 + 7 = 0 \end{array}$$

Der Vorteil der neuen Darstellung liegt nun darin, dass die beiden Geraden g und h mit *demselben* Normalenvektor $\vec{n}_g = \vec{n}_h = \begin{pmatrix} 6 \\ -8 \end{pmatrix}$ dargestellt sind. Das heißt aber, dass die Geraden g und h zueinander parallel liegen müssen.
Da die beiden Konstanten -10 und 7 in der vereinbarten Darstellung *nicht* übereinstimmen, können die Erfüllungsmengen der beiden Gleichungen nicht identisch sein.
Die beiden Geraden g und h des Beispiels 2 liegen daher zueinander *echt parallel*.

Abstand paralleler Geraden

Zwei getrennt parallele Geraden im $\mathbb{R}^2$ haben einen bestimmten Abstand voneinander. Wir können diesen Abstand berechnen, wenn wir von einem beliebigen Punkt einer der beiden Geraden das Lot auf die andere Gerade fällen und dann die Länge dieses Lotes ausrechnen.

Im Beispiel 2 wählen wir auf der Geraden $h\colon\ 6x_1 - 8x_2 + 7 = 0$ allgemein den Punkt $P(p_1; p_2)$.
In der Gleichung $6p_1 - 8p_2 + 7 = 0$ wählen wir nun speziell $p_1 = 0$ und erhalten $p_2 = \frac{7}{8}$.

Den Abstand des Punktes $P\left(0; \frac{7}{8}\right)$ von der Geraden $g\colon\ 6x_1 - 8x_2 - 10 = 0$ berechnen wir am einfachsten mithilfe der Abstandsformel aus dem Abschnitt 3.2:

$$d_{P;g} = \frac{|\vec{n} \cdot \vec{p} + n_0|}{|\vec{n}|} \qquad \text{(Beachte: } \vec{n} \cdot \vec{x} + n_0 = 0 \text{ ist Normalenform von } g\text{)}$$

Nebenrechnung:

$$\vec{n} \cdot \vec{p} + n_0 = \begin{pmatrix} 6 \\ -8 \end{pmatrix} \cdot \begin{pmatrix} 0 \\ \frac{7}{8} \end{pmatrix} - 10 = 0 - 7 - 10 = -17$$

$$|\vec{n}| = \sqrt{6^2 + (-8)^2} = \sqrt{36 + 64} = \sqrt{100} = 10$$

$$d_{P;g} = \frac{|-17|}{10} = \frac{17}{10} = 1{,}7$$

Die Geraden g und h des Beispiels 2 haben den Abstand 1,7 L.E.

Fall 3:

Die Geraden g und h des $\mathbb{R}^2$ schneiden sich in genau einem Punkt S, wenn sie nicht zueinander parallel liegen. In diesem Fall sind die zugehörigen Normalenvektoren (und damit auch die Richtungsvektoren) *linear unabhängig* und zeigen in verschiedene Richtungen.

Beispiel 3

$$\begin{aligned} g&\colon\ 2x_1 + 5x_2 - 4 = 0 \quad |\cdot 2 \\ h&\colon\ 4x_1 + 3x_2 + 6 = 0 \quad |\cdot 1 \end{aligned} \quad \Rightarrow \quad \begin{aligned} g&\colon\ 4x_1 + 10x_2 - 8 = 0 \\ h&\colon\ 4x_1 + 3x_2 + 6 = 0 \end{aligned} \quad \text{(neue Darstellung)}$$

In der neuen vereinbarten Darstellung der Normalenformen für die Geraden g und h sehen Sie sofort, dass die Normalenvektoren linear unabhängig sind:
$\begin{pmatrix} 4 \\ 10 \end{pmatrix} \neq k \cdot \begin{pmatrix} 4 \\ 3 \end{pmatrix}$

Die Geraden g und h des Beispiels 3 müssen sich in einem Punkt S schneiden. Die Koordinaten des Schnittpunkts lassen sich in der neuen Darstellung einfach berechnen:

Die Subtraktion $g - h$ liefert: $7x_2 - 14 = 0 \quad \Rightarrow \quad x_2 = 2$

Mit $x_2 = 2$ lautet g: $4x_1 + 20 - 8 = 0 \quad \Rightarrow \quad 4x_1 = -12 \quad \Rightarrow \quad x_1 = -3$

Die Geraden g und h schneiden sich im Punkt $S(-3; 2)$.

(Der Schnitt*winkel* zweier Geraden wird in Abschnitt 3.3.2 berechnet.)

Ursprungsgeraden

Für zwei Geraden der Ebene, die *beide* durch den Ursprung $O(0; 0)$ gehen, gibt es genau die zwei verschiedenen gegenseitigen Lagen, die in Figur 44 zu sehen sind.

Figur 44

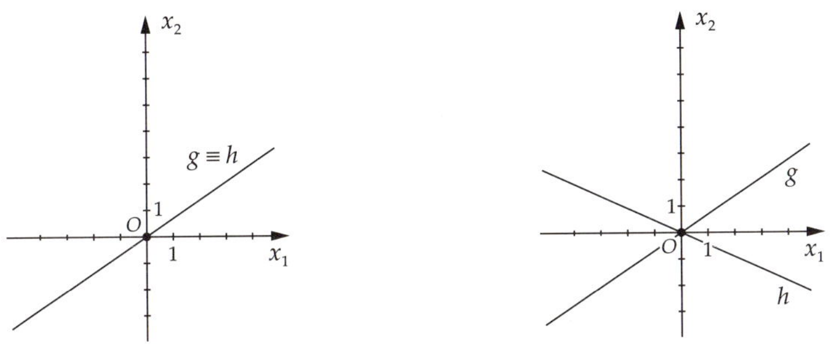

Fall 1 Fall 2

Fall 1:

Gehen die Geraden g und h durch den Ursprung O und sind sie zueinander parallel, dann sind g und h *identische* Geraden.

Beispiel 4

$$\begin{array}{ll} g: \; 3x_1 - 4x_2 = 0 & |\cdot 1 \\ h: \; -9x_1 + 12x_2 = 0 & |:(-3) \end{array} \quad \Rightarrow \quad \begin{array}{l} g: \; 3x_1 - 4x_2 = 0 \\ h: \; 3x_1 - 4x_2 = 0 \end{array}$$

In der vereinbarten Darstellung (gleicher Koeffizient bei x_1) sehen wir, dass beide Normalenformen für g und h denselben Normalenvektor $\begin{pmatrix} 3 \\ -4 \end{pmatrix}$ haben.

Die Gleichungen g: $3x_1 - 4x_2 = 0$ und h: $-3x_1 + 12x_2 = 0$ heißen **homogene Gleichungen**, da sie keine Konstante (kein absolutes Glied) enthalten und auf den rechten Seiten der Gleichungen jeweils die Zahl 0 steht.
Da solche Gleichungen immer durch das Zahlenpaar $(0; 0)$ erfüllt werden, liegt der Punkt $O(0; 0)$ sowohl auf der Geraden g als auch auf der Geraden h. Parallele Geraden, die einen Punkt gemeinsam haben, müssen aber identische Geraden sein.

Fall 2:

Beispiel 5 Gehen die Geraden g und h durch den Ursprung $O(0;0)$ und sind sie *nicht* zueinander parallel, dann schneiden sie sich genau im Ursprung O.

$$\begin{array}{ll} g\colon\ 3x_1 - 4x_2 = 0 & | \cdot 1 \\ h\colon\ 6x_1 + 12x_2 = 0 & | : 2 \end{array} \quad \Rightarrow \quad \begin{array}{l} g\colon\ 3x_1 - 4x_2 = 0 \\ h\colon\ 3x_1 + 6x_2 = 0 \end{array}$$

Aus der vereinbarten neuen Darstellung der Geraden g und h (gleicher Faktor bei x_1) sehen wir nun sofort, dass die Normalenvektoren $\vec{n}_g$ und $\vec{n}_h$ wegen $\begin{pmatrix} 3 \\ -4 \end{pmatrix} \neq k \cdot \begin{pmatrix} 3 \\ 6 \end{pmatrix}$ linear unabhängig sind.

Da die Normalenvektoren der Geraden g und h in verschiedene Richtungen zeigen, müssen sich diese Geraden in genau einem Punkt schneiden und dies ist der Ursprung $O(0;0)$, wie sich durch Einsetzen leicht nachweisen lässt.

Aufgabe 22 Untersuchen Sie die gegenseitige Lage der Geraden g und h und berechnen Sie – falls vorhanden – die Koordinaten des Schnittpunkts.

22.1 $g\colon\ 2x_1 - x_2 - 7 = 0$
$h\colon\ 4x_1 + x_2 - 5 = 0$

22.2 $g\colon\ 2x_1 - x_2 - 7 = 0$
$h\colon\ 4x_1 - 2x_2 - 10 = 0$

22.3 $g\colon\ 2x_1 - x_2 - 7 = 0$
$h\colon\ 4x_1 - 2x_2 - 14 = 0$

Aufgabe 23 Gegeben sind die beiden Geraden g und h durch:
$g\colon\ x_1 - 2x_2 - (a^2 + 2a) = 0;\quad h\colon\ -x_1 - ax_2 = 0$ mit $a \in \mathbb{R} \setminus \{-2\}$

Zeigen Sie, dass sich die beiden Geraden in genau einem Punkt S schneiden, und berechnen Sie die Koordinaten von S.

Aufgabe 24 Gegeben sind die beiden Geraden g und h durch:
$g\colon\ 3x_1 + 2x_2 - 2 = 0;\quad h\colon\ 5x_1 + 4x_2 - a = 0$ mit $a \in \mathbb{R}$.

Zeigen Sie, dass sich die Geraden g und h für jede Wahl von a in genau einem Punkt S schneiden, und berechnen Sie die Koordinaten des Punkts S.

3.3.2 Schnittwinkel zweier Geraden im $\mathbb{R}^2$

Schneiden sich zwei Geraden der Ebene in einem Punkt S, dann versteht man unter dem Schnittwinkel der Geraden den kleineren der dabei entstehenden Winkel. In der Figur 45 ist dies der Winkel φ. Im Fall 1 wird der Winkel φ von den im Punkt S angehängten Vektoren $\vec{r}_g$ und $\vec{r}_h$ gebildet. Im Fall 2 wird der Winkel φ von den Vektoren $(-\vec{r}_g)$ und $\vec{r}_h$ und im Fall 3 von den Vektoren $\vec{r}_g$ und $(-\vec{r}_h)$ gebildet.

Figur 45

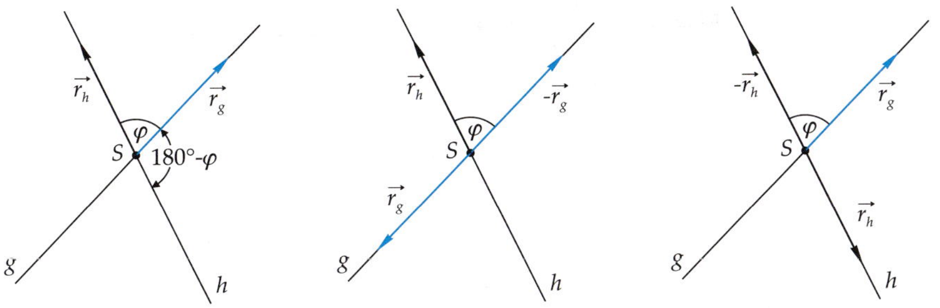

Fall 1 Fall 2 Fall 3

In Abschnitt 1.6.3 hatten wir gezeigt, wie man den Winkel zwischen zwei Vektoren mithilfe des Skalarprodukts berechnen kann. Wegen $0° \leqq \varphi \leqq 90°$ erhalten wir aus der Figur 45:

Fall 1: $\cos\varphi = \dfrac{\vec{r}_g \cdot \vec{r}_h}{|\vec{r}_g| \cdot |\vec{r}_h|}$ und $0° \leqq \varphi \leqq 90°$

Fall 2: $\cos\varphi = \dfrac{(-\vec{r}_g) \cdot \vec{r}_h}{|\vec{r}_g| \cdot |\vec{r}_h|}$ (Beachten Sie: $|-\vec{r}_g| = |\vec{r}_g|$)

Fall 3: $\cos\varphi = \dfrac{\vec{r}_g \cdot (-\vec{r}_h)}{|\vec{r}_g| \cdot |\vec{r}_h|}$ (Beachten Sie: $|-\vec{r}_h| = |\vec{r}_h|$)

Wegen $(-\vec{r}_g) \cdot \vec{r}_h = \vec{r}_g \cdot (-\vec{r}_h) = -(\vec{r}_g \cdot \vec{r}_h)$ können wir die Fälle 2 und 3 in einen Fall 2* zusammenfassen. Es sind also nur noch die folgenden beiden Fälle zu unterscheiden.

Fall 1: $\cos\varphi = \dfrac{\vec{r}_g \cdot \vec{r}_h}{|\vec{r}_g| \cdot |\vec{r}_h|}$ Fall 2*: $\cos\varphi = \dfrac{-(\vec{r}_g \cdot \vec{r}_h)}{|\vec{r}_g| \cdot |\vec{r}_h|}$

Gehen wir nun vom Skalarprodukt $\vec{r}_g \cdot \vec{r}_h$ auf den Betrag dieses Skalarprodukts, also auf $|\vec{r}_g \cdot \vec{r}_h|$ über, dann sind die Fälle 1 und 2* in der folgenden Formel zusammengefasst:

$$\cos\varphi = \frac{|\vec{r}_g \cdot \vec{r}_h|}{|\vec{r}_g| \cdot |\vec{r}_h|} \quad \text{und} \quad 0° \leqq \varphi \leqq 90°$$

Sind die beiden Geraden g und h *Geraden des Raums*, die sich im Punkt S schneiden, dann spannen ihre Richtungsvektoren $\vec{r}_g$ und $\vec{r}_h$ die so genannte „Verbindungsebene" auf. In dieser Verbindungsebene legen wir auch den kleineren der beiden Winkel als Schnittwinkel für zwei Geraden des Raums fest. Die Begründung der Formel zur Berechnung des Schnittwinkels ist dieselbe wie die im ebenen Fall. Nur haben die betrachteten Vektoren jetzt drei Koordinaten. Wir ersparen uns in Abschnitt 3.4.2 die erneute Herleitung und merken uns:

Der Schnittwinkel φ zwischen zwei Geraden g und h der Ebene oder des Raums wird mithilfe ihrer Richtungsvektoren $\vec{r}_g$ und $\vec{r}_h$ nach der folgenden Formel berechnet:

$$\cos\varphi = \frac{|\vec{r}_g \cdot \vec{r}_h|}{|\vec{r}_g| \cdot |\vec{r}_h|} \quad \text{und} \quad 0° \leqq \varphi \leqq 90°$$

Im Gegensatz zum Raum $\mathbb{R}^3$, in dem eine Gerade nur durch eine vektorielle Parametergleichung (= Vektorgleichung) beschrieben werden kann, kann man in der x_1-x_2-Ebene für eine Gerade stets eine Normalenform (= Koordinatengleichung) angeben.
Da die Normalenvektoren $\vec{n}_g$ und $\vec{n}_h$ der Geraden g und h auf den Richtungsvektoren $\vec{r}_g$ und $\vec{r}_h$ jeweils senkrecht stehen, kann in der Ebene der Schnittwinkel φ der beiden Geraden auch mithilfe ihrer Normalenvektoren berechnet werden:

Man kann den Schnittwinkel φ zwischen zwei Geraden g und h *der Ebene* auch mithilfe ihrer Normalenvektoren $\vec{n}_g$ und $\vec{n}_h$ berechnen. Es gilt:

$$\cos\varphi = \frac{|\vec{n}_g \cdot \vec{n}_h|}{|\vec{n}_g| \cdot |\vec{n}_h|} \quad \text{und} \quad 0° \leqq \varphi \leqq 90°$$

(Beachten Sie, dass in dieser Formel im Zähler der Betrag eines Skalarprodukts und im Nenner die Längen von Vektoren stehen.)

Beispiel 1 Zeigen Sie, dass sich die Geraden g: $1x_1 + 3x_2 - 9 = 0$ und h: $3x_1 - 4x_2 - 1 = 0$ der Ebene in einem Punkt schneiden, und berechnen Sie den Schnittwinkel dieser Geraden.

Die Normalenvektoren der Geraden lauten: $\vec{n}_g = \begin{pmatrix} 1 \\ 3 \end{pmatrix}$; $\vec{n}_h = \begin{pmatrix} 3 \\ -4 \end{pmatrix}$

Wegen $\begin{pmatrix} 1 \\ 3 \end{pmatrix} \neq k \cdot \begin{pmatrix} 3 \\ -4 \end{pmatrix}$ müssen sich die Geraden schneiden. Nach den Koordinaten des Schnittpunkts ist nicht gefragt.

Zur Berechnung des Schnittwinkels verwenden wir die Normalenvektoren der Geraden g und h:

$$\cos\varphi = \frac{\left|\begin{pmatrix} 1 \\ 3 \end{pmatrix} \cdot \begin{pmatrix} 3 \\ -4 \end{pmatrix}\right|}{\sqrt{1^2 + 3^2} \cdot \sqrt{3^2 + (-4)^2}} = \frac{|3 - 12|}{\sqrt{10} \cdot \sqrt{25}} = \frac{|-9|}{\sqrt{250}} = \frac{9}{\sqrt{250}} = 0{,}5692$$

$\Rightarrow$ Die Geraden g und h schneiden sich unter dem Winkel $\varphi = 55{,}30°$.

Beispiel 2

In der Ebene sind die drei Punkte $A(-2; 5)$, $B(7; 3)$ und $C(2; -5)$ gegeben. Berechnen Sie den Schnittwinkel φ zwischen der Verbindungsgeraden durch die Punkte A und B und der Verbindungsgeraden durch die Punkte A und C.

Wir stellen zunächst die Gleichungen der beiden Verbindungsgeraden g (durch die Punkte A und B) und h (durch die Punkte A und C) in einer vektoriellen Parameterform auf:

Da sich die beiden Geraden g und h im Punkt A schneiden, wählen wir diesen Punkt A mit dem Ortsvektor $\vec{a} = \begin{pmatrix} -2 \\ 5 \end{pmatrix}$ als Aufpunkt für die Gerade g und für die Gerade h.

Als Richtungsvektor der Geraden g nehmen wir:

$$\vec{r}_g = \overrightarrow{AB} = \vec{b} - \vec{a} = \begin{pmatrix} 7 \\ 3 \end{pmatrix} - \begin{pmatrix} -2 \\ 5 \end{pmatrix} = \begin{pmatrix} 9 \\ -2 \end{pmatrix}$$

Für die Gerade h wählen wir den Richtungsvektor:

$$\vec{r}_h = \overrightarrow{AC} = \vec{c} - \vec{a} = \begin{pmatrix} 2 \\ -5 \end{pmatrix} - \begin{pmatrix} -2 \\ 5 \end{pmatrix} = \begin{pmatrix} 4 \\ -10 \end{pmatrix}$$

$$g\colon\ \vec{x} = \begin{pmatrix} -2 \\ 5 \end{pmatrix} + s \cdot \begin{pmatrix} 9 \\ -2 \end{pmatrix}, \quad h\colon\ \vec{x} = \begin{pmatrix} -2 \\ 5 \end{pmatrix} + t \cdot \begin{pmatrix} 4 \\ -10 \end{pmatrix}, \quad s; t \in \mathbb{R}$$

Eine Umformung der Vektorformen von g und h in Normalenformen ist *nicht* erforderlich, da wir den Schnittwinkel zwischen den beiden Geraden g und h auch mithilfe der Richtungsvektoren berechnen können.

$$\cos\varphi = \frac{|\vec{r}_g \cdot \vec{r}_h|}{|\vec{r}_g| \cdot |\vec{r}_h|} \quad \text{und} \quad 0° \leqq \varphi \leqq 90°$$

Nebenrechnungen:

$$|\vec{r}_g \cdot \vec{r}_h| = \left| \begin{pmatrix} 9 \\ -2 \end{pmatrix} \cdot \begin{pmatrix} 4 \\ -10 \end{pmatrix} \right| = |9 \cdot 4 + (-2) \cdot (-10)| = |36 + 20| = |56| = 56$$

$$|\vec{r}_g| = \sqrt{9^2 + (-2)^2} = \sqrt{81 + 4} = \sqrt{85}; \quad |\vec{r}_h| = \sqrt{4^2 + (-10)^2} = \sqrt{116}$$

Damit erhalten wir: $\cos\varphi = \dfrac{56}{\sqrt{85} \cdot \sqrt{116}} = 0{,}5640$

$\Rightarrow \quad \varphi = 55{,}67°$ (auf zwei Stellen gerundet)

Die Geraden g und h schneiden sich unter dem Winkel $\varphi = 55{,}67°$.

Aufgabe 25

Zeigen Sie, dass sich die Geraden g und h in einem Punkt schneiden, und berechnen Sie jeweils den Schnittwinkel dieser Geraden:

25.1 $g\colon\ 12x_1 + 5x_2 - 65 = 0$
$h\colon\ -3x_1 - 4x_2 + 19 = 0$

25.2 $g\colon\ 9x_1 + 7x_2 - 52 = 0$
$h\colon\ 7x_1 - 9x_2 - 26 = 0$

3.3.3 Abstand Punkt - Gerade im $\mathbb{R}^2$

In Kapitel 3.2 hatten wir die so genannte „Abstandsformel" hergeleitet (vergleiche Seite 113). Für den Abstand $d_{P;\,g}$ eines Punktes $P(p_1;\,p_2)$ von der Geraden g: $n_1x_1 + n_2x_2 + n_0 = 0$ gilt in der Koordinatenschreibweise:

$$d_{P;\,g} = \frac{|\,n_1p_1 + n_2p_2 + n_0\,|}{\sqrt{{n_1}^2 + {n_2}^2}}$$

Diese Formel kann man sich leicht merken, wenn man ihren Aufbau mit der Normalenform der Geraden g: $n_1x_1 + n_2x_2 + n_0 = 0$ in Zusammenhang bringt:

- Im Zähler steht der *Betrag* der linken Gleichungsseite von g, wenn man dort die Koordinaten x_1 und x_2 durch die Koordinaten p_1 und p_2 des Punktes $P(p_1;\,p_2)$ ersetzt.
- Im Nenner steht die Länge $|\vec{n}|$ des Normalenvektors der Geraden g.

Da wir $\vec{n} \neq \vec{o}$ voraussetzen, gilt für die Länge $|\vec{n}| > 0$.
Das heißt aber, dass im Nenner der Formel für $d_{P;\,g}$ immer eine positive Zahl steht.

Für alle Punkte $P(p_1;\,p_2)$, die *auf der Geraden* g liegen, gilt $n_1p_1 + n_2p_2 + n_0 = 0$ und wir erhalten damit: $d_{P;\,g} = 0$

Liegt der Punkt $P(p_1;\,p_2)$ *nicht* auf der Geraden g, dann können seine Koordinaten die Gleichung g *nicht* erfüllen.
Aus $n_1p_1 + n_2p_2 + n_0 \neq 0$ folgt dann für den Betrag: $|\,n_1p_1 + n_2p_2 + n_0\,| > 0$
Für $P \notin g$ ist damit $d_{P;\,g} > 0$.

Dividiert man die Normalenform einer Geraden des $\mathbb{R}^2$ durch die Länge des Normalenvektors, also durch $|\vec{n}|$, dann nennt man die

Geradengleichung g: $\dfrac{n_1x_1 + n_2x_2 + n_0}{\sqrt{{n_1}^2 + {n_2}^2}} = 0$ eine **HESSE-Form** der Geradengleichung von g.

Entsprechendes gilt auch für Normalenformen von Ebenen im Raum.

Beispiel 1 Welchen Abstand hat der Punkt $P(-1;\,-6)$ von der Geraden g, die durch g: $3x_1 + 4x_2 - 3 = 0$ gegeben ist?

Wir setzen die Koordinaten von P in die Abstandsformel ein:

$$d_{P;\,g} = \frac{|\,3\cdot(-1) + 4\cdot(-6) - 3\,|}{\sqrt{3^2 + 4^2}} = \frac{|-3 - 24 - 3\,|}{\sqrt{25}} = \frac{|-30\,|}{5} = \frac{30}{5} = 6$$

Der Punkt P hat von der Geraden g den Abstand $d_{P;\,g} = 6$ L.E.

Beispiel 2

In der Ebene sind die beiden parallelen Geraden g und h gegeben:
$g\colon\ 7x_1 - 3x_2 + 10 = 0$, $h\colon\ 7x_1 - 3x_2 - 5 = 0$

Welchen Abstand haben diese Geraden zueinander?

Da alle Punkte der einen Geraden denselben Lotabstand von der anderen Geraden haben, legen wir zum Beispiel auf der Geraden g einen Punkt Q fest und berechnen dann $d_{Q;h}$.
Liegt der Punkt $Q(q_1; q_2)$ auf der Geraden g, dann gilt: $7q_1 - 3q_2 + 10 = 0$

Sie können $q_1 = 0$ wählen und dann aus dieser Gleichung die zugehörige Koordinate q_2 berechnen. Sie können ebenso $q_2 = 0$ wählen und dann die zugehörige Koordinate q_1 berechnen. Dabei kann es natürlich geschehen, dass man als Koordinaten Brüche erhält.

Um dies zu vermeiden, versucht man durch Probieren ganzzahlige Koordinaten eines Punktes Q zu finden. Der Punkt $Q(-1; 1)$ liegt auf der Geraden g:

$$d_{Q;h} = \frac{|7\cdot(-1) - 3\cdot 1 - 5|}{\sqrt{7^2 + (-3)^2}} = \frac{|-7-3-5|}{\sqrt{49+9}} = \frac{|-15|}{\sqrt{58}} = \frac{15}{\sqrt{58}}$$

Die beiden parallelen Geraden g und h haben den Abstand $\frac{15}{\sqrt{58}}$ L.E.

Sie können zum Beispiel auch den Punkt $R(2; 3)$ auf der Geraden h wählen und den Abstand $d_{R;g}$ berechnen:

$$d_{R;g} = \frac{|7\cdot 2 - 3\cdot 3 + 10|}{\sqrt{7^2 + (-3)^2}} = \frac{|14 - 9 + 10|}{\sqrt{58}} = \frac{|15|}{\sqrt{58}} = \frac{15}{\sqrt{58}}$$

Beispiel 3

Gegeben ist die Gerade $g\colon\ 3x_1 + 4x_2 + 12 = 0$.

Berechnen Sie die Gleichungen der beiden Geraden g_1 und g_2, die im Abstand 3 L.E. zur Geraden g parallel liegen.

Auf den ersten Blick scheint die Lösung dieser Aufgabe recht schwierig zu sein, da wir jetzt keinen Abstand eines Punktes mit festen Koordinaten berechnen können.
Wir überlegen nun Folgendes: Alle Punkte $X(x_1; x_2)$ des $\mathbb{R}^2$, für die $d_{X;g} = 3$ gilt, liegen entweder auf der Geraden g_1 oder auf g_2. Setzen wir die Koordinaten des Punktes $X(x_1; x_2)$ in die Abstandsformel ein, dann gilt:

$$\frac{|3x_1 + 4x_2 + 12|}{\sqrt{3^2 + 4^2}} = 3$$

$$\frac{|3x_1 + 4x_2 + 12|}{5} = 3 \qquad |\cdot 5$$

$$|3x_1 + 4x_2 + 12| = 15$$

➜

Wir lösen nun den Betrag auf und erhalten zwei Gleichungen, die jeweils eine Gerade beschreiben:

$$3x_1 + 4x_2 + 12 = 15 \quad \text{oder} \quad 3x_1 + 4x_2 + 12 = -15$$

$$\Rightarrow \quad 3x_1 + 4x_2 - 3 = 0 \quad \text{oder} \quad 3x_1 + 4x_2 + 27 = 0$$

Die Koordinaten der gesuchten Punkte $X(x_1; x_2)$ erfüllen diese Gleichungen.

Ergebnis:
Die beiden parallelen Geraden g_1: $3x_1 + 4x_2 - 3 = 0$ und g_2: $3x_1 + 4x_2 + 27 = 0$ haben von der Geraden g den Abstand 3 L. E.

Aufgabe 26 In der Ebene ist die Verbindungsgerade g durch die Punkte $A(-2; 5)$ und $B(7; 3)$ gegeben.
Welchen Abstand hat der Punkt $P(2; 9)$ von der Geraden g?

Aufgabe 27 In der Ebene sind die parallelen Geraden g, g_1 und g_2 gegeben:

g: $4x_1 - 3x_2 + 10 = 0$, $\quad g_1$: $4x_1 - 3x_2 + 30 = 0$, $\quad g_2$: $4x_1 - 3x_2 - 30 = 0$

27.1 Berechnen Sie die Abstände der Punkte $O(0; 0)$, $R(2; -8)$ und $S(-5; 3)$ von der Geraden g.

27.2 Welchen Abstand hat die Gerade g von der Geraden g_1?

27.3 Welchen Abstand haben die parallelen Geraden g_1 und g_2?

3.3.4 Spiegelpunkte

Wird in der Ebene ein Punkt P an einer Geraden g gespiegelt, dann gilt nach Figur 46:

Die Verbindungsgerade durch den Punkt P und den Spiegelpunkt P^* steht auf der Geraden g senkrecht. Die Strecke $\overline{PP^*}$ wird durch den Lotfußpunkt F halbiert.

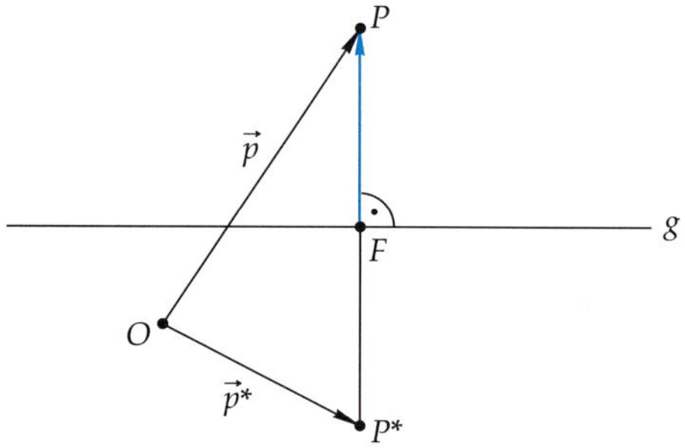

Figur 46

Der Ortsvektor $\vec{p}^*$ des Spiegelpunktes P^* kann mithilfe des Ortsvektors $\vec{p}$ des gegebenen Punktes P und des Lotvektors $\overrightarrow{FP}$ nach Figur 46 so dargestellt werden: $\vec{p}^* = \vec{p} + 2 \cdot (-\overrightarrow{FP})$

$$\vec{p}^* = \vec{p} - 2 \cdot \overrightarrow{FP}$$

In Kapitel 3.2 hatten wir gezeigt:
Hat die Gerade g die Normalenform g: $n_1x_1 + n_2x_2 + n_0 = 0$, dann wird der

Lotvektor $\overrightarrow{FP}$ nach der folgenden Formel berechnet:

$$\overrightarrow{FP} = \frac{n_1 p_1 + n_2 p_2 + n_0}{{n_1}^2 + {n_2}^2} \cdot \begin{pmatrix} n_1 \\ n_2 \end{pmatrix}$$

Berechnen Sie diesen Lotvektor immer in einer eigenen Nebenrechnung und setzen diesen dann in $\vec{p}^* = \vec{p} - 2 \cdot \overrightarrow{FP}$ ein.

Der Punkt $P(-2; 4)$ wird an der Geraden g: $x_1 - x_2 - 2 = 0$ in den Punkt P^* gespiegelt.
Welche Koordinaten hat der Punkt P^*?

Die Gerade g hat den Normalenvektor $\vec{n} = \begin{pmatrix} 1 \\ -1 \end{pmatrix}$. $\Rightarrow$ ${n_1}^2 + {n_2}^2 = 2$

$$\overrightarrow{FP} = \frac{1 \cdot (-2) - 1 \cdot 4 - 2}{2} \cdot \begin{pmatrix} 1 \\ -1 \end{pmatrix} = \frac{-8}{2} \cdot \begin{pmatrix} 1 \\ -1 \end{pmatrix} = -4 \cdot \begin{pmatrix} 1 \\ -1 \end{pmatrix} = \begin{pmatrix} -4 \\ 4 \end{pmatrix}$$

$$\vec{p}^* = \vec{p} - 2 \cdot \overrightarrow{FP} = \begin{pmatrix} -2 \\ 4 \end{pmatrix} - 2 \cdot \begin{pmatrix} -4 \\ 4 \end{pmatrix} = \begin{pmatrix} -2 \\ 4 \end{pmatrix} - \begin{pmatrix} -8 \\ 8 \end{pmatrix} = \begin{pmatrix} -2+8 \\ 4-8 \end{pmatrix} = \begin{pmatrix} 6 \\ -4 \end{pmatrix}$$

Ergebnis: Der Punkt $P(-2; 4)$ geht bei Spiegelung an der Geraden g in den Punkt $P^*(6; -4)$ über.

Aufgabe 28

Der Punkt $Q(-3; 9)$ wird an der Geraden g: $3x_1 - 4x_2 + 20 = 0$ gespiegelt.
Welche Koordinaten hat der Spiegelpunkt Q^*?

Winkelhalbierende Geraden

3.3.5

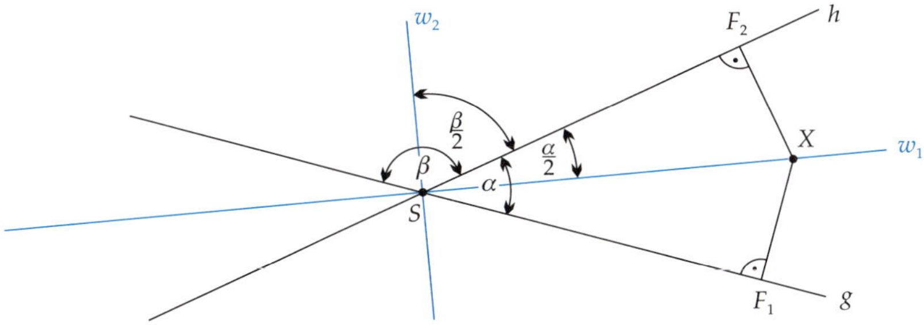

Figur 47

Vergleichen Sie in der Figur 47:
Schneiden sich in der Ebene die beiden Geraden g und h im Punkt S, so entstehen die beiden Winkel α und β mit $\alpha + \beta = 180°$.
Ist die Gerade w_1 die Winkelhalbierende des Winkels α und w_2 die Winkelhalbierende des Winkels β, dann schneiden sich die Geraden w_1 und w_2 unter dem Winkel $\frac{\alpha}{2} + \frac{\beta}{2}$.

Aus $\alpha + \beta = 180°$ folgt aber $\frac{\alpha}{2} + \frac{\beta}{2} = 90°$. Damit haben wir gezeigt, dass die Winkelhalbierenden w_1 und w_2 aufeinander senkrecht stehen.

Fällen wir von einem beliebigen Punkt $X\,(X \neq S)$ der Winkelhalbierenden w_1 die Lote auf die Geraden g und h, so entstehen die kongruenten Dreiecke SF_1X und SF_2X, in denen die entsprechenden Strecken $\overline{F_1X}$ und $\overline{F_2X}$ gleich lang sind.
Die Winkelhalbierende w_1 ist daher die Menge aller Punkte $X(x_1;\, x_2)$ der Ebene, die von den Geraden g und h jeweils denselben Abstand haben.

Die Gleichung $d_{X;\,g} = d_{X;\,h}$ gilt natürlich auch für alle Punkte $X(x_1;\, x_2)$ der Winkelhalbierenden w_2.

Schneiden sich in der Ebene die beiden Geraden g und h in einem Punkt S, dann gilt für alle Punkte $X(x_1;\, x_2)$ auf den Winkelhalbierenden:

$d_{X;\,g} = d_{X;\,h}$

Im folgenden Beispiel sehen Sie, wie man die Gleichungen der Winkelhalbierenden mithilfe der Abstandsformel (vergleiche Kapitel 3.2) aufstellen kann.

In der Ebene sind die Geraden g: $12x_1 + 5x_2 - 65 = 0$ und h: $-3x_1 - 4x_2 + 19 = 0$ gegeben. Die Geraden schneiden sich im Punkt $S(5;\, 1)$.
Gesucht sind die Gleichungen der beiden Winkelhalbierenden w_1 und w_2.

Ein beliebiger Punkt $X(x_1;\, x_2)$ der Ebene hat von der Geraden g nach der Abstandsformel den Abstand:

$$d_{X;\,g} = \frac{|12x_1 + 5x_2 - 65|}{\sqrt{12^2 + 5^2}} = \frac{|12x_1 + 5x_2 - 65|}{13}$$

Für den Abstand des Punktes $X(x_1;\, x_2)$ von der Geraden h gilt:

$$d_{X;\,h} = \frac{|-3x_1 - 4x_2 + 19|}{\sqrt{(-3)^2 + (-4)^2}} = \frac{|-3x_1 - 4x_2 + 19|}{5}$$

Die Bedingung $d_{X;\,g} = d_{X;\,h}$ liefert dann die Betragsgleichung:

$$\frac{|12x_1 + 5x_2 - 65|}{13} = \frac{|-3x_1 - 4x_2 + 19|}{5} \qquad |\cdot(5 \cdot 13)$$

$$5 \cdot |12x_1 + 5x_2 - 65| = 13 \cdot |-3x_1 - 4x_2 + 19|$$

$$|60x_1 + 25x_2 - 325| = |-39x_1 - 52x_2 + 247|$$

Diese Betragsgleichung wird nach folgendem Muster gelöst:

$$|A| = |B| \quad \Leftrightarrow \quad A = B \text{ oder } A = -B$$

Damit erhalten wir:

$$60x_1 + 25x_2 - 325 = -39x_1 - 52x_2 + 247 \quad \Rightarrow \quad \begin{aligned} 99x_1 + 77x_2 - 572 &= 0 \quad |:11 \\ 9x_1 + 7x_2 - 52 &= 0 \end{aligned}$$

oder

$$60x_1 + 25x_2 - 325 = 39x_1 + 52x_2 - 247 \quad \Rightarrow \quad \begin{aligned} 21x_1 - 27x_2 - 78 &= 0 \quad |:3 \\ 7x_1 - 9x_2 - 26 &= 0 \end{aligned}$$

Ergebnis:

Die Koordinaten aller Punkte $X(x_1; x_2)$ der Ebene, die von den beiden Geraden g und h jeweils denselben Abstand haben, müssen entweder die Gleichung $9x_1 + 7x_2 - 52 = 0$ oder die Gleichung $7x_1 - 9x_2 - 26 = 0$ erfüllen. Diese beiden Gleichungen sind daher Normalenformen der gesuchten Winkelhalbierenden w_1 und w_2.

w_1: $9x_1 + 7x_2 - 52 = 0$; w_2: $7x_1 - 9x_2 - 26 = 0$

Für das Skalarprodukt der Normalenvektoren gilt:

$$\vec{n}_{w_1} \cdot \vec{n}_{w_2} = \begin{pmatrix} 9 \\ 7 \end{pmatrix} \cdot \begin{pmatrix} 7 \\ -9 \end{pmatrix} = 63 - 63 = 0 \quad \Rightarrow \quad w_1 \perp w_2$$

Aufgabe 29

Gegeben sind die Geraden g und h durch:

$$g\colon \vec{x} = \begin{pmatrix} -2 \\ 13 \end{pmatrix} + t \cdot \begin{pmatrix} -5 \\ 12 \end{pmatrix} \quad h\colon \vec{x} = \begin{pmatrix} -1 \\ 4 \end{pmatrix} + u \cdot \begin{pmatrix} 4 \\ -3 \end{pmatrix} \quad t, u \in \mathbb{R}$$

29.1 Formen Sie die Gleichungen der Geraden g und h in Normalenformen um und zeigen Sie, dass sich die Geraden im Punkt $S(3; 1)$ schneiden.

29.2 Stellen Sie die Gleichungen der beiden Winkelhalbierenden w_1 und w_2 auf.

3.4 Geraden im Raum

3.4.1 Gegenseitige Lage von zwei Geraden im $\mathbb{R}^3$

Im Raum gibt es für die gegenseitige Lage von zwei Geraden vier Fälle:

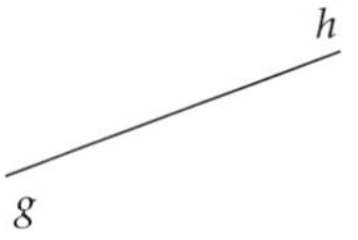

Fall 1 Die Geraden g und h sind identische Geraden.

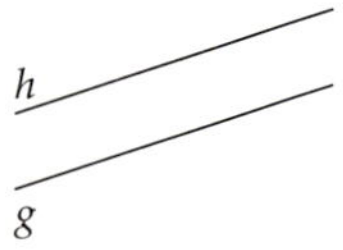

Fall 2 Die Geraden g und h liegen getrennt parallel zueinander.

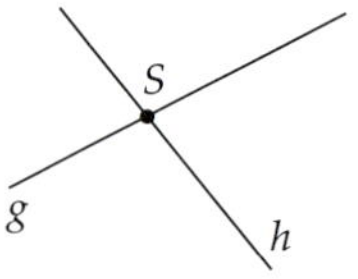

Fall 3 Die Geraden g und h schneiden sich in genau einem Punkt S.

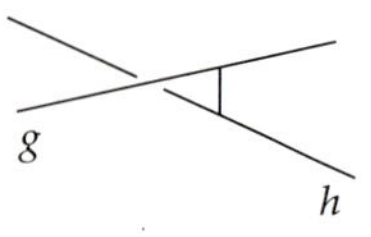

Fall 4 Die Geraden g und h sind weder parallel noch haben sie einen Punkt gemeinsam. Diese Geraden heißen dann zueinander **windschief**.

Sie werden in den folgenden Beispielen sehen, dass sich die gegenseitige Lage von zwei Geraden g: $\vec{x} = \vec{a} + s \cdot \vec{r}_g$ und h: $\vec{x} = \vec{b} + t \cdot \vec{r}_h$ $(s, t \in \mathbb{R})$ zwangsläufig von selbst ergibt, wenn Sie nicht planlos anfangen zu rechnen, sondern immer erst die Frage stellen:

Sind die Geraden g und h zueinander parallel?

Da zwei Geraden g und h genau dann parallel liegen, wenn ihre *Richtungsvektoren* $\vec{r}_g$ und $\vec{r}_h$ *linear abhängig* sind, müssen Sie überprüfen, ob in der Vektorgleichung $\vec{r}_g = k \cdot \vec{r}_h$ alle drei Koordinatengleichungen durch *dasselbe* k erfüllt werden.

Gilt nun $\vec{r}_g = k \cdot \vec{r}_h$, dann sind die Geraden g und h zunächst zueinander parallel. Parallele Geraden können aber identische Geraden sein oder sie können getrennt parallel zueinander liegen. Um dies zu entscheiden verwenden wir den folgenden Lehrsatz aus der Geometrie der Mittelstufe:

Haben zwei parallele Geraden *einen* Punkt gemeinsam, dannn haben sie *alle* Punkte gemeinsam und sind identische Geraden.

Damit ist aber ein Weg aufgezeigt, wie wir dies nachprüfen können: Wir untersuchen, ob zum Beispiel der Aufpunkt A der Geraden g ein Punkt der Geraden h ist oder ob der Aufpunkt B der Geraden h auch ein Punkt der Geraden g ist.

Wir rechnen nun zu allen vier Fällen der gegenseitigen Lage von zwei Geraden im Raum je ein Beispiel ausführlich vor.

Beispiel 1

Die Geraden g und h sind identisch

Gegeben sind die beiden Geraden g und h durch:

$$g\colon \vec{x} = \begin{pmatrix} -2 \\ 0 \\ 3 \end{pmatrix} + s \cdot \begin{pmatrix} 1 \\ -3 \\ 4 \end{pmatrix}, \quad h\colon \vec{x} = \begin{pmatrix} -3 \\ 3 \\ -1 \end{pmatrix} + t \cdot \begin{pmatrix} -2 \\ 6 \\ -8 \end{pmatrix}, \quad s, t \in \mathbb{R}$$

Sind die Geraden g und h parallel?

Der Ansatz $\vec{r}_g = k \cdot \vec{r}_h$ lautet: $\begin{pmatrix} 1 \\ -3 \\ 4 \end{pmatrix} = k \cdot \begin{pmatrix} -2 \\ 6 \\ -8 \end{pmatrix} \Rightarrow \left.\begin{matrix} 1 = -2k \\ -3 = 6k \\ 4 = -8k \end{matrix}\right\} \Rightarrow k = -\frac{1}{2}$

Da alle drei Koordinatengleichungen für $k = -\frac{1}{2}$ erfüllt sind, liegen die Geraden g und h zueinander parallel.

Wir untersuchen nun, ob die parallelen Geraden g und h *identische* Geraden sind. Dazu überprüfen wir, ob zum Beispiel der Aufpunkt $B(-3; 3; -1)$ der Geraden h auch auf der Geraden g liegt.

Nach dem Ersetzen des Ortsvektors $\vec{x}$ in der Geradengleichung von g durch den Ortsvektor des Punkts B müssen für identische Geraden alle drei Koordinatengleichungen durch denselben Wert des Parameters s erfüllt werden:

$$\begin{pmatrix} -3 \\ 3 \\ -1 \end{pmatrix} = \begin{pmatrix} -2 \\ 0 \\ 3 \end{pmatrix} + s \cdot \begin{pmatrix} 1 \\ -3 \\ 4 \end{pmatrix} \Rightarrow \begin{pmatrix} -1 \\ 3 \\ -4 \end{pmatrix} = s \cdot \begin{pmatrix} 1 \\ -3 \\ 4 \end{pmatrix} \Rightarrow \left.\begin{matrix} -1 = s \\ 3 = -3s \\ -4 = 4s \end{matrix}\right\} \Rightarrow s = -1$$

Die Geraden g und h des Beispiels 1 sind also identische Geraden.

Beispiel 2

Die Geraden g und h sind getrennt parallel

Gegeben sind die beiden Geraden g und h durch:

$$g\colon \vec{x} = \begin{pmatrix} 2 \\ -3 \\ 5 \end{pmatrix} + s \cdot \begin{pmatrix} -2 \\ 3 \\ 5 \end{pmatrix}, \quad h\colon \vec{x} = \begin{pmatrix} 0 \\ 1 \\ 0 \end{pmatrix} + t \cdot \begin{pmatrix} 4 \\ -6 \\ -10 \end{pmatrix}, \quad s, t \in \mathbb{R}$$

Liegen die Geraden g und h parallel?
Oder anders formuliert:
Sind die Richtungsvektoren $\vec{r}_g$ und $\vec{r}_h$ linear abhängig?

Ansatz: $\vec{r}_g = k \cdot \vec{r}_h \Rightarrow \begin{pmatrix} -2 \\ 3 \\ 5 \end{pmatrix} = k \cdot \begin{pmatrix} 4 \\ -6 \\ -10 \end{pmatrix} \Rightarrow \left.\begin{matrix} -2 = 4k \\ 3 = -6k \\ 5 = -10k \end{matrix}\right\} \Rightarrow k = -\frac{1}{2}$

Aus $\vec{r}_g = -\frac{1}{2} \cdot \vec{r}_h$ folgt, dass die beiden Geraden g und h zueinander parallel sind.

Sie können identische Geraden sein oder getrennt parallel zueinander liegen. Wir können dies entscheiden, indem wir überprüfen, ob zum Beispiel der Aufpunkt $B\,(0;1;0)$ der Geraden h auch auf der Geraden g liegt. Dazu setzen wir die Koordinaten von B in die Gleichung von g ein:

$$\begin{pmatrix} 0 \\ 1 \\ 0 \end{pmatrix} = \begin{pmatrix} 2 \\ -3 \\ 5 \end{pmatrix} + s \cdot \begin{pmatrix} -2 \\ 3 \\ 5 \end{pmatrix}$$

$$\Rightarrow \quad \begin{pmatrix} -2 \\ 4 \\ -5 \end{pmatrix} = s \cdot \begin{pmatrix} -2 \\ 3 \\ 5 \end{pmatrix} \quad \Rightarrow \quad \begin{array}{rcl} -2 = -2s & \Rightarrow & s = 1 \\ 4 = 3s & \Rightarrow & s = \frac{4}{3} \\ -5 = 5s & \Rightarrow & s = -1 \end{array}$$

Da sich verschiedene Werte für s ergeben, liegt der Punkt B der Geraden h *nicht* auf der Geraden g.

Die parallelen Geraden g und h sind daher getrennt parallele (echt parallele) Geraden.

Beispiel 3

Die Geraden g und h schneiden sich in genau einem Punkt

Gegeben sind die beiden Geraden g und h durch:

$$g\colon \vec{x} = \begin{pmatrix} 1 \\ -3 \\ -2 \end{pmatrix} + s \cdot \begin{pmatrix} 1 \\ -2 \\ 0 \end{pmatrix}, \quad h\colon \vec{x} = \begin{pmatrix} 2 \\ 5 \\ 3 \end{pmatrix} + t \cdot \begin{pmatrix} 3 \\ 4 \\ 5 \end{pmatrix}, \quad s, t \in \mathbb{R}$$

Sind die Geraden g und h parallel? Wir vergleichen die Richtungsvektoren:

$$\vec{r}_g = k \cdot \vec{r}_h \quad \Rightarrow \quad \begin{pmatrix} 1 \\ -2 \\ 0 \end{pmatrix} = k \cdot \begin{pmatrix} 3 \\ 4 \\ 5 \end{pmatrix} \quad \Rightarrow \quad \begin{array}{rcl} 1 = 3k & \Rightarrow & k = \frac{1}{3} \\ -2 = 4k & \Rightarrow & k = -\frac{1}{2} \\ 0 = 5k & \Rightarrow & k = 0 \end{array}$$

Da sich verschiedene Werte für k ergeben, können die Geraden g und h nicht parallel sein!

Ansatz zur Berechnung des Schnittpunkts S:

Wenn sich die beiden Geraden g und h in genau einem Punkt S schneiden, dann muss dieser Schnittpunkt S sowohl ein Punkt der Geraden g wie auch der Geraden h sein. Für den Ortsvektor $\vec{s}$ des Schnittpunkts S muss es dann feste Parameterwerte s_0 und t_0 geben, sodass gilt:

$$\vec{s} = \begin{pmatrix} 1 \\ -3 \\ -2 \end{pmatrix} + s_0 \cdot \begin{pmatrix} 1 \\ -2 \\ 0 \end{pmatrix} \quad \text{und zugleich} \quad \vec{s} = \begin{pmatrix} 2 \\ 5 \\ 3 \end{pmatrix} + t_0 \cdot \begin{pmatrix} 3 \\ 4 \\ 5 \end{pmatrix}$$

Gleichsetzen der beiden Ortsvektoren für den Schnittpunkt S liefert dann die Vektorgleichung:

$$\begin{pmatrix}1\\-3\\-2\end{pmatrix}+s_0\cdot\begin{pmatrix}1\\-2\\0\end{pmatrix}=\begin{pmatrix}2\\5\\3\end{pmatrix}+t_0\cdot\begin{pmatrix}3\\4\\5\end{pmatrix}\quad\Rightarrow\quad\begin{aligned}1+s_0&=2+3t_0\\-3-2s_0&=5+4t_0\\-2&=3+5t_0\end{aligned}$$

Geordnet erhalten wir ein Gleichungssystem von *drei* Gleichungen in *zwei* Variablen s_0 und t_o

$$\begin{aligned}s_0-3t_0&=\ \ 1 &&\textbf{I}\\-2s_0-4t_0&=\ \ 8 &&\textbf{II}\\5t_0&=-5 &&\textbf{III}\end{aligned}$$

Ein solches Gleichungssystem mit *drei* Gleichungen in *zwei* Gleichungsvariablen heißt **überbestimmt** und wird gelöst, indem man ein *„Teilsystem"* mit zwei Gleichungen löst und dann überprüft, ob die Lösung dieses Teilsystems auch die restliche Gleichung erfüllt.
Ist dies der Fall, dann hat das gesamte System eine eindeutige Lösung. Wird dagegen die restliche Gleichung von der Lösung des Teilsystems *nicht* erfüllt, dann hat das gesamte System *keine* Lösung.

Wir wählen das Teilsystem mit den Gleichungen **I** und **III**:

$$\begin{aligned}s_0-3t_0&=\ \ 1 &&\textbf{I}\\t_0&=-1 &&\textbf{III}\end{aligned}$$

Mit $t_0=-1$ aus **III** lautet dann **I**: $s_0+3=1 \quad\Rightarrow\quad s_0=-2$

Die Werte $t_0=-1$ und $s_0=-2$ müssen auch die verbliebene Gleichung **II** erfüllen, wenn sich die beiden Geraden g und h in genau einem Punkt S schneiden.
Linke Seite der Gleichung **II**: $-2\cdot(-2)-4\cdot(-1)=4+4=8$
Rechte Seite der Gleichung **II**: 8

Da die Gleichung **II** von der Lösung des Teilsystems **I, III** erfüllt wird, hat das gesamte System aus drei Gleichungen und zwei Gleichungsvariablen die Lösung $s_0=-2$ und $t_0=-1$.

Die Koordinaten des Schnittpunktes S erhalten wir nun, wenn wir entweder $s_0=-2$ in die Gleichung der Geraden g oder $t_0=-1$ in die Gleichung der Geraden h einsetzen.
Wir erhalten in beiden Fällen den Punkt $S(-1;1;-2)$.

Die Geraden g und h sind windschief

Beispiel 4

Gegeben sind die beiden Geraden g und h durch:

$$g\colon\ \vec{x}=\begin{pmatrix}5\\0\\3\end{pmatrix}+s\cdot\begin{pmatrix}0\\1\\1\end{pmatrix},\quad h\colon\ \vec{x}=\begin{pmatrix}2\\10\\-2\end{pmatrix}+t\cdot\begin{pmatrix}4\\3\\-4\end{pmatrix},\quad s,t\in\mathbb{R}$$

Sind die Geraden g und h parallel?

$$\vec{r}_g = k \cdot \vec{r}_h \quad \Rightarrow \quad \begin{pmatrix} 0 \\ 1 \\ 1 \end{pmatrix} = k \cdot \begin{pmatrix} 4 \\ 3 \\ -4 \end{pmatrix} \quad \Rightarrow \quad \begin{aligned} 0 &= 4k &\Rightarrow\quad k &= 0 \\ 1 &= 3k &\Rightarrow\quad k &= \frac{1}{3} \\ 1 &= -4k &\Rightarrow\quad k &= -\frac{1}{4} \end{aligned}$$

Wegen $\vec{r}_g \neq k \cdot \vec{r}_h$ sind die Geraden g und h *nicht* parallel. Sie können sich nur noch in genau einem Punkt S schneiden oder sie sind windschief.

Wir entscheiden dies, indem wir versuchen den Schnittpunkt zu berechnen:

$$\begin{pmatrix} 5 \\ 0 \\ 3 \end{pmatrix} + s_0 \cdot \begin{pmatrix} 0 \\ 1 \\ 1 \end{pmatrix} = \begin{pmatrix} 2 \\ 10 \\ -2 \end{pmatrix} + t_0 \cdot \begin{pmatrix} 4 \\ 3 \\ -4 \end{pmatrix} \quad \Rightarrow \quad \begin{aligned} 5 &= 2 + 4t_0 \\ s_0 &= 10 + 3t_0 \\ 3 + s_0 &= -2 - 4t_0 \end{aligned}$$

Geordnet erhalten wir drei Gleichungen in zwei Variablen:

$$\begin{aligned} 4t_0 &= 3 & \textbf{I} \\ 3t_0 - s_0 &= -10 & \textbf{II} \\ 4t_0 + s_0 &= -5 & \textbf{III} \end{aligned}$$

Wir lösen das Teilsystem mit den Gleichungen **I** und **II**:

$$\begin{aligned} 4t_0 &= 3 & \textbf{I} \\ 3t_0 - s_0 &= -10 & \textbf{II} \end{aligned}$$

Aus Gleichung **I** folgt $t_0 = \frac{3}{4}$ und damit aus Gleichung **II**:

$$3 \cdot \frac{3}{4} - s_0 = -10 \quad \Rightarrow \quad s_0 = \frac{9}{4} + 10 = \frac{49}{4}$$

Mit $t_0 = \frac{3}{4}$ und $s_0 = \frac{49}{4}$ überprüfen wir nun die verbliebene Gleichung **III**:

$$4 \cdot \frac{3}{4} + \frac{49}{4} = -5 \quad \Rightarrow \quad \frac{12 + 49}{4} = -5 \quad \Rightarrow \quad \frac{61}{4} = -5 \quad \text{↯ Widerspruch!}$$

Da die Berechnung eines Schnittpunkts S der beiden Geraden g und h auf einen Widerspruch führte, müssen die beiden nicht parallelen Geraden zueinander windschief sein.

Die in den Beispielen vorgeführten Lösungswege zur Untersuchung der gegenseitigen Lage von zwei Geraden des Raums stellen wir nun in einem Flussdiagramm dar:

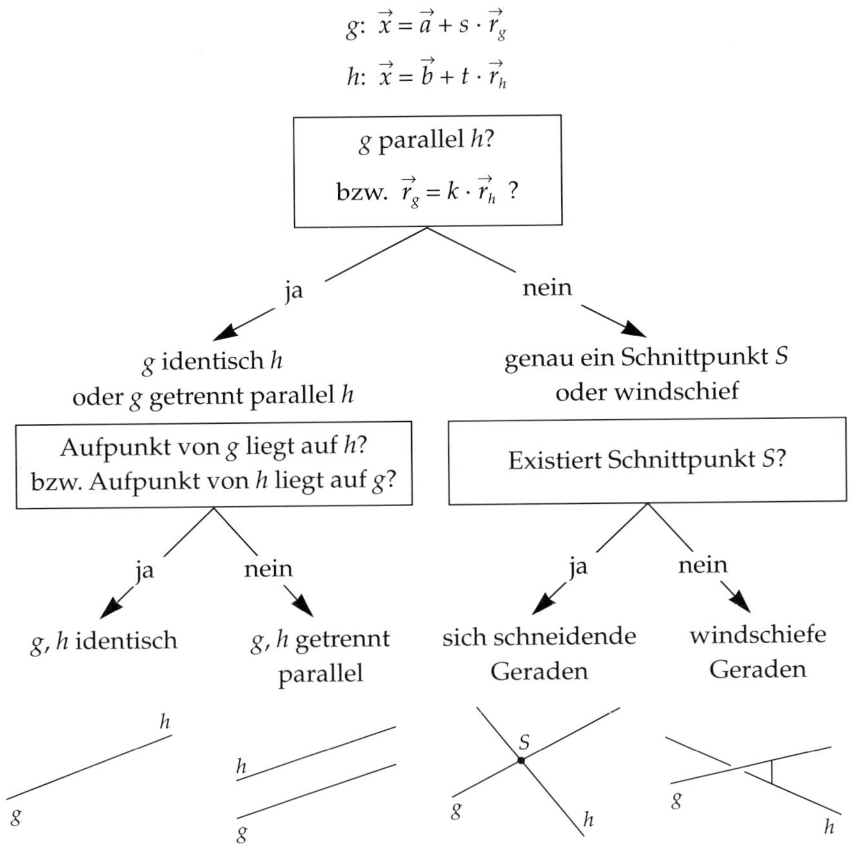

Schnittwinkel zweier Geraden im $\mathbb{R}^3$

3.4.2

Schneiden sich zwei Geraden g und h des Raums in einem Punkt S, so spannen sie eine Ebene auf. Betrachten wir nun die Geraden g und h als Geraden in dieser Ebene, dann können wir den Schnittwinkel von Geraden im Raum auffassen als Schnittwinkel von zwei Geraden in ihrer Verbindungsebene. Ebenso wie im $\mathbb{R}^2$ wird auch im $\mathbb{R}^3$ der kleinere der beiden Winkel als Schnittwinkel zwischen den Geraden festgelegt.

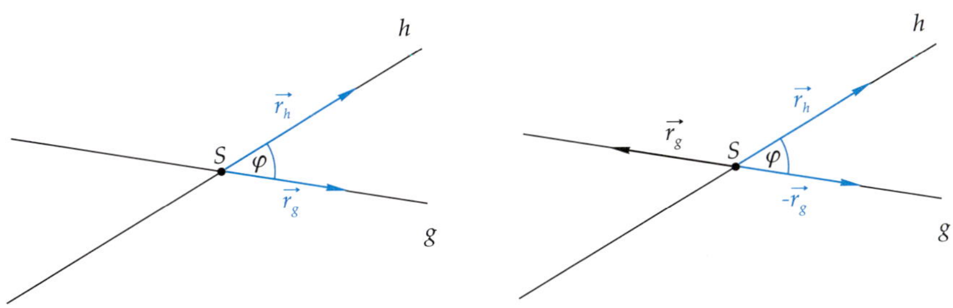

Figur 48

Im linken Teil der Figur 48 stimmt der Schnittwinkel φ der beiden Geraden mit dem Winkel zwischen ihren Richtungsvektoren $\vec{r}_g$ und $\vec{r}_h$ überein. Im rechten Teil der Figur 48 ist der Schnittwinkel φ der beiden Geraden aber der Winkel zwischen den Vektoren $(-\vec{r}_g)$ und $\vec{r}_h$.

In Abschnitt 3.3.2 hatten wir gezeigt, dass wir immer den spitzen Winkel φ erhalten, wenn wir ihn nach der folgenden Formel berechnen:

Der Schnittwinkel φ zwischen zwei Geraden des Raums mit den Richtungsvektoren $\vec{r}_g$ und $\vec{r}_h$ wird mit der folgenden Formel berechnet:

$$\cos\varphi = \frac{|\vec{r}_g \cdot \vec{r}_h|}{|\vec{r}_g| \cdot |\vec{r}_h|} \quad \text{und} \quad 0° < \varphi \leqq 90°$$

Gegeben sind die beiden Geraden g: $\vec{x} = \begin{pmatrix} 4 \\ 4 \\ -2 \end{pmatrix} + s \cdot \begin{pmatrix} 3 \\ 6 \\ -7 \end{pmatrix}$ und

h: $\vec{x} = \begin{pmatrix} 6 \\ -5 \\ 2 \end{pmatrix} + t \cdot \begin{pmatrix} -5 \\ 3 \\ 3 \end{pmatrix}$, die sich im Punkt $S(1; -2; 5)$ schneiden.

Gesucht ist der Schnittwinkel φ dieser Geraden.

$$\cos\varphi = \frac{|\vec{r}_g \cdot \vec{r}_h|}{|\vec{r}_g| \cdot |\vec{r}_h|} = \frac{\left| \begin{pmatrix} 3 \\ 6 \\ -7 \end{pmatrix} \cdot \begin{pmatrix} -5 \\ 3 \\ 3 \end{pmatrix} \right|}{\sqrt{94} \cdot \sqrt{43}} = \frac{|-15 + 18 - 21|}{\sqrt{94 \cdot 43}} = \frac{|-18|}{\sqrt{94 \cdot 43}} =$$

$$= \frac{18}{\sqrt{94 \cdot 43}} = 0{,}2831$$

$$\Rightarrow \quad \varphi = 73{,}55°$$

Die beiden Geraden g und h des Raums schneiden sich unter dem Winkel $\varphi = 73{,}55°$.

3.4.3 Winkel zwischen windschiefen Geraden

Zwei Geraden des Raums, die weder parallel sind noch einen Punkt gemeinsam haben, heißen zueinander „windschief“.

Durch die folgende Definition wird solchen Geraden ein Winkel (*kein* Schnittwinkel!) zugeordnet.

Unter dem Winkel zwischen windschiefen Geraden g und h versteht man den Winkel β zwischen ihren Richtungsvektoren.
Dabei gilt: $0° < \beta < 180°$

$$\cos\beta = \frac{\vec{r}_g \cdot \vec{r}_h}{|\vec{r}_g| \cdot |\vec{r}_h|} \quad \text{und} \quad 0° < \beta < 180°$$

Beispiel

Im Beispiel 4 des Abschnitts 3.4.1 hatten wir nachgewiesen, dass die folgenden Geraden g und h windschief sind:

$$g: \vec{x} = \begin{pmatrix} 5 \\ 0 \\ 3 \end{pmatrix} + s \cdot \begin{pmatrix} 0 \\ 1 \\ 1 \end{pmatrix}, \quad h: \vec{x} = \begin{pmatrix} 2 \\ 10 \\ -2 \end{pmatrix} + t \cdot \begin{pmatrix} 4 \\ 3 \\ -4 \end{pmatrix}, \quad s, t \in \mathbb{R}$$

Wir berechnen mit der obigen Formel den Winkel zwischen diesen windschiefen Geraden:

$$\cos\beta = \frac{\vec{r}_g \cdot \vec{r}_h}{|\vec{r}_g| \cdot |\vec{r}_h|} = \frac{\begin{pmatrix} 0 \\ 1 \\ 1 \end{pmatrix} \cdot \begin{pmatrix} 4 \\ 3 \\ -4 \end{pmatrix}}{\sqrt{2} \cdot \sqrt{41}} = \frac{0 + 3 - 4}{\sqrt{82}} = \frac{-1}{\sqrt{82}} = -0{,}1104$$

$$\Rightarrow \quad \beta = 96{,}34°$$

Abstand Punkt – Gerade im $\mathbb{R}^3$ 3.4.4

Gegeben sind die Gerade g des $\mathbb{R}^3$ in einer vektoriellen Parameterform und der Punkt Q, der nicht auf der Geraden g liegt.
Unter dem *Abstand* des Punkts Q von der Geraden g versteht man die Längenmaßzahl $\overline{FQ}$ der Strecke $[FQ]$, wobei der Punkt F auf der Geraden g liegt und die beiden Vektoren $\vec{r}_g$ und $\overrightarrow{FQ}$ aufeinander senkrecht stehen. Vergleichen Sie dies in der Figur 49.

Figur 49

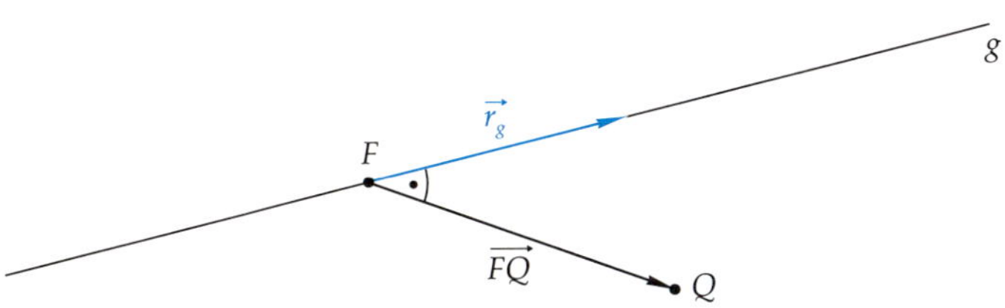

Der Abstand $\overline{FQ}$ kann durch verschiedene Lösungswege ermittelt werden. (Vergleichen Sie dazu Abschnitt 3.6.2.)

Wir zeigen im folgenden Beispiel, wie man mit einem beweglichen Punkt X der Geraden g und der Bedingung $\vec{r}_g \cdot \overrightarrow{FQ} = 0$ zunächst die Koordinaten des Punktes F und dann die Streckenlänge $\overline{FQ}$ berechnen kann.

Gegeben sind die Gerade $g\colon \vec{x} = \begin{pmatrix} 2 \\ 10 \\ -2 \end{pmatrix} + t \cdot \begin{pmatrix} 4 \\ 3 \\ -4 \end{pmatrix}$ mit $t \in \mathbb{R}$ und der Punkt $Q(5;3;6)$.
Gesucht ist die Länge der in Figur 49 eingezeichneten Strecke $[FQ]$.

Mithilfe der Koordinatengleichungen der Geraden g wird durch die Gleichungen $\begin{cases} f_1 = 2 + 4t_0 \\ f_2 = 10 + 3t_0 \\ f_3 = -2 - 4t_0 \end{cases}$ für eine noch unbekannte feste reelle Zahl t_0 der Punkt F so festgelegt, dass die Vektoren $\vec{r}_g$ und $\overrightarrow{FQ}$ dann aufeinander senkrecht stehen. In diesem Fall gilt: $\vec{r}_g \cdot \overrightarrow{FQ} = 0$

$$\overrightarrow{FQ} = \vec{q} - \vec{f} = \begin{pmatrix} 5 \\ 3 \\ 6 \end{pmatrix} - \begin{pmatrix} 2 + 4t_0 \\ 10 + 3t_0 \\ -2 - 4t_0 \end{pmatrix} = \begin{pmatrix} 3 - 4t_0 \\ -7 - 3t_0 \\ 8 + 4t_0 \end{pmatrix}$$

$$\vec{r}_g \cdot \overrightarrow{FQ} = 0 \quad \Rightarrow \quad \begin{pmatrix} 4 \\ 3 \\ -4 \end{pmatrix} \cdot \begin{pmatrix} 3 - 4t_0 \\ -7 - 3t_0 \\ 8 + 4t_0 \end{pmatrix} = 0$$

$$4(3 - 4t_0) + 3(-7 - 3t_0) - 4(8 + 4t_0) = 0$$

$$12 - 16t_0 - 21 - 9t_0 - 32 - 16t_0 = 0$$

$$-41t_0 - 41 = 0 \quad \Rightarrow \quad t_0 = -1$$

Mit $t_0 = -1$ können wir nun die festen Koordinaten des Punktes $F(2 + 4t_0; 10 + 3t_0; -2 - 4t_0) = F(-2; 7; 2)$ berechnen.

Nun hat auch der Vektor $\overrightarrow{FQ}$ feste Koordinaten:

$$\overrightarrow{FQ} = \vec{q} - \vec{f} = \begin{pmatrix} 5 \\ 3 \\ 6 \end{pmatrix} - \begin{pmatrix} -2 \\ 7 \\ 2 \end{pmatrix} = \begin{pmatrix} 7 \\ -4 \\ 4 \end{pmatrix}$$

$$|\overrightarrow{FQ}| = \sqrt{49 + 16 + 16} = \sqrt{81} = 9$$

Ergebnis:
Der Punkt $Q(5;3;6)$ hat von der Geraden g den Abstand 9 L.E.

Lösen Sie nach dem Muster dieses Beispiels die folgenden Aufgaben.

Aufgabe 30 Gegeben sind die Gerade $g\colon \vec{x} = \begin{pmatrix} 5 \\ 0 \\ 3 \end{pmatrix} + s \cdot \begin{pmatrix} 0 \\ 1 \\ 1 \end{pmatrix}$ und der Punkt $P(-2;7;2)$.
Berechnen Sie den Abstand des Punkts P von der Geraden g.

Berechnen Sie den Abstand des Punktes $P(9; 15; -6)$ von der Geraden

Aufgabe 31

$$\vec{g}\colon x = \begin{pmatrix} 0 \\ 2 \\ 1 \end{pmatrix} + s \cdot \begin{pmatrix} 1 \\ 2 \\ -3 \end{pmatrix}.$$

Abstand paralleler Geraden im Raum

3.4.5

Sind die beiden Geraden $g\colon \vec{x} = \vec{a} + s \cdot \vec{r}_g$ und $h\colon \vec{x} = \vec{b} + t \cdot \vec{r}_h$ getrennt parallel liegende Geraden, dann kann man den Abstand dieser Geraden so bestimmen:

Da alle Punkte der Geraden h von der Geraden g denselben Abstand haben, wählen wir zum Beispiel auf der Geraden h den Aufpunkt B und berechnen nach der in diesem Abschnitt besprochenen Methode den Abstand des Punktes B von der Geraden g.

Abstand windschiefer Geraden

3.4.6

Für windschiefe Geraden gibt es einen kleinsten Abstand d, sodass die Streckenlänge $\overline{PQ}$ (vergleichen Sie in der Figur 50) sowohl auf der Geraden g als auch auf der Geraden h senkrecht steht.

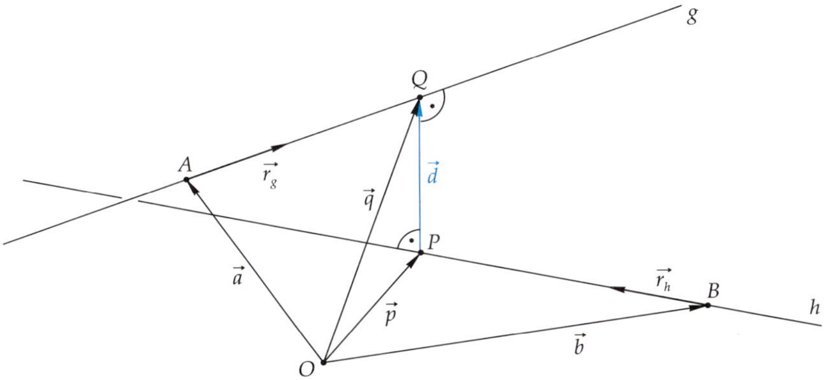

Figur 50

Ist in einer Aufgabe nicht nur der Abstand d der windschiefen Geraden zu berechnen, sondern sind auch die Koordinaten der beiden Lotfußpunkte P und Q anzugeben, dann müssen Sie den folgenden Lösungsweg einhalten:

Um den in der Figur 50 eingetragenen Vektor $\vec{d} = \overrightarrow{PQ}$ darzustellen, müssen wir zunächst die Ortsvektoren der Punkte P und Q durch feste Parameterwerte s_0 und t_0 auf den Geraden g und h fixieren:

$$\vec{p} = \vec{b} + t_0 \cdot \vec{r}_h, \qquad \vec{q} = \vec{a} + s_0 \cdot \vec{r}_g$$

$$\Rightarrow \quad \vec{d} = \overrightarrow{PQ} = \vec{q} - \vec{p} = \vec{a} + s_0 \cdot \vec{r}_g - \vec{b} - t_0 \cdot \vec{r}_h$$

$$\vec{d} = \vec{a} - \vec{b} + s_0 \cdot \vec{r}_g - t_0 \cdot \vec{r}_h$$

Durch Vertauschen der Gleichungsseiten erhalten wir:

$\vec{a} - \vec{b} + s_0 \cdot \vec{r}_g - t_0 \cdot \vec{r}_h = \vec{d}$

Da die Richtungsvektoren $\vec{r}_g$ und $\vec{r}_h$ jeweils auf dem Vektor $\vec{d}$ senkrecht stehen, gilt für die Skalarprodukte: $\vec{d} \cdot \vec{r}_g = 0$ und $\vec{d} \cdot \vec{r}_h = 0$

Der Trick besteht in Folgendem:

Wenn wir die Gleichung $\vec{a} - \vec{b} + s_0 \cdot \vec{r}_g - t_0 \cdot \vec{r}_h = \vec{d}$ nacheinander mit den Vektoren $\vec{r}_g$ und $\vec{r}_h$ skalar multiplizieren, dann erhalten wir jedes Mal auf der rechten Seite den Wert null, da sowohl der Vektor $\vec{r}_g$ als auch der Vektor $\vec{r}_h$ auf dem Vektor $\vec{d}$ senkrecht stehen. Wir erhalten so ein Gleichungssystem mit zwei Gleichungen für die unbekannten Zahlen s_0 und t_0.
Haben wir s_0 und t_0 berechnet, dann können wir die Koordinaten der Punkte P und Q und auch die Länge d des Vektors $\overrightarrow{PQ}$ angeben.

Wir rechnen dazu ein Beispiel ausführlich vor.

Wir verwenden wieder die beiden windschiefen Geraden g und h des Beispiels 4 aus Abschnitt 3.4.1:

$$g\colon \vec{x} = \begin{pmatrix} 5 \\ 0 \\ 3 \end{pmatrix} + s \cdot \begin{pmatrix} 0 \\ 1 \\ 1 \end{pmatrix}, \quad h\colon \vec{x} = \begin{pmatrix} 2 \\ 10 \\ -2 \end{pmatrix} + t \cdot \begin{pmatrix} 4 \\ 3 \\ -4 \end{pmatrix}, \quad s, t \in \mathbb{R}$$

Die Gleichung $\vec{a} - \vec{b} + s_0 \cdot \vec{r}_g - t_0 \cdot \vec{r}_h = \vec{d}$ lautet jetzt so:

$$\begin{pmatrix} 5 \\ 0 \\ 3 \end{pmatrix} - \begin{pmatrix} 2 \\ 10 \\ -2 \end{pmatrix} + s_0 \cdot \begin{pmatrix} 0 \\ 1 \\ 1 \end{pmatrix} - t_0 \cdot \begin{pmatrix} 4 \\ 3 \\ -4 \end{pmatrix} = \vec{d}$$

$$\begin{pmatrix} 3 \\ -10 \\ 5 \end{pmatrix} + s_0 \cdot \begin{pmatrix} 0 \\ 1 \\ 1 \end{pmatrix} - t_0 \cdot \begin{pmatrix} 4 \\ 3 \\ -4 \end{pmatrix} = \vec{d}$$

Wir multiplizieren diese Gleichung mit $\vec{r}_g = \begin{pmatrix} 0 \\ 1 \\ 1 \end{pmatrix}$ und beachten $\vec{d} \cdot \vec{r}_g = 0$:

$$\begin{pmatrix} 3 \\ -10 \\ 5 \end{pmatrix} \cdot \begin{pmatrix} 0 \\ 1 \\ 1 \end{pmatrix} + s_0 \cdot \begin{pmatrix} 0 \\ 1 \\ 1 \end{pmatrix} \cdot \begin{pmatrix} 0 \\ 1 \\ 1 \end{pmatrix} - t_0 \cdot \begin{pmatrix} 4 \\ 3 \\ -4 \end{pmatrix} \cdot \begin{pmatrix} 0 \\ 1 \\ 1 \end{pmatrix} = 0$$

$$\begin{aligned} 0 - 10 + 5 + s_0(0 + 1 + 1) - t_0(0 + 3 - 4) &= 0 \\ -5 + 2s_0 + t_0 &= 0 \\ 2s_0 + t_0 &= 5 \qquad \textbf{I} \end{aligned}$$

Nun multiplizieren wir die obige Vektorgleichung mit $\vec{r}_h = \begin{pmatrix} 4 \\ 3 \\ -4 \end{pmatrix}$ und beachten diesmal $\vec{d} \cdot \vec{r}_h = 0$:

$$\begin{pmatrix} 3 \\ -10 \\ 5 \end{pmatrix} \cdot \begin{pmatrix} 4 \\ 3 \\ -4 \end{pmatrix} + s_0 \cdot \begin{pmatrix} 0 \\ 1 \\ 1 \end{pmatrix} \cdot \begin{pmatrix} 4 \\ 3 \\ -4 \end{pmatrix} - t_0 \cdot \begin{pmatrix} 4 \\ 3 \\ -4 \end{pmatrix} \cdot \begin{pmatrix} 4 \\ 3 \\ -4 \end{pmatrix} = 0$$

$$\begin{aligned} 12 - 30 - 20 + s_0(0 + 3 - 4) - t_0(16 + 9 + 16) &= 0 \\ -38 - s_0 - 41t_0 &= 0 \\ -s_0 - 41t_0 &= 38 \qquad \textbf{II} \end{aligned}$$

Für die gesuchten Parameterwerte s_0 und t_0 erhalten wir das Gleichungssystem:

$$\begin{array}{lll} \textbf{I} & 2s_0 + t_0 = 5 & \\ \textbf{II} & -s_0 - 41t_0 = 38 & |\cdot 2 \end{array} \qquad \begin{array}{rl} 2s_0 + \quad t_0 = 5 & \textbf{I} \\ -2s_0 - 82t_0 = 76 & \textbf{II} \\ \hline -81t_0 = 81 & \\ t_0 = -1 & \end{array}$$

Mit $t_0 = -1$ folgt aus der Gleichung **I**: $2s_0 - 1 = 5 \quad \Rightarrow \quad 2s_0 = 6 \quad \Rightarrow \quad s_0 = 3$

Zum Punkt Q auf der Geraden g gehört der Parameterwert $s_0 = 3$.

$$\vec{q} = \begin{pmatrix} 5 \\ 0 \\ 3 \end{pmatrix} + 3 \cdot \begin{pmatrix} 0 \\ 1 \\ 1 \end{pmatrix} = \begin{pmatrix} 5 \\ 3 \\ 6 \end{pmatrix} \quad \Rightarrow \quad Q(5; 3; 6)$$

Zum Punkt P auf der Geraden h gehört der Parameterwert $t_0 = -1$.

$$\vec{p} = \begin{pmatrix} 2 \\ 10 \\ -2 \end{pmatrix} - 1 \cdot \begin{pmatrix} 4 \\ 3 \\ -4 \end{pmatrix} = \begin{pmatrix} -2 \\ 7 \\ 2 \end{pmatrix} \quad \Rightarrow \quad P(-2; 7; 2)$$

Nachdem wir nun die Punkte P und Q bzw. ihre Ortsvektoren $\vec{p}$ und $\vec{q}$ berechnet haben, können wir den Vektor $\vec{d}$ aufstellen und seine Länge berechnen:

$$\vec{d} = \overrightarrow{PQ} = \vec{q} - \vec{p} = \begin{pmatrix} 5 \\ 3 \\ 6 \end{pmatrix} - \begin{pmatrix} -2 \\ 7 \\ 2 \end{pmatrix} = \begin{pmatrix} 7 \\ -4 \\ 4 \end{pmatrix}$$

$$d = \overline{PQ} = |\vec{d}| = \sqrt{49 + 16 + 16} = \sqrt{81} = 9$$

Ergebnis:

Die beiden windschiefen Geraden g und h haben den Abstand 9 L.E. Die Lotfußpunkte des gemeinsamen Lotes der windschiefen Geraden sind die Punkte $Q(5; 3; 6)$ und $P(-2; 7; 2)$.

(Ist in einer Aufgabe nur nach dem Abstand von zwei windschiefen Geraden gefragt, dann verwenden Sie die einfachere Methode des Abschnitts 3.5.5.)

3.4.7 Winkelhalbierende Geraden

Wir betrachten im Raum die beiden Geraden g und h, die sich im Punkt S schneiden und durch vektorielle Parameterformen gegeben sind:

$g\colon\ \vec{x} = \vec{s} + t \cdot \vec{r}_g,$
$h\colon\ \vec{x} = \vec{s} + u \cdot \vec{r}_h, \quad t, u \in \mathbb{R}$

Figur 51

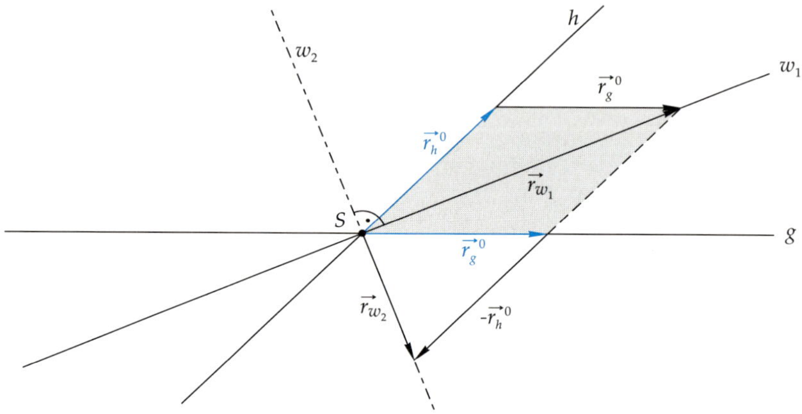

Die Geraden g und h spannen im Raum eine Ebene auf. Wählen wir nun im Raum einen Ort so, dass wir senkrecht auf diese Ebene blicken, dann sehen wir alle Längen und Winkel in ihrer wahren Größe.
In der Figur 51 werden die von den Geraden g und h gebildeten Winkel durch die Geraden w_1 und w_2 jeweils halbiert. Auch diese Winkelhalbierenden w_1 und w_2 liegen in der von den Geraden g und h aufgespannten Ebene.

Da es im Raum *keine* Normalenformen für Geraden gibt, hilft uns die Abstandsformel aus dem Kapitel 3.2 hier nicht weiter.
Wir greifen zurück auf den aus der Mittelstufe bekannten Lehrsatz, dass in einer Raute (= ebenes Viereck mit vier gleich langen Seiten) die *Innenwinkel von den Diagonalen halbiert* werden.

Dividieren wir die Richtungsvektoren $\vec{r}_g$ und $\vec{r}_h$ durch ihre Länge, also durch $|\vec{r}_g|$ bzw. durch $|\vec{r}_h|$, so erhalten wir dadurch so genannte **Richtungseinheitsvektoren** $\vec{r}_g^{\,0}$ und $\vec{r}_h^{\,0}$ mit der Länge 1 L. E., die wir als Seitenvektoren einer Raute betrachten. Die Diagonalen dieser Raute sind dann Richtungsvektoren der gesuchten Winkelhalbierenden.

Für die Richtungsvektoren der Winkelhalbierenden w_1 und w_2 gilt dann nach Figur 51:

$$\vec{r}_{w_1} = \vec{r}_g^{\,0} + \vec{r}_h^{\,0} \quad \text{und} \quad \vec{r}_{w_2} = \vec{r}_g^{\,0} - \vec{r}_h^{\,0}$$

Wählen wir den Schnittpunkt S der Geraden g und h als Aufpunkt für die Winkelhalbierenden, dann können wir diese in einer vektoriellen Parameterform so angeben:

$$w_1\colon\ \vec{x} = \vec{s} + m \cdot (\vec{r}_g^{\,0} + \vec{r}_h^{\,0}), \quad w_2\colon\ \vec{x} = \vec{s} + k \cdot (\vec{r}_g^{\,0} - \vec{r}_h^{\,0}), \quad m, k \in \mathbb{R}$$

➡➡➡➡➡➡

Gegeben sind die beiden Geraden $g\colon \vec{x} = \begin{pmatrix} 5 \\ 9 \\ -1 \end{pmatrix} + s \cdot \begin{pmatrix} 4 \\ 7 \\ -4 \end{pmatrix}$ und $h\colon \vec{x} = \begin{pmatrix} -1 \\ 3 \\ 5 \end{pmatrix} + t \cdot \begin{pmatrix} -2 \\ 1 \\ 2 \end{pmatrix}$, die sich im Punkt $S(1; 2, 3)$ schneiden.

Winkelhalbierende w_1 aufstellen:

$$\vec{r}_g = \begin{pmatrix} 4 \\ 7 \\ -4 \end{pmatrix}; \quad |\vec{r}_g| = \sqrt{16+49+16} = \sqrt{81} = 9 \quad \Rightarrow \quad \vec{r}_g^{\,0} = \frac{1}{9} \cdot \begin{pmatrix} 4 \\ 7 \\ -4 \end{pmatrix}$$

$$\vec{r}_h = \begin{pmatrix} -2 \\ 1 \\ 2 \end{pmatrix}; \quad |\vec{r}_h| = \sqrt{4+1+4} = \sqrt{9} = 3 \quad \Rightarrow \quad \vec{r}_h^{\,0} = \frac{1}{3} \cdot \begin{pmatrix} -2 \\ 1 \\ 2 \end{pmatrix}$$

$$\vec{r}_{w_1} = \vec{r}_g^{\,0} + \vec{r}_h^{\,0} = \frac{1}{9} \cdot \begin{pmatrix} 4 \\ 7 \\ -4 \end{pmatrix} + \frac{1}{3} \cdot \begin{pmatrix} -2 \\ 1 \\ 2 \end{pmatrix} = \frac{2}{9} \cdot \begin{pmatrix} -1 \\ 5 \\ 1 \end{pmatrix}$$

Da die Vektoren $\frac{2}{9} \cdot \begin{pmatrix} -1 \\ 5 \\ 1 \end{pmatrix}$ und $\begin{pmatrix} -1 \\ 5 \\ 1 \end{pmatrix}$ linear abhängig (parallel) sind, wählen wir zur Darstellung der Winkelhalbierenden w_1 den einfacheren Richtungsvektor $\begin{pmatrix} -1 \\ 5 \\ 1 \end{pmatrix}$.

$$w_1\colon \vec{x} = \begin{pmatrix} 1 \\ 2 \\ 3 \end{pmatrix} + m \cdot \begin{pmatrix} -1 \\ 5 \\ 1 \end{pmatrix}, \quad m \in \mathbb{R}$$

Winkelhalbierende w_2 aufstellen:

$$\vec{r}_{w_2} = \vec{r}_g^{\,0} - \vec{r}_h^{\,0} = \frac{1}{9} \cdot \begin{pmatrix} 4 \\ 7 \\ -4 \end{pmatrix} - \frac{1}{3} \cdot \begin{pmatrix} -2 \\ 1 \\ 2 \end{pmatrix} = \frac{2}{9} \cdot \begin{pmatrix} 5 \\ 2 \\ -5 \end{pmatrix}$$

Auch hier wählen wir den einfacheren Vektor $\begin{pmatrix} 5 \\ 2 \\ -5 \end{pmatrix}$, der von $\vec{r}_{w_2}$ linear abhängig ist, als Richtungsvektor für die Winkelhalbierende w_2.

$$w_2\colon \vec{x} = \begin{pmatrix} 1 \\ 2 \\ 3 \end{pmatrix} + k \cdot \begin{pmatrix} 5 \\ 2 \\ -5 \end{pmatrix}, \quad k \in \mathbb{R}$$

Auch im Raum stehen die beiden Winkelhalbierenden w_1 und w_2 aufeinander senkrecht. Für das Skalarprodukt $\vec{r}_{w_1} \cdot \vec{r}_{w_2}$ muss sich der Wert null ergeben.

➜

Dabei spielt es keine Rolle, dass wir die beiden Richtungsvektoren in ihrer Länge verändert haben:

$$\begin{pmatrix}-1\\5\\1\end{pmatrix}\cdot\begin{pmatrix}5\\2\\-5\end{pmatrix} = -5+10-5 = 0 \quad\Rightarrow\quad w_1 \perp w_2$$

3.5 Ebenen

3.5.1 Gegenseitige Lage von zwei Ebenen

Für die gegenseitige Lage von zwei Ebenen E_1 und E_2 im $\mathbb{R}^3$ kann nur einer der drei Fälle eintreten, die in der Figur 52 dargestellt sind.

Figur 52

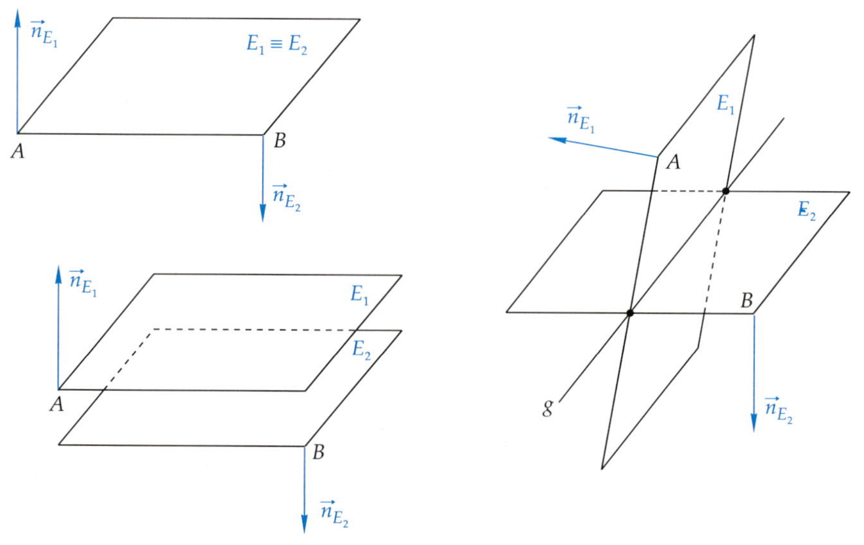

Fall 1 Die Ebenen E_1 und E_2 sind identische Ebenen.

Fall 2 Die Ebenen E_1 und E_2 liegen getrennt (echt) parallel zueinander.

Fall 3 Die Ebenen E_1 und E_2 schneiden sich längs einer Geraden, die **Schnittgerade** dieser Ebenen genannt wird.

Da für die gegenseitige Lage von zwei Ebenen die zugehörigen Normalenvektoren dieser Ebenen eine entscheidende Rolle spielen, führt man die Untersuchung am einfachsten mithilfe der Normalenformen der Ebenen durch. Aus der Figur 52 können wir folgern, dass zwei Ebenen genau dann parallel zueinander liegen, wenn ihre Normalenvektoren parallel sind.

Die geometrische Eigenschaft „parallel sein“ wird rechnerisch auf die lineare Abhängigkeit der zugehörigen Normalenvektoren der beiden Ebenen zurückgeführt. Dabei wenden wir noch einen kleinen Trick an:

Wir machen den Faktor der linearen Abhängigkeit zur Zahl 1, indem wir die Normalenformen mit geeigneten Zahlen multiplizieren, sodass dann bei der Koordinate x_1 in beiden Normalenformen derselbe Koeffizient steht. Fehlt die Koordinate x_1 in beiden Ebenengleichungen, dann soll bei x_2 derselbe Koeffizient stehen.

Beispiel 1

Welche gegenseitige Lage haben die Ebenen E_1 und E_2?

$$E_1: -3x_1 + 5x_2 - 2x_3 + 18 = 0 \quad |\cdot(-2)$$
$$E_2: 6x_1 - 10x_2 + 4x_3 - 36 = 0 \quad |\cdot 1$$

$$E_1: 6x_1 - 10x_2 + 4x_3 - 36 = 0$$
$$E_2: 6x_1 - 10x_2 + 4x_3 - 36 = 0$$

Die Ebenen E_1 und E_2 sind identische Ebenen, da sie durch dieselben Normalenformen beschrieben werden können.

Beispiel 2

Welche gegenseitige Lage haben die Ebenen E_1 und E_2?

$$E_1: 2x_1 - 5x_2 + 3x_3 + 25 = 0 \quad |\cdot 2$$
$$E_2: -4x_1 + 10x_2 - 6x_3 + 30 = 0 \quad |\cdot(-1)$$

$$E_1: 4x_1 - 10x_2 + 6x_3 + 50 = 0$$
$$E_2: 4x_1 - 10x_2 + 6x_3 - 30 = 0$$

Wegen $\vec{n}_{E_1} = \vec{n}_{E_2} = \begin{pmatrix} 4 \\ -10 \\ 6 \end{pmatrix}$ sind die Ebenen E_1 und E_2 parallel. Sie sind aber keine identischen Ebenen, da in der vereinbarten Normalenform (gleicher Koeffizient bei x_1) wegen $50 \neq -30$ die beiden Konstanten *nicht* übereinstimmen.

Beispiel 3

Welche gegenseitige Lage haben die Ebenen E_1 und E_2?

$$E_1: 3x_1 - 5x_2 + 12x_3 - 4 = 0 \quad |\cdot 5$$
$$E_2: -5x_1 + 7x_2 - 9x_3 + 6 = 0 \quad |\cdot(-3)$$

$$E_1: 15x_1 - 25x_2 + 60x_3 - 20 = 0$$
$$E_2: 15x_1 - 21x_2 + 27x_3 - 18 = 0$$

Diese beiden Ebenen müssen sich längs einer Geraden schneiden, da ihre Normalenvektoren *nicht* parallel bzw. *nicht* linear abhängig sind. In Abschnitt 3.5.3 werden wir zeigen, wie man diese Schnittgerade zweier Ebenen berechnen kann.

3.5.2 Winkel zwischen zwei Ebenen

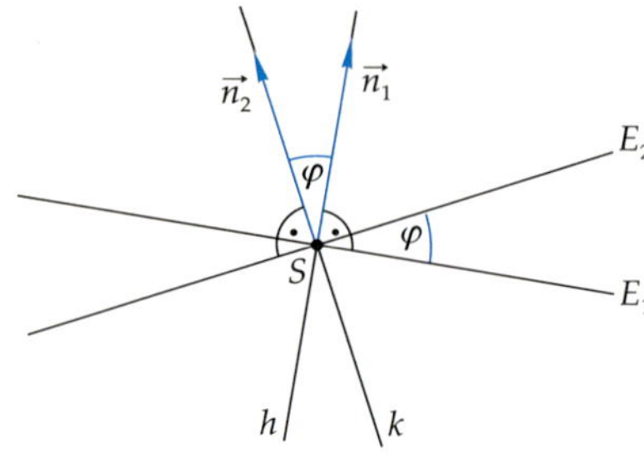

Figur 53

Im letzten Beispiel des Abschnitts 3.5.1 schneiden sich die Ebenen E_1 und E_2 in einer Geraden. Blicken wir nun längs dieser Schnittgeraden g, so sehen wir die Schnittgerade g als Punkt und die beiden Ebenen als Geraden. Vergleichen Sie dies in der Figur 53.

Den Winkel φ zwischen zwei Ebenen können wir nun so auf den Winkel zwischen zwei Geraden des Raums zurückführen:

Ist $\vec{s}$ der Ortsvektor eines beliebigen Punktes S der Schnittgeraden, dann können wir mit den Normalenvektoren $\vec{n}_1$ und $\vec{n}_2$ der Ebenen E_1 und E_2 die folgenden Lotgeraden h und k aufstellen:

$h\colon\ \vec{x} = \vec{s} + t \cdot \vec{n}_1, \quad k\colon\ \vec{x} = \vec{s} + m \cdot \vec{n}_2, \quad t, m \in \mathbb{R}$

Da die Normalenvektoren auf den Ebenen senkrecht stehen, geht bei einer Drehung mit der Schnittgeraden als Drehachse für den Drehwinkel φ die Ebene E_1 in die Ebene E_2 und die Gerade h in die Gerade k über. Es ist daher sinnvoll, den Winkel φ zwischen den Lotgeraden h und k als Winkel zwischen den Ebenen zu erklären.

Sind die Ebenen E_1 und E_2 mit den Normalenvektoren $\vec{n}_1$ und $\vec{n}_2$ weder parallel noch zueinander senkrecht, dann wird der kleinere der beiden Winkel zwischen den Normalenvektoren $\vec{n}_1$ und $\vec{n}_2$ als **Schnittwinkel** φ der Ebenen festgelegt.

$$\cos\varphi = \frac{|\vec{n}_1 \cdot \vec{n}_2|}{|\vec{n}_1| \cdot |\vec{n}_2|} \quad \text{und} \quad 0° < \varphi < 90°$$

(Vergleichen Sie dazu die Berechnung des spitzen Winkels zwischen zwei Vektoren im Abschnitt 3.4.2.)

- Gilt $\vec{n}_1 = k \cdot \vec{n}_2$, dann liegen die Ebenen E_1 und E_2 zueinander parallel und man setzt: $\varphi = 0°$
- Für $\vec{n}_1 \cdot \vec{n}_2 = 0$ stehen die Ebenen E_1 und E_2 aufeinander senkrecht und man setzt in diesem Fall: $\varphi = 90°$

Beispiel Berechnen Sie den Schnittwinkel φ der beiden Ebenen:

E_1: $4x_1 + 1x_2 + 3x_3 - 62 = 0$
E_2: $3x_1 + 0x_2 - 8x_3 - 24 = 0$

Nebenrechnungen: $\vec{n}_1 = \begin{pmatrix} 4 \\ 1 \\ 3 \end{pmatrix}$; $|\vec{n}_1| = \sqrt{16+1+9} = \sqrt{26}$

$\vec{n}_2 = \begin{pmatrix} 3 \\ 0 \\ -8 \end{pmatrix}$; $|\vec{n}_2| = \sqrt{9+0+64} = \sqrt{73}$

$$\cos\varphi = \frac{|\vec{n}_1 \cdot \vec{n}_2|}{|\vec{n}_1| \cdot |\vec{n}_2|} = \frac{\left|\begin{pmatrix} 4 \\ 1 \\ 3 \end{pmatrix} \cdot \begin{pmatrix} 3 \\ 0 \\ -8 \end{pmatrix}\right|}{\sqrt{26} \cdot \sqrt{73}} = \frac{|12+0-24|}{\sqrt{26 \cdot 73}} = \frac{|-12|}{\sqrt{26 \cdot 73}} =$$

$$= \frac{12}{\sqrt{26 \cdot 73}} = 0{,}2754$$

$\Rightarrow \quad \varphi = 74{,}01°$

Ergebnis:

Die Ebenen E_1 und E_2 schneiden sich unter dem Winkel $\varphi = 74{,}01°$.

Schnittgerade zweier Ebenen 3.5.3

Zwei *nicht* parallele Ebenen E und E^* schneiden sich längs einer Geraden g, die **Schnittgerade** dieser Ebenen genannt wird.
Eine vektorielle Parameterform der Schnittgeraden g kann man nach zwei verschiedenen Methoden aufstellen.

Lösungsweg 1:

Auf der Schnittgeraden g liegen alle Punkte $X(x_1; x_2; x_3)$ des Raums, welche sowohl die Gleichung der Ebene E als auch die Gleichung der Ebene E^* erfüllen. Damit erhalten wir zunächst die beiden Gleichungen:

$X \in E$: $n_1x_1 + n_2x_2 + n_3x_3 + n_0 = 0$ **I**

$X \in E^*$: $n_1^*x_1 + n_2^*x_2 + n_3^*x_3 + n_0^* = 0$ **II**

Alle Punkte $X(x_1; x_2; x_3)$ erfüllen mit ihren Koordinaten auch die Gleichung:

$0 \cdot x_1 + 0 \cdot x_2 + 0 \cdot x_3 = 0$ **III**

Auf diesem Umweg erhalten wir ein lineares Gleichungssystem mit drei Gleichungen in drei Variablen. Lösen wir nun dieses Gleichungssystem mit dem GAUSS'schen Eliminationsverfahren, dann erhalten wir als Lösungsmenge die Koordinaten aller Punkte der gesuchten Schnittgeraden g.

E: $4x_1 + 1x_2 + 3x_3 = 62$ **I**

E^*: $3x_1 + 0x_2 - 4x_3 = 24$ **II**

$\mathbb{R}^3$: $0x_1 + 0x_2 + 0x_3 = 0$ **III**

Wir lösen dieses Gleichungssystem mit dem GAUSS'schen Eliminationsverfahren:

x_1	x_2	x_3	RS	
4	1	3	62	$\mid \cdot 3$
3	0	–4	24	$\mid \cdot (-4)$
0	0	0	0	
4	1	3	62	
0	3	25	90	
0	0	0	0	

12	3	9	186
–12	0	16	–96
0	3	25	90

Damit haben wir die „Dreiecksform" erreicht und können wegen der Nullzeile eine Variable als Parameter einführen.
Mit $x_3 = t \in \mathbb{R}$ können wir nun durch Rückeinsetzung die restlichen Variablen x_2 und x_1 mithilfe des Parameters t darstellen.

$$3x_2 + 25t = 90 \quad \Rightarrow \quad 3x_2 = 90 - 25t \quad \Rightarrow \quad x_2 = \frac{90 - 25t}{3}$$

$$4x_1 + \frac{90 - 25t}{3} + \frac{9t}{3} = \frac{186}{3} \quad \Rightarrow \quad 4x_1 = \frac{186 - 90 - 9t + 25t}{3} = \frac{96 + 16t}{3}$$

$$x_1 = \frac{4 \cdot (24 + 4t)}{3 \cdot 4} = \frac{24 + 4t}{3}$$

Ergebnis:

$$\left.\begin{aligned} x_1 &= \frac{24 + 4t}{3} &&= 8 + t \cdot \frac{4}{3} \\ x_2 &= \frac{90 - 25t}{3} &&= 30 + t \cdot \left(-\frac{25}{3}\right) \\ x_3 &= t &&= 0 + t \cdot 1 \end{aligned}\right\} \quad g\colon \vec{x} = \begin{pmatrix} 8 \\ 30 \\ 0 \end{pmatrix} + t \cdot \begin{pmatrix} \frac{4}{3} \\ -\frac{25}{3} \\ 1 \end{pmatrix}$$

Wir klammern aus dem Richtungsvektor $\frac{1}{3}$ aus und nehmen den einfacheren Vektor $\begin{pmatrix} 4 \\ -25 \\ 3 \end{pmatrix}$ als Richtungsvektor für g.

Schnittgerade $g\colon \vec{x} = \begin{pmatrix} 8 \\ 30 \\ 0 \end{pmatrix} + k \cdot \begin{pmatrix} 4 \\ -25 \\ 3 \end{pmatrix}, \quad k \in \mathbb{R}$

Lösungsweg 2:

Wenn in Ihrem Bundesland das GAUSS'sche Eliminationsverfahren nicht im Lehrplan enthalten ist, dann können Sie eine vektorielle Parameterform der Schnittgeraden g zweier Ebenen E und E^* auch so aufstellen:

Mit den noch unbekannten Koordinaten eines speziellen Aufpunktes A (Ortsvektor $\vec{a}$) und dem noch zu bestimmenden Richtungsvektor $\vec{r}_g$ machen wir für die Schnittgerade g der Ebenen E und E^* den Ansatz:

$g\colon \vec{x} = \vec{a} + t \cdot \vec{r}_g, \; t \in \mathbb{R}$

In Schritt 1 berechnen wir einen Richtungsvektor $\vec{r}_g$ der Schnittgeraden g. In Schritt 2 werden dann die Koordinaten eines speziellen Aufpunktes A der Schnittgeraden ermittelt.

Gegeben sind die beiden Ebenen E und E^* durch:

$$E\colon\; 4x_1 + 1x_2 + 3x_3 - 62 = 0 \qquad \vec{n} = \begin{pmatrix} 4 \\ 1 \\ 3 \end{pmatrix}, \quad \vec{n}^* = \begin{pmatrix} 3 \\ 0 \\ -4 \end{pmatrix}$$

$$E^*\colon\; 3x_1 + 0x_2 - 4x_3 - 24 = 0$$

Zeigen Sie, dass sich die beiden Ebenen schneiden, und berechnen Sie eine Gleichung der Schnittgeraden.

Wegen $\vec{n} \neq k \cdot \vec{n}^*$ müssen sich die beiden Ebenen schneiden.

Schritt 1:

Der Normalenvektor $\vec{n}$ der Ebene E steht senkrecht auf der Ebene E und damit auch senkrecht auf jeder Geraden, die in dieser Ebene E liegt. Ebenso steht der Normalenvektor $\vec{n}^*$ der Ebene E^* senkrecht auf jeder Geraden in der Ebene E^*.

Da die Schnittgerade g der Ebenen E und E^* sowohl als Gerade in E als auch als Gerade in E^* aufgefasst werden kann, gilt: Die Normalenvektoren $\vec{n}$ und $\vec{n}^*$ stehen jeweils senkrecht auf der Schnittgeraden g.

Da das Vektorprodukt $\vec{n} \times \vec{n}^*$ ein Vektor ist, der auf den beiden Vektoren $\vec{n}$ und $\vec{n}^*$ jeweils senkrecht steht, können wir den Vektor $\vec{n} \times \vec{n}^*$ als Richtungsvektor $\vec{r}_g$ der Schnittgeraden g nehmen:

$\vec{r}_g = \vec{n} \times \vec{n}^*$

Richtungsvektor $\vec{r}_g$ mit dem bekannten Schema berechnen: $\begin{array}{c|cccc} 4 & 1 & 3 & 4 & 1 \\ 3 & 0 & -4 & 3 & 0 \end{array}$

$$r_1 = \begin{vmatrix} 1 & 3 \\ 0 & -4 \end{vmatrix} = -4, \quad r_2 = \begin{vmatrix} 3 & 4 \\ -4 & 3 \end{vmatrix} = 9 + 16 = 25, \quad r_3 = \begin{vmatrix} 4 & 1 \\ 3 & 0 \end{vmatrix} = -3$$

$$\vec{r}_g = \begin{pmatrix} -4 \\ 25 \\ -3 \end{pmatrix}$$

Mit $\vec{r}_g$ lautet nun der Ansatz für die Schnittgerade g:

$$g\colon\ \vec{x} = \begin{pmatrix} a_1 \\ a_2 \\ a_3 \end{pmatrix} + t \cdot \begin{pmatrix} -4 \\ 25 \\ -3 \end{pmatrix}, \quad t \in \mathbb{R}$$

Schritt 2:

Zur Berechnung der Koordinaten eines speziellen Aufpunktes A der Schnittgeraden g erhalten wir das Gleichungssystem:

$$\begin{aligned} A \in E\colon&\ 4a_1 + 1a_2 + 3a_3 = 62 && \mathbf{I} \\ A \in E^*\colon&\ 3a_1 + 0a_2 - 4a_3 = 24 && \mathbf{II} \end{aligned}$$

Dieses Gleichungssystem besteht aus zwei Gleichungen mit den drei Variablen a_1, a_2 und a_3.
Da wir aber nur eine spezielle Lösung brauchen, versuchen wir zunächst für $a_3 = 0$ die zugehörigen Werte von a_1 und a_2 zu berechnen:

$$\begin{aligned} 4a_1 + 1a_2 &= 62 && \mathbf{I'} \\ 3a_1 + 0a_2 &= 24 && \mathbf{II'} \\ \Rightarrow \quad 3a_1 &= 24 \quad \Rightarrow \quad a_1 = 8 \end{aligned}$$

Mit $a_1 = 8$ lautet die Gleichung I′: $4 \cdot 8 + 1a_2 = 62 \quad \Rightarrow \quad a_2 = 62 - 32$

$$a_2 = 30$$

Ergebnis:

Der spezielle Punkt $A\,(8; 30; 0)$ ist ein Punkt der Schnittgeraden g.

Mit dem speziellen Aufpunkt $A\,(8; 30; 0)$ können wir nun eine vektorielle Parameterform der Schnittgeraden g der Ebenen E und E^* angeben:

$$g\colon\ \vec{x} = \begin{pmatrix} 8 \\ 30 \\ 0 \end{pmatrix} + t \cdot \begin{pmatrix} -4 \\ 25 \\ -3 \end{pmatrix}, \quad t \in \mathbb{R}$$

Bemerkung

Bei der Berechnung eines speziellen Aufpunktes $A\,(a_1; a_2; a_3)$ konnten wir für $a_3 = 0$ das Gleichungssystem:

$$\begin{aligned} 4a_1 + 1a_2 &= 62 && \mathbf{I} \\ 3a_1 + 0a_2 &= 24 && \mathbf{II} \end{aligned}$$

eindeutig lösen, da für die Koeffizientendeterminante gilt:

$$\begin{vmatrix} 4 & 1 \\ 3 & 0 \end{vmatrix} = 4 \cdot 0 - 1 \cdot 3 = 0 - 3 = -3 \neq 0$$

Diese Determinante ist aber die *Nennerdeterminante*, wenn wir das Gleichungssystem nach der Regel von CRAMER lösen. Dieselbe Determinante trat auch in Schritt 1 bei der Berechnung der Koordinaten des Vektors $\vec{r}_g = \vec{n} \times \vec{n}^*$ auf. Dort war es die Koordinate $r_3 = -3$.

Berechnen Sie die Koordinaten des speziellen Aufpunktes $A(a_1; 0; a_3)$, also für $a_2 = 0$, dann lautet das Gleichungssystem: $4a_1 + 3a_3 = 62$ **I′**

$3a_1 - 4a_3 = 24$ **II′**

Bei der Berechnung der Variablen a_1 und a_3 nach der Regel von CRAMER tritt jetzt die Nennerdeterminante $\begin{vmatrix} 4 & 3 \\ 3 & -4 \end{vmatrix} = -16 - 9 = -25 = -r_2$ auf.

Wählen wir schließlich $a_1 = 0$, dann ist das Gleichungssystem

$1a_2 + 3a_3 = 62$ **I″**

$0a_2 - 4a_3 = 24$ **II″**

zu lösen. In der Regel von CRAMER tritt jetzt die Nennerdeterminante auf:

$$\begin{vmatrix} 1 & 3 \\ 0 & -4 \end{vmatrix} = -4 = r_1$$

Da für linear unabhängige Vektoren $\vec{n}$ und $\vec{n}^*$ der Vektor $\vec{n} \times \vec{n}^* = \vec{r}_g = \begin{pmatrix} r_1 \\ r_2 \\ r_3 \end{pmatrix}$ nicht der Nullvektor $\begin{pmatrix} 0 \\ 0 \\ 0 \end{pmatrix}$ sein kann, muss mindestens eine der Zahlen r_1, r_2, r_3 von null verschieden sein.
Dies heißt mit anderen Worten, dass mindestens eine der Wahlen $a_1 = 0$ oder $a_2 = 0$ oder $a_3 = 0$ zu einer eindeutigen Lösung für die restlichen Variablen führt!

Aufgabe 32

Gegeben sind die Ebenen E und E^*: $E: 1x_1 - 2x_2 + 2x_3 + 8 = 0$

$E^*: 2x_1 - 4x_2 - 4x_3 + 6 = 0$

Zeigen Sie, dass sich die beiden Ebenen schneiden, und berechnen Sie eine Gleichung der Schnittgeraden g nach dem Lösungsweg 1 und dem Lösungsweg 2.

3.5.4 Abstand Punkt - Ebene

Fällen wir von einem Punkt $B \notin E$ das Lot auf die Ebene E, so erhalten wir den Lotfußpunkt F. Vergleichen Sie dazu die Figur 54.

Figur 54

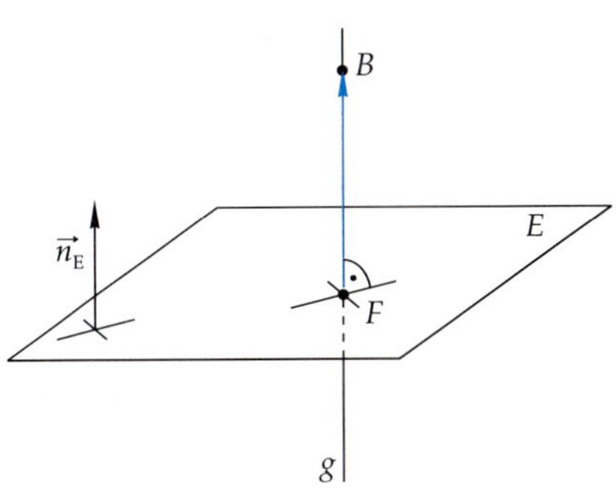

Unter dem Abstand des Punktes B von der Ebene E versteht man die Länge des vom Punkt B auf die Ebene E gefällten Lotes.
In der Figur 54 ist dies die Länge der Strecke $\overline{FB}$ oder $\overline{BF}$, die wir mit $d_{B;\,E}$ bezeichnen.

Lautet eine Normalenform für die Ebene E: $n_1x_1 + n_2x_2 + n_3x_3 + n_0 = 0$ und ist der Abstand des Punktes $B(b_1; b_2; b_3)$ von dieser Ebene E zu berechnen, dann verwenden wir die „Abstandsformel" aus dem Kapitel 3.2:

$$d_{B;\,E} = \frac{|n_1b_1 + n_2b_2 + n_3b_3 + n_0|}{\sqrt{n_1^2 + n_2^2 + n_3^2}}$$

Beispiel Welchen Abstand hat der Punkt $B(5; 8; -2)$ von der Ebene E: $2x_1 - 1x_2 + 2x_3 - 10 = 0$?

$$d_{B;\,E} = \frac{|2\cdot 5 - 1\cdot 8 + 2\cdot(-2) - 10|}{\sqrt{2^2 + (-1)^2 + 2^2}} = \frac{|10 - 8 - 4 - 10|}{\sqrt{4+1+4}} = \frac{|-12|}{\sqrt{9}} = \frac{12}{3} = 4$$

Der Punkt B hat von der Ebene E den Abstand 4 L.E.

3.5.5 Abstand windschiefer Geraden

In der Figur 55 sehen Sie die beiden windschiefen Geraden g: $\vec{x} = \vec{a} + s\cdot\vec{r}_g$ und h: $\vec{x} = \vec{b} + t\cdot\vec{r}_h$

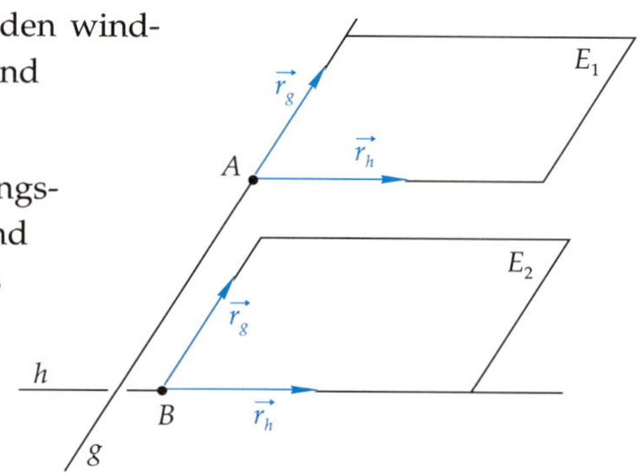

Figur 55

Verschieben wir nun den Richtungsvektor $\vec{r}_h$ der Geraden h parallel und hängen Vielfache dieses Vektors im Aufpunkt A der Geraden g an, so entsteht die Vektorgleichung einer Ebene E_1. Ebenso können wir Vielfache des Vektors $\vec{r}_g$ im Aufpunkt B der Geraden h anfügen und so eine Vektorgleichung einer Ebene E_2 aufstellen. Diese Ebenen E_1 und E_2 liegen dann zueinander getrennt parallel, da sie von denselben Richtungsvektoren $\vec{r}_g$ und $\vec{r}_h$ aufgespannt werden und die beiden Geraden g und h nach Voraussetzung windschief sind.
Wir legen nun fest:

Unter dem Abstand von zwei windschiefen Geraden versteht man den Abstand der von ihnen aufgespannten Parallelebenen.

In der Figur 55 haben zum Beispiel alle Punkte der Ebene E_2 denselben Lotabstand von der Ebene E_1. Wir können daher für einen beliebigen Punkt der Ebene E_2 den Abstand zur Ebene E_1 berechnen und haben damit den Abstand der Ebenen E_1 und E_2 bestimmt. Als beliebiger Punkt der Ebene E_2 bietet sich der Aufpunkt B der Geraden h an.
Sie können auch einen Punkt in der Ebene E_1 wählen, zum Beispiel den Aufpunkt A der Geraden g, und den Abstand des Punktes A von der Ebene E_2 ausrechnen.

Wir verwenden noch einmal die beiden windschiefen Geraden g und h des Beispiels 4 in Abschnitt 3.4.1:

$$g\colon \vec{x} = \begin{pmatrix} 5 \\ 0 \\ 3 \end{pmatrix} + s \cdot \begin{pmatrix} 0 \\ 1 \\ 1 \end{pmatrix}, \quad h\colon \vec{x} = \begin{pmatrix} 2 \\ 10 \\ -2 \end{pmatrix} + t \cdot \begin{pmatrix} 4 \\ 3 \\ -4 \end{pmatrix}, \quad s, t \in \mathbb{R}$$

Aufpunkt $A(5; 0; 3)$ Aufpunkt $B(2; 10; -2)$

Wir hängen nun Vielfache des Vektors $\vec{r}_h = \begin{pmatrix} 4 \\ 3 \\ -4 \end{pmatrix}$ im Aufpunkt A der Geraden g an und erhalten so eine vektorielle Parameterform der Ebene E_1:

$$E_1\colon \vec{x} = \begin{pmatrix} 5 \\ 0 \\ 3 \end{pmatrix} + s \cdot \begin{pmatrix} 0 \\ 1 \\ 1 \end{pmatrix} + t \cdot \begin{pmatrix} 4 \\ 3 \\ -4 \end{pmatrix}, \quad s, t \in \mathbb{R}$$

Damit wir den Abstand des Punktes $B(2; 10; -2)$ der Ebene E_2 von der Ebene E_1 mithilfe der Abstandsformel aus dem Kapitel 3.2 ausrechnen können, formen wir die Gleichung der Ebene E_1 in eine Normalenform um. Dazu bestimmen wir das Vektorprodukt $\vec{r}_g \times \vec{r}_h = \vec{n}$ nach dem bekannten Schema:

$$\begin{array}{c|cccc} 0 & 1 & 1 & 0 & 1 \\ 4 & 3 & -4 & 4 & 3 \end{array}$$

$$n_1 = \begin{vmatrix} 1 & 1 \\ 3 & -4 \end{vmatrix} = -4 - 3 = -7, \quad n_2 = \begin{vmatrix} 1 & 0 \\ -4 & 4 \end{vmatrix} = 4, \quad n_3 = \begin{vmatrix} 0 & 1 \\ 4 & 3 \end{vmatrix} = 0 - 4 = -4$$

$$\vec{n} = \begin{pmatrix} -7 \\ 4 \\ -4 \end{pmatrix}$$

Wir multiplizieren nun die vektorielle Parameterform der Ebenengleichung von E_1 skalar mit dem Vektor $\vec{n}$ und beachten dabei $\vec{n} \cdot \vec{r}_g = 0$ und $\vec{n} \cdot \vec{r}_h = 0$:

$$\begin{pmatrix} x_1 \\ x_2 \\ x_3 \end{pmatrix} \cdot \begin{pmatrix} -7 \\ 4 \\ -4 \end{pmatrix} = \begin{pmatrix} 5 \\ 0 \\ 3 \end{pmatrix} \cdot \begin{pmatrix} -7 \\ 4 \\ -4 \end{pmatrix} \quad \Rightarrow \quad -7x_1 + 4x_2 - 4x_3 = -35 + 0 - 12$$

$$-7x_1 + 4x_2 - 4x_3 = -47$$
$$-7x_1 + 4x_2 - 4x_3 + 47 = 0 \quad | \cdot (-1)$$

E_1: $7x_1 - 4x_2 + 4x_3 - 47 = 0$

Der Abstand $d_{B;E_1}$ wird jetzt mithilfe der Abstandsformel aus dem Kapitel 3.2 berechnet:

$$d_{B;E_1} = \frac{|n_1b_1 + n_2b_2 + n_3b_3 + n_0|}{\sqrt{n_1^2 + n_2^2 + n_3^2}} = \frac{|7 \cdot 2 - 4 \cdot 10 + 4 \cdot (-2) - 47|}{\sqrt{7^2 + (-4)^2 + 4^2}} =$$

$$= \frac{|14 - 40 - 8 - 47|}{\sqrt{49 + 16 + 16}} = \frac{|-81|}{\sqrt{81}} = \frac{81}{9} = 9$$

Ergebnis:

Die beiden windschiefen Geraden g und h haben den Abstand 9 L. E.

3.5.6 Spiegelpunkte

Gegeben sind die Ebene E und ein Punkt P, der *nicht* auf der Ebene E liegt. Wird der Punkt P an der Ebene E gespiegelt, so erhält man den Spiegelpunkt P^*. Vergleichen Sie dies in der Figur 56.

Figur 56

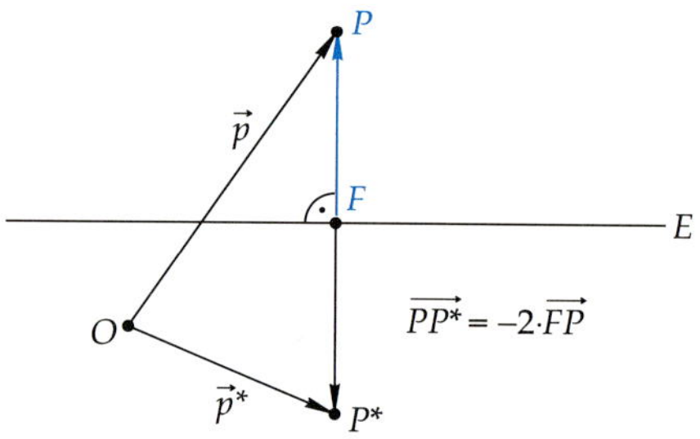

In der Figur 56 ist der Lotvektor $\overrightarrow{FP}$ eingezeichnet. Der Vektor $\overrightarrow{FP}$ hat den Anfangspunkt F, der in der Ebene E liegt. Die Spitze des Vektors $\overrightarrow{FP}$ fällt mit dem Punkt P zusammen.
Sind die Koordinaten des Punktes $P(p_1;\ p_2;\ p_3)$ bekannt und ist die Ebene E in einer Normalenform gegeben, dann können wir den Vektor $\overrightarrow{FP}$ mithilfe der Formel aus dem Kapitel 3.2 so berechnen:

$$\overrightarrow{FP} = \frac{n_1p_1 + n_2p_2 + n_3p_3 + n_0}{n_1^2 + n_2^2 + n_3^2} \cdot \begin{pmatrix} n_1 \\ n_2 \\ n_3 \end{pmatrix} = \frac{\vec{n} \cdot \vec{p} + n_0}{|\vec{n}|^2} \cdot \vec{n}$$

(Der Normalenvektor $\vec{n}$ der Ebene E: $n_1x_1 + n_2x_2 + n_3x_3 + n_0 = 0$ und der Vektor $\overrightarrow{FP}$ haben für $\vec{n} \cdot \vec{p} + n_0 > 0$ die gleiche Richtung, da $|\vec{n}|^2 > 0$ stets erfüllt ist.
Für $\vec{n} \cdot \vec{p} + n_0 < 0$ haben die Vektoren $\vec{n}$ und $\overrightarrow{FP}$ entgegengesetzte Richtungen.)

In der Figur 56 sehen Sie, wie man den Ortsvektor $\vec{p}^*$ des Spiegelpunktes P^* leicht berechnen kann:

$$\vec{p}^* = \vec{p} + 2 \cdot (-\overrightarrow{FP})$$

$$\vec{p}^* = \vec{p} - 2 \cdot \overrightarrow{FP}$$

Welche Koordinaten hat der Spiegelpunkt P^*, wenn der Punkt $P(-2; 7; -5)$ an der Ebene E: $3x_1 - 4x_3 - 24 = 0$ gespiegelt wird?

Diese Aufgabe stammt aus einer Prüfung und enthält eine Falle, in die man leicht geraten kann: Die Normalenform der Ebene E enthält die Koordinate x_2 nicht.
Wir ergänzen deshalb „$0x_2$" in der Normalenform und schreiben:

E: $3x_1 + 0x_2 - 4x_3 - 24 = 0$

Die Ebene E hat also den Normalenvektor $\vec{n} = \begin{pmatrix} 3 \\ 0 \\ -4 \end{pmatrix}$.

Berechnung des Lotvektors $\overrightarrow{FP}$:

$$\overrightarrow{FP} = \frac{3 \cdot (-2) + 0 \cdot 7 - 4 \cdot (-5) - 24}{3^2 + 0^2 + (-4)^2} \cdot \begin{pmatrix} 3 \\ 0 \\ -4 \end{pmatrix} = \frac{-6 + 20 - 24}{9 + 0 + 16} \cdot \begin{pmatrix} 3 \\ 0 \\ -4 \end{pmatrix} =$$

$$= -\frac{10}{25} \cdot \begin{pmatrix} 3 \\ 0 \\ -4 \end{pmatrix} = -\frac{2}{5} \cdot \begin{pmatrix} 3 \\ 0 \\ -4 \end{pmatrix} = \begin{pmatrix} -\frac{6}{5} \\ 0 \\ \frac{8}{5} \end{pmatrix}$$

Berechnung des Ortsvektors $\vec{p}^*$ des Spiegelpunktes P^*:

$$\vec{p}^* = \vec{p} - 2 \cdot \overrightarrow{FP} = \begin{pmatrix} -2 \\ 7 \\ -5 \end{pmatrix} - 2 \cdot \begin{pmatrix} -\frac{6}{5} \\ 0 \\ \frac{8}{5} \end{pmatrix} = \begin{pmatrix} -2 \\ 7 \\ -5 \end{pmatrix} + \begin{pmatrix} \frac{12}{5} \\ 0 \\ -\frac{16}{5} \end{pmatrix} =$$

$$= \begin{pmatrix} -\frac{10}{5} + \frac{12}{5} \\ 7 + 0 \\ -\frac{25}{5} - \frac{16}{5} \end{pmatrix} = \begin{pmatrix} \frac{2}{5} \\ 7 \\ -\frac{41}{5} \end{pmatrix} \quad \Rightarrow \quad P^*\left(\frac{2}{5}; 7; -\frac{41}{5}\right)$$

Ergebnis:

Wird der Punkt $P(-2; 7; -5)$ an der Ebene E gespiegelt, so erhält man den Spiegelpunkt $P^*\left(\frac{2}{5}; 7; -\frac{41}{5}\right)$.

Bemerkung

Den Abstand des Punktes P von der Ebene E können Sie entweder mit der Abstandsformel oder über $d_{P;E} = |\overrightarrow{FP}|$ berechnen:

$$d_{P;E} = |\overrightarrow{FP}| = \sqrt{\left(-\frac{6}{5}\right)^2 + 0^2 + \left(\frac{8}{5}\right)^2} = \sqrt{\frac{36}{25} + \frac{64}{25}} = \sqrt{\frac{100}{25}} = \sqrt{4} = 2$$

Aufgabe 33 Gegeben sind der Punkt $B(2; 10; -2)$ und die Ebene E: $7x_1 - 4x_2 + 4x_3 - 47 = 0$.

33.1 Welchen Abstand hat der Punkt B von der Ebene E?

33.2 Der Punkt B wird an der Ebene E in den Punkt B^* gespiegelt.
Welche Koordinaten hat der Spiegelpunkt B^*?

33.3 Die Verbindungsgerade der Punkte B und B^* schneidet die Ebene E im Punkt F.
Berechnen sie die Koordinaten von F.

3.5.7 Winkelhalbierende Ebenen

Schneiden sich zwei Ebenen E_1 und E_2 längs einer Schnittgeraden g, dann gibt es im Raum ein winkelhalbierendes Ebenenpaar W_1, W_2. Auf diesen Ebenen W_1 und W_2 liegen alle Punkte X des Raums, die von den beiden Ebenen E_1 und E_2 jeweils denselben Lotabstand haben.

Figur 57

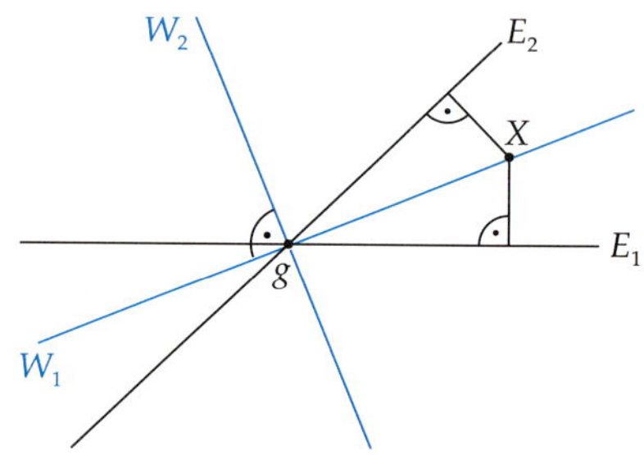

Blicken wir längs der Schnittgeraden g, dann erscheinen in der Figur 57 die Winkel und Abstände in ihrer wahren Größe. Die Ebenen W_1 und W_2 stehen aufeinander senkrecht.

Ein beliebiger Punkt $X(x_1; x_2; x_3)$ des Raumes liegt genau dann auf einer der beiden winkelhalbierenden Ebenen W_1 oder W_2, wenn für seine Abstände $d_{X;E_1}$ und $d_{X;E_2}$ von den Ebenen E_1 und E_2 gilt:

$$d_{X;E_1} = d_{X;E_2}$$

Diese Abstände berechnen wir nach der Abstandsformel, die wir in Kapitel 3.2 hergeleitet hatten.

Gegeben sind die beiden Ebenen E_1 und E_2 in Normalenformen:
E_1: $5x_1 + 20x_2 - 4x_3 - 30 = 0$, E_2: $11x_1 - 2x_2 - 10x_3 + 15 = 0$

Da für die Normalenvektoren $\begin{pmatrix} 5 \\ 20 \\ -4 \end{pmatrix} \neq k \cdot \begin{pmatrix} 11 \\ 2 \\ -10 \end{pmatrix}$ gilt, schneiden sich die beiden Ebenen und es gibt die winkelhalbierenden Ebenen W_1 und W_2.

Wir berechnen nun die Abstände eines Punktes $X(x_1; x_2; x_3)$ von der Ebene E_1 bzw. von der Ebene E_2:

$$d_{X;E_1} = \frac{|5x_1 + 20x_2 - 4x_3 - 30|}{\sqrt{5^2 + 20^2 + (-4)^2}} = \frac{|5x_1 + 20x_2 - 4x_3 - 30|}{21}$$

$$d_{X;E_2} = \frac{|11x_1 - 2x_2 - 10x_3 + 15|}{\sqrt{11^2 + (-2)^2 + (-10)^2}} = \frac{|11x_1 - 2x_2 - 10x_3 + 15|}{15}$$

Die Bedingung $d_{X;E_1} = d_{X;E_2}$ liefert nun die Betragsgleichung:

$$\frac{|5x_1 + 20x_2 - 4x_3 - 30|}{21} = \frac{|11x_1 - 2x_2 - 10x_3 + 15|}{15} \quad |\cdot(21\cdot 15)$$

$$15\cdot|5x_1 + 20x_2 - 4x_3 - 30| = 21\cdot|11x_1 - 2x_2 - 10x_3 + 15|$$

Wir nehmen die Faktoren 15 und 21 in die Beträge und erhalten:

$$|75x_1 + 300x_2 - 60x_3 - 450| = |231x_1 - 42x_2 - 210x_3 + 315|$$

Diese Betragsgleichung wird nun nach dem Muster gelöst:

$$|A| = |B| \quad \Leftrightarrow \quad A = B \quad \text{oder} \quad A = -B$$

$A = B$ liefert:

$$\begin{aligned} 75x_1 + 300x_2 - 60x_3 - 450 &= 231x_1 - 42x_2 - 210x_3 + 315 \\ -156x_1 + 342x_2 + 150x_3 - 765 &= 0 \qquad |:(-3) \\ 52x_1 - 114x_2 - 50x_3 + 255 &= 0 \end{aligned}$$

Dies ist die Gleichung der winkelhalbierenden Ebene W_1.

$A = -B$ liefert:

$$\begin{aligned} 75x_1 + 300x_2 - 60x_3 - 450 &= -231x_1 + 42x_2 + 210x_3 - 315 \\ 306x_1 + 258x_2 - 270x_3 - 135 &= 0 \qquad |:3 \\ 102x_1 + 86x_2 - 90x_3 - 45 &= 0 \end{aligned}$$

Dies ist die Gleichung der winkelhalbierenden Ebene W_2.

Wegen $\vec{n}_{W_1}\cdot\vec{n}_{W_2} = \begin{pmatrix} 52 \\ -114 \\ -50 \end{pmatrix}\cdot\begin{pmatrix} 102 \\ 86 \\ -90 \end{pmatrix} = 5304 - 9804 + 4500 = 0$ stehen die beiden winkelhalbierenden Ebenen W_1 und W_2 aufeinander senkrecht.

3.6. Gerade und Ebene

3.6.1 Gegenseitige Lage von Gerade und Ebene

Für die gegenseitige Lage von Gerade und Ebene gibt es im Raum nur die in der Figur 58 eingezeichneten drei Fälle.

Ist $\vec{r}_g$ der Richtungsvektor der Geraden g und $\vec{n}_E$ der Normalenvektor der Ebene E, dann finden Sie die Lage der Geraden g zur Ebene E schnell heraus, wenn Sie das Skalarprodukt aus dem Richtungsvektor $\vec{r}_g$ der Geraden g und dem Normalenvektor $\vec{n}_E$ ausrechnen. Für $\vec{r}_g \cdot \vec{n}_E = 0$ stehen die Vektoren $\vec{r}_g$ und $\vec{n}_E$ aufeinander senkrecht.

Figur 58 Vergleichen Sie in der Figur 58:

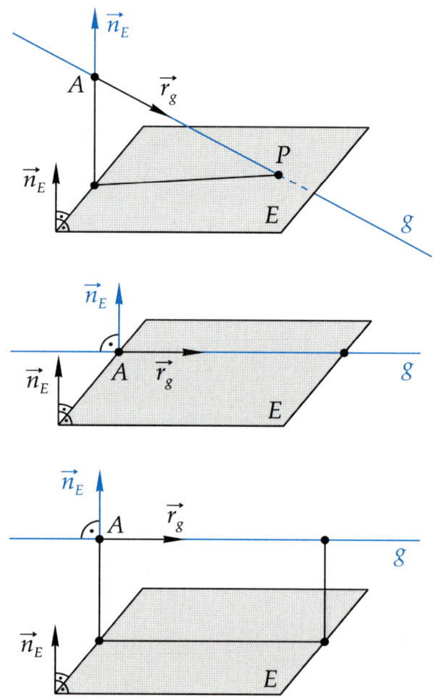

Fall 1

$\vec{n}_E \cdot \vec{r}_g \neq 0$: Die Gerade g durchstößt die Ebene E in genau einem Punkt P.

Fall 2

$\vec{n}_E \cdot \vec{r}_g = 0$ und der Aufpunkt A der Geraden g ist auch ein Punkt der Ebene E: Die Gerade g liegt ganz in der Ebene E.

Fall 3

$\vec{n}_E \cdot \vec{r}_g = 0$ und der Aufpunkt A der Geraden g liegt *nicht* in der Ebene E:
Die Gerade g verläuft in einem bestimmten Abstand $\neq 0$ parallel zur Ebene E.

Auch ohne Verwendung des Skalarprodukts $\vec{n}_E \cdot \vec{r}_g$ können Sie die gegenseitige Lage Gerade – Ebene schnell entscheiden.
Bringen Sie die Gleichung der Ebene E in eine Normalenform und schreiben Sie die drei Koordinatengleichungen für die Gerade g an.

$$E\colon\ n_1x_1 + n_2x_2 + n_3x_3 + n_0 = 0, \quad g\colon \begin{cases} x_1 = a_1 + t \cdot r_1 \\ x_2 = a_2 + t \cdot r_2 \\ x_3 = a_3 + t \cdot r_3 \end{cases}$$

Wenn ein Punkt $X(x_1; x_2; x_3)$ der Geraden g auch in der Ebene E liegt, dann müssen seine Koordinaten x_1, x_2, x_3 auch die Gleichung der Ebene E erfüllen:

$$n_1(a_1 + t \cdot r_1) + n_2(a_2 + t \cdot r_2) + n_3(a_3 + t \cdot r_3) + n_0 = 0$$

Diese Gleichung sieht umständlich und kompliziert aus. In Wirklichkeit ist sie eine Bestimmungsgleichung für den unbekannten Parameter t.
Beim Auflösen nach t können drei Fälle eintreten:

Fall 1

Die Gleichung liefert einen bestimmten Wert für t.
Die Gerade g durchstößt die Ebene E in genau einem Punkt P.

Die Koordinaten von P erhalten Sie, wenn Sie den berechneten Wert von t in die Koordinatengleichung der Geraden g einsetzen.

Fall 2

Die obige Gleichung für t ist eine *allgemeingültige* Gleichung der Form $0 \cdot t = 0$.

In anderen Worten heißt dies, dass für jede beliebige Wahl von t der zugehörige Punkt der Geraden g auch in der Ebene E liegt. Die Gerade g liegt also ganz in der Ebene E.

Fall 3

Die Gleichung für t ist eine *widersprüchliche* Gleichung. Zum Beispiel $0 \cdot t = 3$.

Da diese Gleichung für keinen Wert von t erfüllt werden kann, liegt auch kein Punkt der Geraden g in der Ebene E. Die Gerade g verläuft in einem bestimmten Abstand parallel zur Ebene E.

Wir rechnen zu jedem der drei Fälle ein Beispiel vor.

Beispiel 1

Untersuchen Sie die gegenseitige Lage der Ebene $E\colon\ 3x_1 - 4x_2 + x_3 - 15 = 0$ und der Geraden $g\colon\ \vec{x} = \begin{pmatrix} -2 \\ 5 \\ 3 \end{pmatrix} + t \cdot \begin{pmatrix} 2 \\ -3 \\ 1 \end{pmatrix}$.

Wir setzen die Koordinatengleichungen von g in die Ebene E ein:

$$3 \cdot (-2 + 2t) - 4 \cdot (5 - 3t) + 1 \cdot (3 + t) - 15 = 0$$
$$-6 + 6t - 20 + 12t + 3 + t - 15 = 0$$
$$19t - 38 = 0 \quad \Rightarrow \quad t = 2$$

Mit $t = 2$ erhalten wir aus den Koordinatengleichungen von g dann die Koordinaten des Durchstoßpunktes P:

$$\vec{p} = \begin{pmatrix} -2 \\ 5 \\ 3 \end{pmatrix} + 2 \cdot \begin{pmatrix} 2 \\ -3 \\ 1 \end{pmatrix} = \begin{pmatrix} -2+4 \\ 5-6 \\ 3+2 \end{pmatrix} = \begin{pmatrix} 2 \\ -1 \\ 5 \end{pmatrix} \quad \Rightarrow \quad P(2; -1; 5)$$

Beispiel 2 Untersuchen Sie die gegenseitige Lage der Ebene $E\colon\ 2x_1 - x_2 + 4x_3 - 20 = 0$ und der Geraden $g\colon\ \vec{x} = \begin{pmatrix} -2 \\ -4 \\ 5 \end{pmatrix} + t \cdot \begin{pmatrix} -1 \\ 2 \\ 1 \end{pmatrix}$.

Koordinatengleichungen von g in E einsetzen:

$$\begin{aligned} 2(-2-t) - 1(-4+2t) + 4(5+t) - 20 &= 0 \\ -4 - 2t + 4 - 2t + 20 + 4t - 20 &= 0 \\ (-2-2+4) \cdot t + 24 - 24 &= 0 \\ 0 \cdot t &= 0 \quad \Rightarrow \quad t \in \mathbb{R} \end{aligned}$$

Da für jede beliebige Wahl von $t \in \mathbb{R}$ der zugehörige Punkt der Geraden g auch ein Punkt der Ebene E ist, liegt die Gerade g ganz in der Ebene E.

Beispiel 3 Untersuchen Sie die gegenseitige Lage der Ebene $E\colon\ -2x_1 + x_2 - 4x_3 + 20 = 0$ und der Geraden $g\colon\ \vec{x} = \begin{pmatrix} -2 \\ 3 \\ -5 \end{pmatrix} + t \cdot \begin{pmatrix} -1 \\ 2 \\ 1 \end{pmatrix}$.

Koordinatengleichung von g in E einsetzen:

$$\begin{aligned} -2(-2-t) + 1(3+2t) - 4(-5+t) + 20 &= 0 \\ 4 + 2t + 3 + 2t + 20 - 4t + 20 &= 0 \\ (2+2-4) \cdot t + 47 &= 0 \\ 0 \cdot t &= -47 \quad \Rightarrow \quad t \notin \mathbb{R} \end{aligned}$$

Da jetzt für keine Wahl von t die Gleichung $0 \cdot t = -47$ erfüllt werden kann, liegt auch kein Punkt der Geraden g in der Ebene E. Die Gerade g liegt getrennt parallel zur Ebene E.
Den Abstand der Geraden g von der Ebene E können wir berechnen, wenn wir zum Beispiel den Abstand des Aufpunktes $A(-2; 3; -5)$ der Geraden g von der Ebene E mithilfe der Abstandsformel aus dem Kapitel 3.2 ausrechnen:

$$d_{A;E} = \frac{|-2 \cdot (-2) + 1 \cdot 3 - 4 \cdot (-5) + 20|}{\sqrt{(-2)^2 + 1^2 + (-4)^2}} = \frac{|4 + 3 + 20 + 20|}{\sqrt{21}} = \frac{|47|}{\sqrt{21}} = \frac{47}{\sqrt{21}}$$

Ergebnis:

Die Gerade g des Beispiels 3 hat von der Ebene E den Abstand $\dfrac{47}{\sqrt{21}}$ L.E.

3.6.2 Abstand Punkt – Gerade im $\mathbb{R}^3$

Den Abstand eines Punktes Q von einer Geraden g des Raums hatten wir schon in Abschnitt 3.4.4 berechnet. Er kann auch nach der folgenden Methode ohne Verwendung des Skalarprodukts berechnet werden.

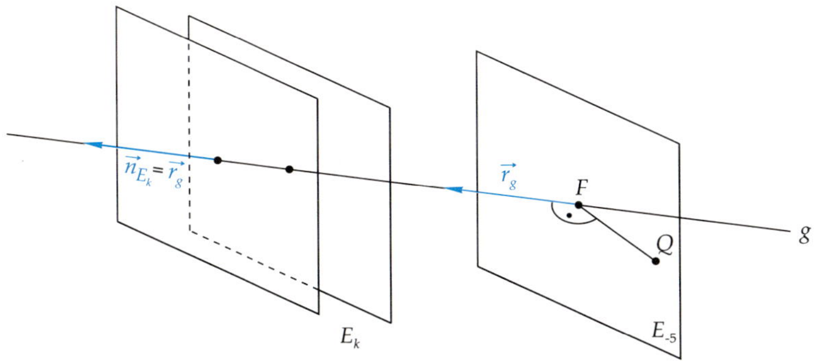

Figur 59

Vergleichen Sie in der Figur 59:
Betrachten wir den Richtungsvektor $\vec{r}_g$ der Geraden g als Normalenvektor einer Ebenenschar E_k, dann stehen alle Ebenen dieser Schar auf der Geraden g senkrecht. In dieser Ebenenschar bestimmen wir nun diejenige Ebene, welche den Punkt Q enthält.

Der Durchstoßpunkt der Geraden g mit dieser Ebene ist in der Figur 59 der Punkt F. Die Verbindungsgerade der Punkte Q und F steht senkrecht auf der Geraden g. Die Länge des Vektors $\overrightarrow{FQ}$ ist dann der gesuchte Abstand des Punktes Q von der Geraden g.

Wir sehen uns die zugehörigen Rechnungen in einem Beispiel an:

➡➡➡➡➡➡

Welchen Abstand hat der Punkt $Q(5; 3; 6)$ von der Geraden g, welche durch die Gleichung g: $\vec{x} = \begin{pmatrix} 2 \\ 10 \\ -2 \end{pmatrix} + t \cdot \begin{pmatrix} 4 \\ 3 \\ -4 \end{pmatrix}$, $t \in \mathbb{R}$, gegeben ist?

Die Schar von Parallelebenen E_k hat als Normalenvektor den Richtungsvektor der Geraden g. Unter Verwendung des Scharparameters k können wir die Normalenformen dieser Ebenen so angeben:

E_k: $4x_1 + 3x_2 - 4x_3 + k = 0$, Scharparameter $k \in \mathbb{R}$

Anschaulich gesprochen verschieben wir nun eine Ebene der Schar E_k parallel, bis sie durch den Punkt $Q(5; 3; 6)$ geht.
Rechnerisch erreichen wir dies, indem wir die Koordinaten des Punktes Q in die Schargleichung E_k einsetzen und so die gesuchte Ebene aus der Schar E_k „herausfischen“:

$$
\begin{aligned}
4 \cdot 5 + 3 \cdot 3 - 4 \cdot 6 + k_0 &= 0 \\
20 + 9 - 24 + k_0 &= 0 \\
5 + k_0 &= 0 \quad \Rightarrow \quad k_0 = -5
\end{aligned}
$$

Der Punkt Q liegt also in der Ebene E_{-5} dieser Schar. Mit $k_0 = -5$ lautet die Normalenform der Ebene E_{-5} so:

E_{-5}: $4x_1 + 3x_2 - 4x_3 - 5 = 0$

Wir berechnen nun den Durchstoßpunkt F der Geraden g durch die Ebene E_{-5}, indem wir die Koordinatengleichungen der Geraden g in die Ebenengleichung von E_{-5} einsetzen:

$$4(2+4t)+3(10+3t)-4(-2-4t)-5=0$$
$$8+16t+30+9t+8+16t-5=0$$
$$41t+41=0 \;\Rightarrow\; t=-1$$

Mit $t=-1$ können wir jetzt aus der Geradengleichung von g den Ortsvektor $\vec{f}$ des Durchstoßpunktes F berechnen:

$$\vec{f}=\begin{pmatrix}2\\10\\-2\end{pmatrix}+(-1)\cdot\begin{pmatrix}4\\3\\-4\end{pmatrix}=\begin{pmatrix}2-4\\10-3\\-2+4\end{pmatrix}=\begin{pmatrix}-2\\7\\2\end{pmatrix} \quad\Rightarrow\quad F(-2;7;2)$$

$$\overrightarrow{FQ}=\vec{q}-\vec{f}=\begin{pmatrix}5\\3\\6\end{pmatrix}-\begin{pmatrix}-2\\7\\2\end{pmatrix}=\begin{pmatrix}7\\-4\\4\end{pmatrix};\quad |\overrightarrow{FQ}|=\sqrt{49+16+16}=\sqrt{81}=9$$

Der Punkt $Q(5;3;6)$ hat von der Geraden g den Abstand 9 L.E.

3.6.3 Winkel zwischen Gerade und Ebene

Für den Fall, dass eine Gerade g nicht senkrecht auf einer Ebene E steht und auch nicht parallel zur Ebene E liegt, erklärt man den in der Figur 60 eingetragenen spitzen Winkel β als Winkel zwischen der Geraden g und der Ebene E.

Figur 60

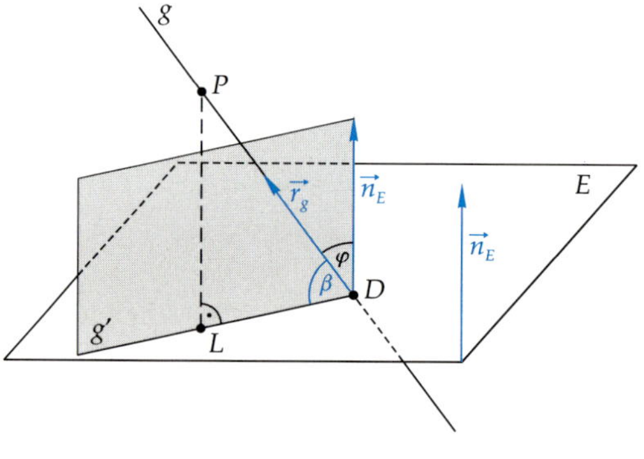

Vergleichen Sie in der Figur 60:
Der Richtungsvektor $\vec{r}_g$ der Geraden g und der Normalenvektor $\vec{n}_E$ der Ebene E spannen eine so genannte Verbindungsebene auf. Schneiden wir die Ebene E mit dieser Verbindungsebene, so entsteht in der Figur 60 die Schnittgerade g'.
Diese Gerade g' heißt auch die Projektion der Geraden g in die Ebene E. Der Winkel β zwischen der Geraden g und der Ebene E ist daher der Winkel zwischen der Geraden g und ihrer senkrechten Projektion g', die in der Ebene E liegt.

Da die Vektoren $\vec{r}_g$ und $\vec{n}_E$ zusammen mit der Geraden g' in einer Ebene liegen, gilt:

$$\beta + \varphi = 90° \quad \Rightarrow \quad \beta = 90° - \varphi$$

Dabei ist φ der spitze Winkel zwischen den Vektoren $\vec{r}_g$ und $\vec{n}_E$, den wir nach Abschnitt 3.4.2 durch die folgende Formel berechnen können:

$$\cos\varphi = \frac{|\vec{r}_g \cdot \vec{n}_E|}{|\vec{r}_g| \cdot |\vec{n}_E|} \quad \text{und} \quad 0° < \varphi < 90°$$

Wegen $\varphi = 90° - \beta$ und $\cos\varphi = \cos(90° - \beta) = \sin\beta$ können wir den Winkel β sofort aus der folgenden Formel berechnen:

$$\sin\beta = \frac{|\vec{r}_g \cdot \vec{n}_E|}{|\vec{r}_g| \cdot |\vec{n}_E|} \quad \text{und} \quad 0° < \beta < 90°$$

Gegeben sind die Ebene $E\colon x_1 - 2x_2 + 2x_3 + 8 = 0$ und die Gerade

$$g\colon \vec{x} = \begin{pmatrix} -3 \\ 8 \\ 13 \end{pmatrix} + t \cdot \begin{pmatrix} 1 \\ 3 \\ -5 \end{pmatrix}.$$

Die Gerade g durchstößt die Ebene E im Punkt $D\,(-2; 11; 8)$.

Gesucht ist der Winkel zwischen der Geraden g und der Ebene E.

Nebenrechnungen:

$$\vec{r}_g \cdot \vec{n}_E = \begin{pmatrix} 1 \\ 3 \\ -5 \end{pmatrix} \cdot \begin{pmatrix} 1 \\ -2 \\ 2 \end{pmatrix} = 1 - 6 - 10 = -15$$

$$\Rightarrow \quad |\vec{r}_g \cdot \vec{n}_E| = 15$$

$$|\vec{r}_g| = \sqrt{1^2 + 3^2 + (-5)^2} = \sqrt{1 + 9 + 25} = \sqrt{35}$$

$$|\vec{n}_E| = \sqrt{1^2 + (-2) + 2^2} = \sqrt{1 + 4 + 4} = \sqrt{9} = 3$$

Mit den Ergebnissen der Nebenrechnungen gilt dann: $\sin\beta = \dfrac{15}{\sqrt{35} \cdot 3} = 0{,}8452$

$$\Rightarrow \quad \beta = 57{,}69°$$

Der Winkel zwischen der Geraden g und der Ebene E beträgt $\beta = 57{,}69°$.

Aufgabe 34 In einem kartesischen Koordinatensystem des $\mathbb{R}^3$ ist die Gerade g gegeben mit der Gleichung:

$$g\colon \vec{x} = \begin{pmatrix} -2 \\ 0 \\ 4 \end{pmatrix} + s \cdot \begin{pmatrix} 2 \\ 1 \\ -2 \end{pmatrix}, \quad s \in \mathbb{R}$$

34.1 Die drei Punkte $A(-2; 0; 4)$, $B(0; b_2; b_3)$ und C liegen so auf der Geraden g, dass der Punkt B der Mittelpunkt der Strecke $[AC]$ ist.
Ermitteln Sie die Koordinaten der Punkte B und C.

34.2 Berechnen Sie den Abstand des Koordinatenursprungs von der Geraden g.

34.3 Der Punkt C ist Spiegelpunkt des Punkts A bezüglich einer Ebene E. Ermitteln Sie eine Gleichung von E in Normalenform.

34.4 Die Ebene F enthält die Gerade g und den Koordinatenursprung. Bestimmen Sie eine Gleichung der Ebene F in Normalenform.

34.5 Zeigen Sie, dass die Ebenen E und F aufeinander senkrecht stehen, und ermitteln Sie eine Gleichung der Schnittgeraden h dieser Ebenen.

Bezeichnungen

A, B, P, Q	Punkte der Ebene oder des Raums
g, h, w	Geraden
E, E_1	Ebenen
$g \parallel h$	parallele Geraden
$g \equiv h$	identische Geraden
$[A, B]$	Strecke mit dem Anfangspunkt A und dem Endpunkt B
$\overline{AB}$	Länge der Strecke $[A, B]$
$(ACMA)$	geschlossene Vektorkette
$(AB, T) = \lambda$	Teilungsverhältnis; Punkt T teilt die Strecke $[A, B]$ im Verhältnis λ.
$d_{P;g}$, $d_{P;E}$	Abstand des Punktes P von der Geraden g bzw. von der Ebene E
$\vec{a}, \vec{b}, \vec{o}$	Vektoren, Ortsvektoren $\overrightarrow{OA} = \vec{a}$, $\overrightarrow{OB} = \vec{b}$ der Punkte A, B. Nullvektor $\vec{o}$
$\overrightarrow{AB}$	Verbindungsvektor der Punkte A und B
$\overrightarrow{OP} = \vec{p}$	Ortsvektor des Punktes P
$\vec{a}^0$	Einheitsvektor in Richtung des Vektors $\vec{a}$
$\vec{n}^0$	Normaleneinheitsvektor
$\lvert\vec{a}\rvert = a$	Betrag (= Länge) des Vektors $\vec{a}$
$\lvert\overrightarrow{AB}\rvert$	Länge des Vektors $\overrightarrow{AB}$
$r \cdot \vec{a}$	S- Multiplikation, $r \in \mathbb{R}$
$\vec{a} \cdot \vec{b}$, $\vec{a}\,\vec{b}$, $\vec{a} \circ \vec{b}$	Skalarprodukt
$\vec{a} \times \vec{b}$	Vektorprodukt
$\vec{a} \perp \vec{b}$	$\vec{a}$ orthogonal (= senkrecht) zu $\vec{b}$
$\vec{b}_{\vec{a}}$	Projektion von $\vec{b}$ auf $\vec{a}$
$\mathbb{R}$	Menge der reellen Zahlen
$r \in \mathbb{R}$	r ist Element von $\mathbb{R}$, r ist eine reelle Zahl
$\mathbb{R}^2 = \mathbb{R} \times \mathbb{R}$	Menge der geordneten Paare von reellen Zahlen; Ebene
$\mathbb{R}^3 = \mathbb{R} \times \mathbb{R} \times \mathbb{R}$	Menge der geordneten Tripel von reellen Zahlen; Raum
$\{\vec{e}_1, \vec{e}_2, \vec{e}_3\}$	kanonische Basis des $\mathbb{R}^3$, Standardbasis
$\{O, E_1, E_2, E_3\}$	kartesisches Koordinatensystem mit dem Ursprung O und dem Einheitspunkten E_1, E_2, E_3

Logische Zeichen

Sind A, B Aussagen oder Aussageformen, so ist:

$A \wedge B$	sowohl A als auch B, A und B
$A \vee B$	A oder B oder beide
$A \Rightarrow B$	aus A folgt B (Implikation)
$A \Leftrightarrow B$	aus A folgt B und umgekehrt (Äquivalenz)

Den eigenen Lerntyp kennen heißt das Lernen optimieren

Wir wollen Ihnen hier vorschlagen, sich zunächst einmal mit der Frage zu beschäftigen, was für ein Lerntyp Sie sind. Anschließend einige Tipps, wie man sich das Lernen leichter machen kann.

Zu spät, finden Sie? Nun - besser spät als nie, oder?

Wissen Sie denn wirklich, auf welchem Wege Sie am besten lernen können?

Lassen Sie sich doch einfach mal drauf ein ...

Unsere Sinnesorgane sind wie Fenster, mit denen wir die Welt um uns herum wahrnehmen. Lernstoff wird natürlich ebenfalls über die unterschiedlichen Sinnesorgane wahrgenommen - hauptsächlich über Augen und Ohren. Informationen werden aber auch mit dem Geruchs-, dem Geschmacks- und dem Tastsinn aufgenommen.

Alle eingehenden Sinnesreize werden zum Gehirn geleitet, bewertet und gegebenenfalls im Gedächtnis abgespeichert. Diesen Weg vom jeweiligen Sinnesorgan zum Gedächtnis bezeichnet man als Lernweg.

Im Unterricht werden Lerninhalte auf verschiedenen Lernwegen angeboten:

➤ In Biologie lesen Sie einen Text über das Gedächtnis und schauen sich eine Abbildung zum Gehirn an.

  Sie benutzen die Lernwege Lesen und Sehen

➤ In Physik gibt der Lehrer Erklärungen zum Phänomen der Reibungskraft ab.

  Sie lernen über den Lernweg Hören

➤ In der Chemiestunde werden Versuche durchgeführt.

  Sie benutzen dabei den Lernweg Handeln

Üblicherweise gilt: Ein Lerninhalt wird umso besser im Gedächtnis verankert, je mehr Lernwege bei seiner Vermittlung angeboten und genutzt werden.

Wenn also während des chemischen Versuchs (Lernweg Handeln) der Lehrer mündlich erläutert, was da geschieht (Lernweg Hören), wird das Lernergebnis verbessert. Wenn dann noch Reaktionsformeln an Tafel oder Overhead-Projektor geschrieben werden (Lernwege Lesen und Sehen), ist eine gute Verankerung bei den Schülern noch wahrscheinlicher.

Allerdings haben die meisten Menschen einen bevorzugten Lernweg. Auf diesem Weg lernen sie am leichtesten und besten, und die aufgenommenen Inhalte bleiben am längsten haften.

➜ Till lernt z.B. besonders gut, wenn er sich die Vokabeln einige Male durchliest - er gehört zum Lerntyp Lesen.

➜ Barbara lässt sich am liebsten etwas erklären - sie gehört zum Lerntyp Hören.

Um möglichst erfolgreich zu lernen, ist es gut, seinen eigenen Lerntyp zu kennen und sein Lernverhalten so einzurichten, dass dieser Lernweg gezielt genutzt wird. Hierzu eignet sich ein Lerntyp-Test.

Test: Welcher Lerntyp sind Sie?

Versuchen Sie doch einmal, mit dem nachfolgenden Test Ihren Lerntyp herauszufinden. Sie müssen bei der Durchführung allerdings Hilfe haben - vielleicht sind aber mehr Leute in Ihrer Klasse an einem Testergebnis interessiert, dann haben Sie schon Ihren Partner oder Ihre Partnerin.

Der Test besteht aus vier Teilen und sollte an vier aufeinander folgenden Tagen möglichst zur gleichen Uhrzeit durchgeführt werden, damit die Ergebnisse möglichst aussagekräftig sind.

Materialien, die Sie brauchen:

Stoppuhr, Zettelblock,
Schreibmaterial und ein Lineal.

Jeder der vier Tests läuft in 3 Schritten ab, die ohne Pause aufeinander folgen.

Test 1: Sind Sie ein Lesetyp?

Auf zehn Zettel werden gut lesbar zehn verschiedene Begriffe geschrieben und verdeckt vor die Testperson gelegt.

→ Wortauswahl:

Bein, Flasche, Tisch, Alge, Blatt, Auto, Wohnung, Garten, Kind, Buch, Herz, Sonne, Linie, Uhr, Hose, Knie, Heft, Gabel, Tulpe, Mond, Bild, Kurve, Koffer, Wasser, Liebe, Rad, Schalter, Eiche, Rasen, Seele, Globus, Glas, Regen, Gott, Messer, Blume, Plastik, Schlüssel, Rhein, See, Puppe, Hemd, Haus

Auf einem weiteren Zettel werden zehn einfache Rechenaufgaben (alle Grundrechenarten mischen!) notiert:

→ Aufgabenbeispiele:

12 - 5, 8 x 3, 16 : 4,

7 x 12, 28 - 9, 19 + 6,

81 : 9, 13 x 8,

19 - 17, 5 + 11.

Und so läuft der Test ab:

Die Testperson hat jeweils 2 Sekunden Zeit, um je ein Kärtchen aufzudecken und den Begriff zu lesen. Nach dem Lesen wird der Zettel verdeckt weggelegt.

Hat die Testperson alle zehn Begriffe gelesen, muss sie für 30 Sekunden Kopfrechenaufgaben lösen, die ihr vorgelesen werden.

Anschließend hat die Testperson 20 Sekunden Zeit, um möglichst viele der vorher gelesenen zehn Begriffe zu nennen.

Die Richtigkeit der Begriffe wird kontrolliert und die Anzahl der behaltenen Begriffe als erstes Testergebnis notiert.

Test 2: Sind Sie ein Hörtyp?

Am nächsten Tag schreibt der Testpartner auf einen neuen Zettel zehn neue Begriffe auf und bereitet einen weiteren Zettel mit zehn weiteren Kopfrechenaufgaben vor.

Testablauf:

Nun liest er die zehn Begriffe im Abstand von zwei Sekunden laut und deutlich einmal vor.

Anschließend muss die Testperson wieder 30 Sekunden lang Kopfrechenaufgaben lösen und danach wieder in 20 Sekunden möglichst viele der Begriffe aufzählen.

Die richtig erinnerten Begriffe werden gezählt und auch diese Zahl wird notiert.

Test 3: Sind Sie ein Sehtyp?

Vorbereitung: Es müssen zehn verschiedene Gegenstände zusammengestellt werden, die die Testperson nicht sehen darf. Sie müssen also in greifbarer Nähe gut abgedeckt bereitgehalten werden. Auch bei diesem Test wird gerechnet - also wie schon üblich wieder Kopfrechenaufgaben aufschreiben.

Testablauf:

Die Gegenstände werden der Testperson einzeln für jeweils zwei Sekunden gezeigt und nach Ablauf der Zeit sofort wieder verdeckt.

Nach dem letzten Gegenstand müssen in bewährter Weise wieder 30 Sekunden lang Kopfrechenaufgaben gelöst werden.

Anschließend müssen in 20 Sekunden möglichst viele der vorher gezeigten Gegenstände genannt werden.

Test 4: Sind Sie ein haptischer Lerntyp?

Auch hier werden wie beim Sehtyp-Test zehn verschiedene Gegenstände gebraucht, die andere sein sollten als am Vortag.

Die Gegenstände sollten so beschaffen sein, dass sie durch Form, Größe, Schwere, Material usw. gut unterscheidbar sind und dass sie identifizierbar sind, also z.B. Tasse, Feder, Flasche, Weinglas, Blatt Papier, Briefumschlag, Bleistift, Radiergummi, Diskette, Buch usw. Die Testperson darf sich daran nicht verletzen können und es dürfen keine unangenehmen oder ekelhaften Dinge sein.

Die Testperson darf auch diese Gegenstände vor dem Test nicht sehen.

Ein Zettel mit zehn Kopfrechenaufgaben darf wiederum bei diesem Test nicht fehlen.

Außerdem braucht man noch ein Tuch, mit dem die Augen der Testperson sicher verbunden werden können.

Testablauf:

Der Testperson werden die Augen verbunden. Sie bekommt nun für jeweils zwei Sekunden einen Gegenstand gereicht, darf ihn befühlen und muss ihn wieder zurücklegen. Der Gegenstand wird sofort wieder verdeckt oder beiseite geräumt. Sind alle Gegenstände auf diese Weise befühlt worden, folgen die üblichen 30 Sekunden Kopfrechenaufgaben.

Danach darf die Augenbinde abgelegt werden und die Testperson hat wieder 20 Sekunden Zeit, die ertasteten Gegenstände zu nennen. Die Anzahl der richtigen Begriffe wird wie gewohnt notiert.

Auswertung des Tests:

Das Ergebnis lässt sich an einem Koordinatenkreuz ablesen, dessen Koordinaten Lesen, Hören, Tasten, Sehen lauten.

Auf einem Karopapier wird in jede Richtung des Kreuzes eine Skala von 10 angelegt und das Ergebnis des jeweiligen Tests wird markiert.

Verbindet man nun die Kreuze auf den Koordinaten miteinander, entsteht ein verschobenes Viereck, an dem man gut erkennen kann, wo der Schwerpunkt liegt.

Man gehört zu dem Lerntyp, bei dem man sich an die meisten Begriffe erinnern konnte.

Hier ein Beispiel für eine Testauswertung:

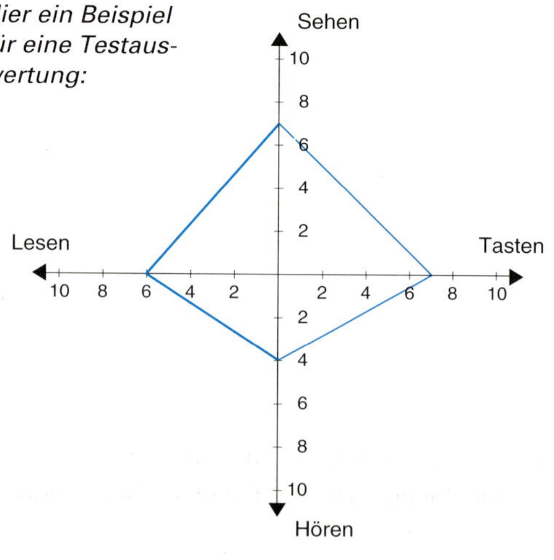

Wie sollten die verschiedenen Lerntypen beim Lernen vorgehen?

Lesetyp

Sie sollten natürlich viel und intensiv lesen. Lernstoffe, die im Unterricht besprochen wurden, sollte der Lesetyp zu Hause nochmals im Buch genau nachlesen und eventuell zusätzliche Texte dazu in Sachbüchern, Zeitschriften, unseren Lernhilfen und Lexika „studieren".

Wenn nur wenig Textmaterial zur Verfügung steht, sollte der Lesetyp sich unter Umständen zusätzliches Material dadurch verschaffen, dass er selbst noch einmal Inhalte zusammenfasst und aufschreibt für eine spätere Lektüre.

Hörtyp

Der Hörtyp hat in der Schule meistens Vorteile, da im Unterricht viel über mündliche Erklärungen gelernt wird.

Zu Hause kann sich der Hörtyp seinen Lernstoff durch halblautes, deutliches Lesen einprägen. Wichtige Inhalte können auch auf Kassettenrekorder mitgeschnitten und dann erneut angehört werden. Dabei sollte man sich ganz auf das Zuhören einstellen!

Auch das gezielte Hören von Schulfunksendungen oder anderen Informationssendungen im Radio ist hilfreich.

Man kann sich Lernstoffe, die man beim Durchlesen im Buch nicht versteht, auch von Mitschülern oder Mitschülerinnen, Eltern oder einer anderen Person nochmals erklären lassen. Wichtig ist jedoch immer intensives Zuhören.

Sehtyp

Noch immer läuft die Hauptmenge des Lernens in der Schule über die Eingangskanäle Hören und Lesen.

Für den Sehtyp (auch visueller Lerntyp genannt) ist es deshalb wichtig, für die Dinge und Vorgänge, die im Unterricht behandelt werden, bildhafte Vorstellungen zu entwickeln oder sich Bilder auszudenken. Beim Lernen von Vokabeln z.B. lassen sich auf diese Weise „Eselsbrücken" schaffen.

Besonders Abbildungen, Skizzen und Zeichnungen sollten intensiv betrachtet, gegebenenfalls auch selbst entwickelt und aufgezeichnet werden.

Für den visuellen Lerntyp ist es oft sinnvoll, sich vom behandelten Lernstoff eine direkte Anschauung zu verschaffen - z.B. bei der Behandlung der Arbeitsweise einer Kläranlage sich diese anzuschauen.

Haptischer Typ

Dieser Lerntyp wird in der Schule am schlechtesten „bedient". Den naturwissenschaftlichen Lehrplänen folgend sollte das Experiment zwar einen unverzichtbaren Platz im Unterricht haben. Aus unterschiedlichsten Gründen findet experimenteller Unterricht jedoch kaum statt. Als haptischer Typ lernen Sie aber gerade dadurch, dass Sie selbst etwas ausprobieren oder tun, eben über haptische Erlebnisse. Zumindest bei Ihrer häuslichen Arbeit sollten Sie handelndes Lernen einplanen, wo immer es möglich ist, z.B.:

- physikalische oder chemische Experimente nachvollziehen, also
  - mithilfe eines Experimentierkastens Stromkreise nachbauen,
  - mit Licht und Linsen „spielen",
  - einfache chemische Experimente einmal selbst durchführen,
  - einen Elektromotor auseinander nehmen oder bauen,
  - unterschiedliche Gegenstände fallen, Kugeln rollen und Bälle fliegen lassen;
- biologische Inhalte eigenständig erforschen, also
  - den Bau von Pflanzenteilen untersuchen,
  - eine Wasseruntersuchung durchführen,
  - Bestimmungsübungen vornehmen,
  - Objekte selbst präparieren und unter dem Mikroskop anschauen,
  - ökologische Versuche nachvollziehen.

Sprechen Sie auch Ihre Lehrerin/Ihren Lehrer an, beschreiben Sie Ihre Probleme beim Lernen, benennen Sie Ihren Lerntyp und lassen Sie sich beraten. Bestimmt bekommen Sie wertvolle Tipps und praktische Anwendungen des Lernstoffs aufgezeigt.

Vielleicht werden Sie sogar gebeten, einmal eine Untersuchung oder einen Versuch vor der ganzen Klasse zu beschreiben oder vorzuführen.

Die besten Lernwege nutzen

Um erfolgreich zu lernen, sollten Sie den für Sie optimalen Lernweg intensiv nutzen. Die Einteilung in Lerntypen spiegelt allerdings in erster Linie eine bevorzugte Richtung wider, bedeutet aber nicht, dass auf den anderen Wegen nicht gelernt werden kann.

Die Testergebnisse sprechen für sich - man hat ja bei allen vier Tests eine gewisse Anzahl von Gegenständen noch gewusst. Wenn es ungefährlich und problemlos möglich ist, sollten Sie auch Ihren Geruchs- und Geschmackssinn am Lernen beteiligen, z.B. in der Chemie oder Biologie. Über diese zusätzlichen Eingangskanäle entstehen weitere Assoziationsfelder, die Inhalte werden viel intensiver verankert und untereinander vielfach verknüpft. Ein Erinnern fällt so sehr viel leichter.

Sie sollten also keinen der vier Grundlernwege ganz vernachlässigen, denn in aller Regel gilt:

Je mehr Lernwege genutzt werden, umso besser prägt sich der Lernstoff im Gedächtnis ein.

MENTOR ABITUR-HILFE

Band 650

Mathematik
Oberstufe

Lineare Algebra und Analytische Geometrie

Lösungsteil

Helmuth Preckur

Mentor Verlag München

Aufgabe 1
S. 20

Vergleichen Sie in der Figur 12: $\overrightarrow{QP} = -\vec{a}$; $\overrightarrow{QR} = \vec{b}$; $\overrightarrow{RQ} = -\vec{b}$; $\overrightarrow{SR} = \vec{a}$

$\overrightarrow{PR} - \vec{b} - \vec{a} = \vec{o} \quad \Rightarrow \quad \overrightarrow{PR} = \vec{b} + \vec{a} = \vec{a} + \vec{b}$

$\overrightarrow{SQ} - \vec{a} + \vec{b} = \vec{o} \quad \Rightarrow \quad \overrightarrow{SQ} = \vec{a} - \vec{b}$

Aufgabe 2
S. 20

Vergleichen Sie in der Figur 13:

$\overrightarrow{QR} - \vec{b} + \vec{a} = \vec{o} \quad \Rightarrow \quad \overrightarrow{QR} = \vec{b} - \vec{a}$

$\overrightarrow{SR} - \vec{b} + \vec{c} = \vec{o} \quad \Rightarrow \quad \overrightarrow{SR} = \vec{b} - \vec{c}$

$\overrightarrow{SQ} - \vec{a} + \vec{c} = \vec{o} \quad \Rightarrow \quad \overrightarrow{SQ} = \vec{a} - \vec{c}$

$\overrightarrow{QS} - \vec{c} + \vec{a} = \vec{o} \quad \Rightarrow \quad \overrightarrow{QS} = \vec{c} - \vec{a}$ oder $\overrightarrow{QS} = -\overrightarrow{SQ} = -(\vec{a} - \vec{c}) = \vec{c} - \vec{a}$

$\overrightarrow{SP} = -\vec{c} \qquad \overrightarrow{QP} = -\vec{a}$

1

Aufgabe 3
S. 23

3.1 Die Vektorgleichung $5\vec{x} - 7\vec{a} = (2 - \vec{x})\vec{a}$ hat keinen Sinn, da die Differenz $2 - \vec{x}$ nicht erklärt ist.

3.2 Diese Vektorgleichung hat keinen Sinn, da auf der linken Gleichungsseite eine Summe von Vektoren $7\vec{x} + (-5\vec{a}) + 13\vec{b}$ und auf der rechten Seite die reelle Zahl 21 steht.

Aufgabe 4
S. 23

4.1
$$\begin{aligned} 2\vec{x} - 3\vec{a} &= (\vec{a} - \vec{x})5 \\ 2\vec{x} - 3\vec{a} &= 5\vec{a} - 5\vec{x} && \mid +5\vec{x} + 3\vec{a} \\ 7\vec{x} &= 8\vec{a} && \mid :7 \\ \vec{x} &= \frac{8}{7}\vec{a} \end{aligned}$$

4.2
$$\begin{aligned} 2(\vec{x} - \vec{b}) &= 6(\vec{a} - 3\vec{x}) \\ 2\vec{x} - 2\vec{b} &= 6\vec{a} - 18\vec{x} && \mid +18\vec{x} + 2\vec{b} \\ 20\vec{x} &= 6\vec{a} + 2\vec{b} \\ \vec{x} &= \frac{6}{20}\vec{a} + \frac{2}{20}\vec{b} = \frac{3}{10}\vec{a} + \frac{1}{10}\vec{b} \end{aligned}$$

Aufgabe 5
S. 25

Vergleichen Sie in der Figur 16: $\overrightarrow{CB} + \frac{1}{2}\vec{b} + \frac{1}{2}\vec{c} = \vec{o} \quad \Rightarrow \quad \overrightarrow{CB} = \frac{1}{2}(-\vec{b} - \vec{c})$

Aus $\vec{a} + \vec{b} + \vec{c} = \vec{o}$ folgt $\vec{a} = -\vec{b} - \vec{c}$

und damit für $\overline{CB}$: $\overrightarrow{CB} = \frac{1}{2}(-\vec{b} - \vec{c}) = \frac{1}{2}\vec{a} = \overrightarrow{PA} = \frac{1}{2}\overrightarrow{PQ}$

Die Beweise der restlichen Behauptungen verlaufen analog.

Aufgabe 6
S. 25

6.1 Führen Sie zunächst die S-Multiplikationen aus und addieren Sie dann:

$$\begin{pmatrix} 3 \\ -5 \\ 4 \end{pmatrix} + 2 \cdot \begin{pmatrix} 1 \\ -2 \\ 4 \end{pmatrix} - 3 \cdot \begin{pmatrix} 6 \\ -5 \\ -2 \end{pmatrix} = \begin{pmatrix} 3 \\ -5 \\ 4 \end{pmatrix} + \begin{pmatrix} 2 \\ -4 \\ 8 \end{pmatrix} + \begin{pmatrix} -18 \\ 15 \\ 6 \end{pmatrix} = \begin{pmatrix} -13 \\ 6 \\ 18 \end{pmatrix}$$

6.2 Setzen Sie die gegebenen Zahlentripel in den Rechenausdruck ein und führen Sie zunächst die S-Multiplikationen aus:

$$2\vec{a}+3\vec{b}-5\vec{c}=2\cdot\begin{pmatrix}2\\-7\\1\end{pmatrix}+3\cdot\begin{pmatrix}-3\\0\\4\end{pmatrix}-5\cdot\begin{pmatrix}0\\5\\-8\end{pmatrix}=\begin{pmatrix}4\\-14\\2\end{pmatrix}+\begin{pmatrix}-9\\0\\12\end{pmatrix}+\begin{pmatrix}0\\-25\\40\end{pmatrix}=\begin{pmatrix}-5\\-39\\54\end{pmatrix}$$

6.3 $\begin{pmatrix}u\\3\end{pmatrix}=\begin{pmatrix}2\\u+v\end{pmatrix}$

Zwei Zahlenpaare sind gleich, wenn auf den einander entsprechenden Plätzen die gleichen Zahlen stehen. Dies liefert die beiden Gleichungen $u=2$ und $3=u+v$.
Mit $u=2$ gilt dann: $3=2+v \quad \Rightarrow \quad v=1$

6.4 Führen Sie zuerst die S-Multiplikation aus und gehen dann nach dem Muster der Aufgabe 6.3 vor.

1

$$\begin{pmatrix}6\\a\end{pmatrix}=b\cdot\begin{pmatrix}3\\4\end{pmatrix} \quad\Rightarrow\quad \begin{pmatrix}6\\a\end{pmatrix}=\begin{pmatrix}3b\\4b\end{pmatrix} \quad\Rightarrow\quad \begin{cases}6=3b & \Rightarrow \quad b=2\\ a=4b\end{cases}$$

Mit $b=2$ gilt dann: $a=4\cdot 2=8$

6.5 Führen Sie zuerst die S-Multiplikationen aus und fassen Sie dann zusammen:

$$\begin{pmatrix}a\\0\\0\end{pmatrix}+\begin{pmatrix}b\\b\\0\end{pmatrix}+\begin{pmatrix}c\\c\\c\end{pmatrix}=\begin{pmatrix}2\\-3\\4\end{pmatrix};\quad \begin{pmatrix}a+b+c\\b+c\\c\end{pmatrix}=\begin{pmatrix}2\\-3\\4\end{pmatrix}$$

Aus der Gleichheit der beiden Zahlentripel folgen nun die drei Gleichungen:

$$\begin{aligned} a+b+c&=2 && \textbf{I}\\ b+c&=-3 && \textbf{II}\\ c&=4 && \textbf{III}\end{aligned}$$

$c=4$ in **II** einsetzen: $b+4=-3 \quad\Rightarrow\quad b=-7$
Jetzt $c=4$ und $b=-7$ in **I** einsetzen: $a-7+4=2 \quad\Rightarrow\quad a=5$

Lösung: $a=5,\ b=-7,\ c=4$

Aufgabe 7
S. 35

Der Ansatz $k_1\vec{b}_1+k_2\vec{b}_2+k_3\vec{b}_3=\vec{o}$ liefert:

$$k_1\cdot\begin{pmatrix}1\\0\\0\end{pmatrix}+k_2\cdot\begin{pmatrix}1\\1\\0\end{pmatrix}+k_3\cdot\begin{pmatrix}0\\1\\1\end{pmatrix}=\begin{pmatrix}0\\0\\0\end{pmatrix}\quad\text{bzw.}\quad \begin{pmatrix}k_1\\0\\0\end{pmatrix}+\begin{pmatrix}k_2\\k_2\\0\end{pmatrix}+\begin{pmatrix}0\\k_3\\k_3\end{pmatrix}=\begin{pmatrix}0\\0\\0\end{pmatrix}$$

oder zusammengefasst: $\begin{pmatrix}k_1+k_2+0\\0+k_2+k_3\\0+0+k_3\end{pmatrix}=\begin{pmatrix}0\\0\\0\end{pmatrix}$

Die letzte Vektorgleichung liefert wegen der Gleichheit der Vektoren die drei Gleichungen:

$$\begin{aligned} k_1+k_2+0&=0 && \textbf{I}\\ k_2+k_3&=0 && \textbf{II}\\ k_3&=0 && \textbf{III}\end{aligned}$$

Mit $k_3=0$ erhalten wir aus der Gleichung **II**: $k_2=0$
Mit $k_2=0$ folgt aus der Gleichung **I**: $k_1=0$

Da die obige Vektorgleichung *nur* die Lösung $k_1=k_2=k_3=0$ hat, sind die Vektoren $\vec{b}_1$, $\vec{b}_2$ und $\vec{b}_3$ linear *unabhängig*.

Aufgabe 8
S. 35

Der Ansatz $k_1\vec{a}_1 + k_2\vec{a}_2 + k_3\vec{a}_3 = \vec{o}$ liefert

$$k_1 \cdot \begin{pmatrix} -1 \\ 2 \\ 5 \end{pmatrix} + k_2 \cdot \begin{pmatrix} 0 \\ 1 \\ 4 \end{pmatrix} + k_3 \cdot \begin{pmatrix} 2 \\ -1 \\ 2 \end{pmatrix} = \begin{pmatrix} 0 \\ 0 \\ 0 \end{pmatrix} \quad \text{bzw.} \quad \begin{pmatrix} -k_1 \\ 2k_1 \\ 5k_1 \end{pmatrix} + \begin{pmatrix} 0 \\ k_2 \\ 4k_2 \end{pmatrix} + \begin{pmatrix} 2k_3 \\ -k_3 \\ 2k_3 \end{pmatrix} = \begin{pmatrix} 0 \\ 0 \\ 0 \end{pmatrix}$$

oder zusammengefasst: $\begin{pmatrix} -k_1 + 0 + 2k_3 \\ 2k_1 + k_2 - k_3 \\ 5k_1 + 4k_2 + 2k_3 \end{pmatrix} = \begin{pmatrix} 0 \\ 0 \\ 0 \end{pmatrix}$

Die Gleichheit der Vektoren liefert dann die Gleichungen:

$-k_1 \qquad + 2k_3 = 0$ **I**
$2k_1 + k_2 - k_3 = 0$ **II**
$5k_1 + 4k_2 + 2k_3 = 0$ **III**

Aus **I** erhalten wir $k_1 = 2k_3$ und setzen dies in **II** und **III** ein:

$k_2 + 3k_3 = 0$ **II′**
$4k_2 + 12k_3 = 0$ **III′**

Da die Gleichung **III′** aus der Gleichung **II′** durch Multiplikation mit 4 entsteht, haben wir eigentlich nur noch die Gleichung $k_2 + 3k_3 = 0$ (**II′**), aus der wir $k_2 = -3k_3$ folgern können.
Wählen wir k_3 als Parameter, dann können wir k_1 und k_2 durch k_3 ausdrücken:
$k_1 = 2k_3,\ k_2 = -3k_3,\ k_3 = k_3$
(Hinweis: Lineare Gleichungssysteme werden in den Kapiteln 2.1 und 2.2 ausführlich behandelt.)

Da wir in unserem Beispiel k_3 als „Parameter" eingeführt haben, erhalten wir für jede spezielle Wahl von k_3 auch eine bestimmte Lösung, zum Beispiel:

Für $k_3 = 1$: $k_1 = 2,\ k_2 = -3,\ k_3 = 1$
Für $k_3 = 0$: $k_1 = 0,\ k_2 = 0,\ k_3 = 0$

Jetzt ist besondere Vorsicht geboten, denn die Lösung $k_1 = k_2 = k_3 = 0$ könnte uns dazu verleiten, zu behaupten, dass die Vektoren linear unabhängig sind. Diese Antwort ist *falsch*, denn die Vektorgleichung ist *nicht nur* für $k_1 = k_2 = k_3 = 0$, sondern zum Beispiel auch für die spezielle Lösung $k_1 = 2,\ k_2 = -3$ und $k_3 = 1$ erfüllt.

Ergebnis: Die drei Vektoren dieses Beispiels sind linear *abhängig*.

1

Aufgabe 9
S. 41

Vergleichen Sie in der Figur 25:

Schritt 1: Geschlossene Vektorkette mit *T* als „Ecke" verwenden.

(*OCTO*): $\overrightarrow{OC} + \overrightarrow{CT} + \overrightarrow{TO} = \vec{o}$

Mit $\overrightarrow{OC} = \frac{3}{5}\vec{a}$ (gegeben), $\overrightarrow{CT} = s \cdot \overrightarrow{CB}$ und $\overrightarrow{TO} = t \cdot \overrightarrow{DO}$ gilt dann:

(*OCTO*): $\frac{3}{5}\vec{a} + s \cdot \overrightarrow{CB} + t \cdot \overrightarrow{DO} = \vec{o}$

Schritt 2:

Vektor $\overrightarrow{CB}$ darstellen. Die Kette (*CBOC*) liefert:

$\overrightarrow{CB} - \vec{b} + \frac{3}{5}\vec{a} = \vec{o} \quad \Rightarrow \quad \overrightarrow{CB} = \vec{b} - \frac{3}{5}\vec{a}$

Aufgabe 9
S. 41
Fortsetzung

Vektor $\overrightarrow{DO}$ darstellen. Die Kette $(DOAD)$ liefert:

$$\overrightarrow{DO} + \vec{a} + \overrightarrow{AD} = \vec{o} \quad \Rightarrow \quad \overrightarrow{DO} = -\vec{a} - \overrightarrow{AD}$$

Für den Pfeil $\overrightarrow{AD}$ gilt $\overrightarrow{AD} = \frac{1}{2}\overrightarrow{AB}$, wobei der Vektor $\overrightarrow{AB}$ zum Beispiel über die Kette $(ABOA)$ durch $\vec{a}$ und $\vec{b}$ ausgedrückt werden kann:

$$\overrightarrow{AB} - \vec{b} + \vec{a} = \vec{o} \quad \Rightarrow \quad \overrightarrow{AB} = \vec{b} - \vec{a}$$

Es gilt daher:

$$\overrightarrow{DO} = -\vec{a} - \overrightarrow{AD} = -\vec{a} - \frac{1}{2}\overrightarrow{AB} = -\vec{a} - \frac{1}{2}(\vec{b} - \vec{a}) = -\vec{a} - \frac{1}{2}\vec{b} + \frac{1}{2}\vec{a} = -\frac{1}{2}\vec{a} - \frac{1}{2}\vec{b}$$

1

$$\overrightarrow{DO} = -\frac{1}{2}\vec{a} - \frac{1}{2}\vec{b}$$

Setzen wir nun die Ausdrücke für die Pfeile $\overrightarrow{CB}$ und $\overrightarrow{DO}$ in die Vektorkette $(OCTO)$: $\frac{3}{5}\vec{a} + s \cdot \overrightarrow{CB} + t \cdot \overrightarrow{DO} = \vec{o}$ ein, dann treten in der geschlossenen Vektorkette nur noch die linear unabhängigen Grundvektoren $\vec{a}$ und $\vec{b}$ auf.

$$(OCTO)\text{:}\quad \frac{3}{5}\vec{a} + s \cdot \left(\vec{b} - \frac{3}{5}\vec{a}\right) + t \cdot \left(-\frac{1}{2}\vec{a} - \frac{1}{2}\vec{b}\right) = \vec{o}$$

Schritt 3:

Die Vektorkette $(OCTO)$ aus Schritt 2 wird nun als Linearkombination der Grundvektoren $\vec{a}$ und $\vec{b}$ dargestellt:

$$\frac{3}{5}\vec{a} + s\vec{b} - \frac{3}{5}s\vec{a} - \frac{1}{2}t\vec{a} - \frac{1}{2}t\vec{b} = \vec{o}$$

$$\left(\frac{3}{5} - \frac{3}{5}s - \frac{1}{2}t\right)\vec{a} + \left(s - \frac{1}{2}t\right)\vec{b} = \vec{o}$$

Schritt 4:

Da die Vektoren $\vec{a}$ und $\vec{b}$ linear unabhängig sind, müssen in der obigen Linearkombination alle Koeffizienten den Wert null haben. Wir erhalten damit das Gleichungssystem:

$$\frac{3}{5} - \frac{3}{5}s - \frac{1}{2}t = 0 \quad |\cdot 10 \quad \Rightarrow \quad 6 - 6s - 5t = 0 \qquad \textbf{I}$$

$$s - \frac{1}{2}t = 0 \quad |\cdot 2 \quad \Rightarrow \quad 2s - t = 0 \qquad \textbf{II}$$

Aus Gleichung **II** folgt: $t = 2s$ und damit aus **I**:

$$6 - 6s - 10s = 0 \quad \Rightarrow \quad 6 = 16s \quad \Rightarrow \quad s = \frac{6}{16} = \frac{3}{8}\,;\ t = 2s = \frac{3}{4}$$

Vorsicht!

Die Lösungen $s = \frac{3}{8}$ und $t = \frac{3}{4}$ geben *noch nicht* die gesuchten Streckenverhältnisse an!
Wir setzen die Zahlen für s und t dort ein, wo wir diese Zahlen in die Rechnung eingeführt haben:

$$\overrightarrow{CT} = s \cdot \overrightarrow{CB} = \frac{3}{8}\overrightarrow{CB} = 3 \cdot \frac{\overrightarrow{CB}}{8}$$

Nehmen wir die Länge des Pfeils $\frac{\overrightarrow{CB}}{8}$ als Längeneinheit, dann entfallen auf die Streckenlänge $\overline{CT}$ drei solche Längeneinheiten. Für die Streckenlänge $\overline{TD}$ bleiben noch 5 solche Teile übrig.
Der Punkt T teilt also die Streckenlänge $\overline{CD}$ im Verhältnis $3:5$.

Aus $\overrightarrow{TO} = t \cdot \overrightarrow{DO} = \frac{3}{4}\overrightarrow{DO} = 3 \cdot \frac{\overrightarrow{DO}}{4}$ folgt dann:
Der Punkt T teilt die Streckenlänge $\overline{OD}$ im Verhältnis $3:1$.

Aufgabe 10
S. 42

1

Vergleichen Sie in der Figur 26:

Schritt 1: Geschlossene Vektorkette mit T als „Ecke" verwenden.

$(OTDO)$: $\overrightarrow{OT} + \overrightarrow{TD} + \overrightarrow{DO} = \vec{o}$

Mit $\overrightarrow{OT} = s \cdot \overrightarrow{OA} = s\vec{a}$, $\overrightarrow{TD} = t \cdot \overrightarrow{CD}$ und $\overrightarrow{DO} = -\frac{1}{3}\vec{b}$ gilt dann: $s\vec{a} + t \cdot \overrightarrow{CD} - \frac{1}{3}\vec{b} = \vec{o}$

Schritt 2: Vektor $\overrightarrow{CD}$ durch die Grundvektoren $\vec{a}$ und $\vec{b}$ ausdrücken.

$(CDBC)$: $\overrightarrow{CD} + \frac{2}{3}\vec{b} + \overrightarrow{BC} = \vec{o} \quad \Rightarrow \quad \overrightarrow{CD} = -\frac{2}{3}\vec{b} - \overrightarrow{BC}$

Für den Pfeil $\overrightarrow{BC}$ gilt: $\overrightarrow{BC} = \overrightarrow{BA} + \overrightarrow{AC} = \overrightarrow{BA} + \frac{1}{2}\overrightarrow{BA} = \frac{3}{2}\overrightarrow{BA}$

Zur Darstellung des Pfeils $\overrightarrow{BA}$ verwenden wir nun die Kette
$(BAOB)$: $\overrightarrow{BA} - \vec{a} + \vec{b} = \vec{o} \quad \Rightarrow \quad \overrightarrow{BA} = \vec{a} - \vec{b}$

Damit erhalten wir schließlich:

$$\overrightarrow{CD} = -\frac{2}{3}\vec{b} - \overrightarrow{BC} = -\frac{2}{3}\vec{b} - \frac{3}{2}\overrightarrow{BA} = -\frac{2}{3}\vec{b} - \frac{3}{2}(\vec{a} - \vec{b}) = -\frac{2}{3}\vec{b} - \frac{3}{2}\vec{a} + \frac{3}{2}\vec{b}$$

$$\overrightarrow{CD} = \frac{5}{6}\vec{b} - \frac{3}{2}\vec{a}$$

Wir setzen nun diesen Ausdruck für den Pfeil $\overrightarrow{CD}$ ein:
$(OTDO)$: $s\vec{a} + t \cdot \overrightarrow{CD} - \frac{1}{3}\vec{b} = \vec{o}$ lautet dann: $s\vec{a} + t\left(\frac{5}{6}\vec{b} - \frac{3}{2}\vec{a}\right) - \frac{1}{3}\vec{b} = \vec{o}$

Schritt 3:

Die Komponenten der Vektorkette $(OTDO)$ aus Schritt 2 werden nun zusammengefasst und als Linearkombination der Grundvektoren $\vec{a}$ und $\vec{b}$ dargestellt.

$$s\vec{a} + \frac{5}{6}t\vec{b} - \frac{3}{2}t\vec{a} - \frac{1}{3}\vec{b} = \vec{o}$$

$$\left(s - \frac{3}{2}t\right)\vec{a} + \left(\frac{5}{6}t - \frac{1}{3}\right)\vec{b} = \vec{o}$$

Schritt 4:

Da die Grundvektoren $\vec{a}$ und $\vec{b}$ linear unabhängig sind, müssen in der obigen Linearkombination alle Koeffizienten den Wert null haben. Wir erhalten damit das Gleichungssystem:

$$s - \frac{3}{2}t = 0 \quad | \cdot 2 \quad \Rightarrow \quad 2s - 3t = 0 \quad \textbf{I}$$

$$\frac{5}{6}t - \frac{1}{3} = 0 \quad | \cdot 6 \quad \Rightarrow \quad 5t - 2 = 0 \quad \textbf{II} \quad \Rightarrow \quad t = \frac{2}{5}$$

Aufgabe 10
S. 42
Fortsetzung

Mit $t = \frac{2}{5}$ liefert die Gleichung **I**: $2s - 3 \cdot \frac{2}{5} = 0 \quad \Rightarrow \quad s = \frac{3}{5}$

Vorsicht!

Die Zahlen $s = \frac{3}{5}$ oder $t = \frac{2}{5}$ geben noch kein Teilverhältnis an.
Da in der Aufgabe gefragt ist, in welchem Verhältnis der Punkt T die Streckenlänge $\overline{OA}$ teilt und wir den Pfeil $\overrightarrow{OT} = s \cdot \vec{a}$ eingeführt haben, benötigen wir nur den Wert $s = \frac{3}{5}$.

Aus $\overrightarrow{OT} = s \cdot \vec{a} = \frac{3}{5}\vec{a} = 3 \cdot \frac{\vec{a}}{5}$ erhalten wir nun das gesuchte Teilverhältnis, wenn wir

1 die Länge des Pfeils $\frac{\vec{a}}{5}$ als Längeneinheit vereinbaren:

Auf die Streckenlänge $\overline{OT}$ entfallen 3 solche Längeneinheiten; für die Streckenlänge $\overline{TA}$ bleiben dann noch 2 solche Einheiten übrig.
Der Punkt T teilt die Streckenlänge $\overline{OA}$ im Verhältnis $3:2$.

Aufgabe 11
S. 45

11.1 T teilt $[BA]$ $\qquad \overrightarrow{BT} = \lambda \cdot \overrightarrow{TA} \quad \Rightarrow \quad \vec{t} - \vec{b} = \lambda \cdot (\vec{a} - \vec{t})$

$$\begin{pmatrix} -9 \\ 6 \\ -22 \end{pmatrix} - \begin{pmatrix} -2 \\ -1 \\ 6 \end{pmatrix} = \lambda \cdot \left[\begin{pmatrix} -3 \\ 0 \\ 2 \end{pmatrix} - \begin{pmatrix} -9 \\ 6 \\ -22 \end{pmatrix} \right] \quad \Rightarrow \quad \begin{pmatrix} -7 \\ 7 \\ -28 \end{pmatrix} = \lambda \cdot \begin{pmatrix} 6 \\ -6 \\ 24 \end{pmatrix} \quad \Rightarrow \quad \lambda = -\frac{7}{6}$$

11.2 A teilt $[TB]$ $\qquad \overrightarrow{TA} = \lambda \cdot \overrightarrow{AB} \quad \Rightarrow \quad \vec{a} - \vec{t} = \lambda \cdot (\vec{b} - \vec{a})$

$$\begin{pmatrix} -3 \\ 0 \\ 2 \end{pmatrix} - \begin{pmatrix} -9 \\ 6 \\ -22 \end{pmatrix} = \lambda \cdot \left[\begin{pmatrix} -2 \\ -1 \\ 6 \end{pmatrix} - \begin{pmatrix} -3 \\ 0 \\ 2 \end{pmatrix} \right] \quad \Rightarrow \quad \begin{pmatrix} 6 \\ -6 \\ 24 \end{pmatrix} = \lambda \cdot \begin{pmatrix} 1 \\ -1 \\ 4 \end{pmatrix} \quad \Rightarrow \quad \lambda = \frac{6}{1} = 6$$

11.3 A teilt $[BT]$ $\qquad \overrightarrow{BA} = \lambda \cdot \overrightarrow{AT} \quad \Rightarrow \quad \vec{a} - \vec{b} = \lambda \cdot (\vec{t} - \vec{a})$

$$\begin{pmatrix} -3 \\ 0 \\ 2 \end{pmatrix} - \begin{pmatrix} -2 \\ -1 \\ 6 \end{pmatrix} = \lambda \cdot \left[\begin{pmatrix} -9 \\ 6 \\ -22 \end{pmatrix} - \begin{pmatrix} -3 \\ 0 \\ 2 \end{pmatrix} \right] \quad \Rightarrow \quad \begin{pmatrix} -1 \\ 1 \\ -4 \end{pmatrix} = \lambda \cdot \begin{pmatrix} -6 \\ 6 \\ -24 \end{pmatrix} \quad \Rightarrow \quad \lambda = \frac{1}{6}$$

11.4 B teilt $[AT]$ $\qquad \overrightarrow{AB} = \lambda \cdot \overrightarrow{BT} \quad \Rightarrow \quad \vec{b} - \vec{a} = \lambda \cdot (\vec{t} - \vec{b})$

$$\begin{pmatrix} -2 \\ -1 \\ 6 \end{pmatrix} - \begin{pmatrix} -3 \\ 0 \\ 2 \end{pmatrix} = \lambda \cdot \left[\begin{pmatrix} -9 \\ 6 \\ -22 \end{pmatrix} - \begin{pmatrix} -2 \\ -1 \\ 6 \end{pmatrix} \right] \quad \Rightarrow \quad \begin{pmatrix} 1 \\ -1 \\ 4 \end{pmatrix} = \lambda \cdot \begin{pmatrix} -7 \\ 7 \\ -28 \end{pmatrix} \quad \Rightarrow \quad \lambda = -\frac{1}{7}$$

11.5 B teilt $[TA]$ $\qquad \overrightarrow{TB} = \lambda \cdot \overrightarrow{BA} \quad \Rightarrow \quad \vec{b} - \vec{t} = \lambda \cdot (\vec{a} - \vec{b})$

$$\begin{pmatrix} -2 \\ -1 \\ 6 \end{pmatrix} - \begin{pmatrix} -9 \\ 6 \\ -22 \end{pmatrix} = \lambda \cdot \left[\begin{pmatrix} -3 \\ 0 \\ 2 \end{pmatrix} - \begin{pmatrix} -2 \\ -1 \\ 6 \end{pmatrix} \right] \quad \Rightarrow \quad \begin{pmatrix} 7 \\ -7 \\ 28 \end{pmatrix} = \lambda \cdot \begin{pmatrix} -1 \\ 1 \\ -4 \end{pmatrix} \quad \Rightarrow \quad \lambda = -7$$

Aufgabe 12
S. 47

$\lambda_1 = -2$:

$$\begin{aligned} (AB, T) &= -2 \\ \overrightarrow{AT} &= -2 \cdot \overrightarrow{TB} \\ \vec{t} - \vec{a} &= -2(\vec{b} - \vec{t}) \\ \vec{t} - \vec{a} &= -2\vec{b} + 2\vec{t} \\ \vec{t} &= 2\vec{b} - \vec{a} \end{aligned}$$

$$\vec{t} = \begin{pmatrix} 6 \\ -12 \\ 52 \end{pmatrix} - \begin{pmatrix} -2 \\ -1 \\ 6 \end{pmatrix} = \begin{pmatrix} 8 \\ -11 \\ 46 \end{pmatrix} \quad \Rightarrow \quad T(8; -11; 46)$$

$\lambda_2 = 5$:

$$\begin{aligned} (AB, T) &= 5 \\ \overrightarrow{AT} &= 5 \cdot \overrightarrow{TB} \\ \vec{t} - \vec{a} &= 5(\vec{b} - \vec{t}) \\ \vec{t} - \vec{a} &= 5\vec{b} - 5\vec{t} \\ 6\vec{t} &= 5\vec{b} + \vec{a} \end{aligned}$$

$$6\vec{t} = \begin{pmatrix} 15 \\ -30 \\ 130 \end{pmatrix} + \begin{pmatrix} -2 \\ -1 \\ 6 \end{pmatrix} = \begin{pmatrix} 13 \\ -31 \\ 136 \end{pmatrix} \quad \Rightarrow \quad \vec{t} = \begin{pmatrix} \frac{13}{6} \\ \frac{-31}{6} \\ \frac{136}{6} \end{pmatrix} \quad \Rightarrow \quad T\left(\frac{13}{6}; \frac{-31}{6}; \frac{136}{6}\right)$$

$\lambda_3 = -\frac{3}{2}$:

$$\begin{aligned} (AB, T) &= -\frac{3}{2} \\ \overrightarrow{AT} &= -\frac{3}{2} \cdot \overrightarrow{TB} \\ \vec{t} - \vec{a} &= -\frac{3}{2}(\vec{b} - \vec{t}) \quad |\cdot 2 \\ 2\vec{t} - 2\vec{a} &= -3\vec{b} + 3\vec{t} \\ \vec{t} &= 3\vec{b} - 2\vec{a} \end{aligned}$$

$$\vec{t} = \begin{pmatrix} 9 \\ -18 \\ 78 \end{pmatrix} - \begin{pmatrix} -4 \\ -2 \\ 12 \end{pmatrix} = \begin{pmatrix} 13 \\ -16 \\ 66 \end{pmatrix} \quad \Rightarrow \quad T(13; -16; 66)$$

Aufgabe 13
S. 49

13.1 Das Teilverhältnis $(AB, S) = \lambda_S$ besagt, dass der Punkt S die Strecke $[AB]$ teilt.

$$\overrightarrow{AS} = \lambda_S \cdot \overrightarrow{SB} \quad \Rightarrow \quad \vec{s} - \vec{a} = \lambda_S \cdot (\vec{b} - \vec{s})$$

Durch Einsetzen der Koordinaten der Punkte A, B und S folgt:

$$\begin{pmatrix} s_1 \\ 8 \\ s_3 \end{pmatrix} - \begin{pmatrix} 8 \\ 6 \\ -3 \end{pmatrix} = \lambda_S \cdot \left[\begin{pmatrix} -16 \\ 18 \\ -39 \end{pmatrix} - \begin{pmatrix} s_1 \\ 8 \\ s_3 \end{pmatrix}\right] \quad \Rightarrow \quad \begin{pmatrix} s_1 - 8 \\ 2 \\ s_3 + 3 \end{pmatrix} = \lambda_S \cdot \begin{pmatrix} -16 - s_1 \\ 10 \\ -39 - s_3 \end{pmatrix}$$

Dieser Vektorgleichung entsprechen die drei Koordinatengleichungen:

$$\begin{aligned} s_1 - 8 &= \lambda_S \cdot (-16 - s_1) && \textbf{I} \\ 2 &= 10 \cdot \lambda_S && \textbf{II} \\ s_3 + 3 &= \lambda_S \cdot (-39 - s_3) && \textbf{III} \end{aligned}$$

Aus der Gleichung **II** folgt: $\lambda_S = \frac{2}{10} = \frac{1}{5}$

Dieser Wert für λ_S muss auch in den Gleichungen **I** und **III** gelten, da nach Voraussetzung der Punkt S die Strecke $[AB]$ teilt.

$$\begin{aligned} s_1 - 8 &= \frac{1}{5}(-16 - s_1) \quad |\cdot 5 && \textbf{I'} \\ s_3 + 3 &= \frac{1}{5}(-39 - s_3) \quad |\cdot 5 && \textbf{III'} \end{aligned}$$

$$5s_1 - 40 = -16 - s_1 \quad \Rightarrow \quad 6s_1 = 24 \quad \Rightarrow \quad s_1 = 4$$
$$5s_3 + 15 = -39 - s_3 \quad \Rightarrow \quad 6s_3 = -54 \quad \Rightarrow \quad s_3 = -9$$

Ergebnis: Der Punkt $S(4; 8; -9)$ teilt die Strecke $[AB]$ im Verhältnis $\lambda_S = \frac{1}{5}$.

Aufgabe 13
S. 49
Fortsetzung

13.2 Wenn $(AB, S) = \frac{1}{5}$ gilt und T der vierte harmonische Punkt ist, dann folgt: $(AB, T) = -\frac{1}{5}$, da $\lambda_T = -\lambda_S$ sein muss.

$$\overrightarrow{AT} = -\frac{1}{5}\cdot\overrightarrow{TB} \quad\Rightarrow\quad \vec{t}-\vec{a} = -\frac{1}{5}(\vec{b}-\vec{t}) \quad |\cdot 5$$
$$5\vec{t}-5\vec{a} = -\vec{b}+\vec{t}$$
$$4\vec{t} = 5\vec{a}-\vec{b}$$

$$4\vec{t} = \begin{pmatrix}40\\30\\-15\end{pmatrix} - \begin{pmatrix}-16\\18\\-39\end{pmatrix} = \begin{pmatrix}56\\12\\24\end{pmatrix} \quad\Rightarrow\quad \vec{t} = \begin{pmatrix}14\\3\\6\end{pmatrix} \quad\Rightarrow\quad T(14;3;6)$$

1

13.3 Die Punkte A und B teilen dann die Strecke $[AB]$ harmonisch, wenn gilt: $\lambda_A = (ST, A) = -\lambda_B = -(ST, B)$

Berechnung von λ_A: $\overrightarrow{SA} = \lambda_A\cdot\overrightarrow{AT} \quad\Rightarrow\quad \vec{a}-\vec{s} = \lambda_A\cdot(\vec{t}-\vec{a})$

$$\begin{pmatrix}8\\6\\-3\end{pmatrix} - \begin{pmatrix}4\\8\\-9\end{pmatrix} = \lambda_A\cdot\left[\begin{pmatrix}14\\3\\6\end{pmatrix} - \begin{pmatrix}8\\6\\-3\end{pmatrix}\right]$$

$$\begin{pmatrix}4\\-2\\6\end{pmatrix} = \lambda_A\cdot\begin{pmatrix}6\\-3\\9\end{pmatrix} \quad\Rightarrow\quad \lambda_A = \frac{2}{3}$$

Der Punkt A teilt also die Strecke $[ST]$ im Verhältnis $\lambda_A = \frac{2}{3}$.

Berechnung von λ_B: $\lambda_B = (ST, B) \quad\Rightarrow\quad \overrightarrow{SB} = \lambda_B\cdot\overrightarrow{BT}$

$$\vec{b}-\vec{s} = \lambda_B\cdot(\vec{t}-\vec{b})$$

$$\begin{pmatrix}-16\\18\\-39\end{pmatrix} - \begin{pmatrix}4\\8\\-9\end{pmatrix} = \lambda_B\cdot\left[\begin{pmatrix}14\\3\\6\end{pmatrix} - \begin{pmatrix}-16\\18\\-39\end{pmatrix}\right]$$

$$\begin{pmatrix}-20\\10\\-30\end{pmatrix} = \lambda_B\cdot\begin{pmatrix}30\\-15\\45\end{pmatrix} \quad\Rightarrow\quad \lambda_B = -\frac{2}{3}$$

Ergebnis: Der Punkt B teilt die Strecke $[ST]$ im Verhältnis $\lambda_B = -\frac{2}{3}$.

Wegen $(ST, A) = \frac{2}{3}$ und $(ST, B) = -\frac{2}{3}$ gilt dann $(ST, A) = -(ST, B)$ und die Strecke $[ST]$ wird durch die Punkte A und B harmonisch geteilt.

Aufgabe 14
S. 62

Für $\vec{a}\times\vec{b}$ gilt: $\vec{a}\times\vec{b} = \begin{pmatrix}a_2b_3-a_3b_2\\a_3b_1-a_1b_3\\a_1b_2-a_2b_1\end{pmatrix}$

Die Definition des Vektorprodukts ergibt: $\vec{b}\times\vec{a} = \begin{pmatrix}b_2a_3-b_3a_2\\b_3a_1-b_1a_3\\b_1a_2-b_2a_1\end{pmatrix}$

Aus dem Vektor $\vec{b}\times\vec{a}$ erhalten wir nun den Vektor $-(\vec{b}\times\vec{a})$, wenn wir bei allen Koordinaten von $\vec{b}\times\vec{a}$ die Vorzeichen wechseln:

$$-(\vec{b}\times\vec{a}) = \begin{pmatrix} b_3a_2 - b_2a_3 \\ b_1a_3 - b_3a_1 \\ b_2a_1 - b_1a_2 \end{pmatrix} = \begin{pmatrix} a_2b_3 - a_3b_2 \\ a_3b_1 - a_1b_3 \\ a_1b_2 - a_2b_1 \end{pmatrix} = \vec{a}\times\vec{b}$$

15.1 Wir berechnen zunächst das Vektorprodukt $\vec{a}\times\vec{b}$ für die Vektoren

Aufgabe 15
S. 65

$\vec{a} = \begin{pmatrix} 3 \\ 4 \\ -2 \end{pmatrix}$ und $\vec{b} = \begin{pmatrix} 1 \\ 5 \\ 8 \end{pmatrix}$. Mit dem Schema $\begin{array}{c|cccc} 3 & 4 & -2 & 3 & 4 \\ 1 & 5 & 8 & 1 & 5 \end{array}$ erhalten wir:

$$n_1 = \begin{vmatrix} 4 & -2 \\ 5 & 8 \end{vmatrix} = 32 + 10 = 42, \quad n_2 = \begin{vmatrix} -2 & 3 \\ 8 & 1 \end{vmatrix} = -2 - 24 = -26, \quad n_3 = \begin{vmatrix} 3 & 4 \\ 1 & 5 \end{vmatrix} = 15 - 4 = 11$$

$$\vec{a}\times\vec{b} = \begin{pmatrix} n_1 \\ n_2 \\ n_3 \end{pmatrix} = \begin{pmatrix} 42 \\ -26 \\ 11 \end{pmatrix}$$

$$(\vec{a}\times\vec{b})\cdot\vec{c}_1 = \begin{pmatrix} 42 \\ -26 \\ 11 \end{pmatrix}\cdot\begin{pmatrix} 3 \\ 4 \\ 9 \end{pmatrix} = 126 - 104 + 99 = 121 > 0$$

Die Vektoren $\vec{a}$, $\vec{b}$ und $\vec{c}_1$ sind linear *unabhängig* und der Spat hat die Volumenmaßzahl $V = 121$. ($\vec{a}$, $\vec{b}$, $\vec{c}_1$ ist ein rechtsorientiertes Dreibein.)

15.2 Den Vektor $\vec{a}\times\vec{b}$ übernehmen wir aus 15.1.

$$(\vec{a}\times\vec{b})\cdot\vec{c}_2 = \begin{pmatrix} 42 \\ -26 \\ 11 \end{pmatrix}\cdot\begin{pmatrix} 3 \\ 4 \\ -9 \end{pmatrix} = 126 - 104 - 99 = -77 < 0$$

Die Vektoren $\vec{a}$, $\vec{b}$ und $\vec{c}_2$ sind linear *unabhängig* und bilden ein linksorientiertes Dreibein. Spaltvolumen $V = 77$.

15.3 $(\vec{a}\times\vec{b})\cdot\vec{c}_3 = \begin{pmatrix} 42 \\ -26 \\ 11 \end{pmatrix}\cdot\begin{pmatrix} 3 \\ 4 \\ -2 \end{pmatrix} = 126 - 104 - 22 = 0$

Die Vektoren $\vec{a}$, $\vec{b}$ und $\vec{c}_3$ sind komplanar, das heißt, sie liegen in einer Ebene. Spatvolumen $V = 0$.

Lösungen Kap. 2

16.1 Das Gleichungssystem hat genau eine Lösung, wenn die Determinante D der Koeffizientenmatrix von null verschieden ist.

Aufgabe 16
S. 72

$$D = \begin{vmatrix} r+2 & 1 \\ r+8 & r-2 \end{vmatrix} = (r+2)(r-2) - 1\cdot(r+8) = r^2 - 4 - r - 8 = r^2 - r - 12 = (r-4)(r+3)$$

Für $r \in \mathbb{R}\setminus\{4; -3\}$ hat das Gleichungssystem genau eine Lösung.

$$x_1 = \frac{\begin{vmatrix} 3 & 1 \\ 2+r & r-2 \end{vmatrix}}{D} = \frac{3(r-2) - 1\cdot(2+r)}{(r-4)(r+3)} = \frac{3r - 6 - 2 - r}{(r-4)(r+3)} = \frac{2r-8}{(r-4)(r+3)} =$$

$$= \frac{2(r-4)}{(r-4)(r+3)} = \frac{2}{r+3}$$

Aufgabe 16
S. 72
Fortsetzung

$$x_2 = \frac{\begin{vmatrix} r+2 & 3 \\ r+8 & 2+r \end{vmatrix}}{D} = \frac{(r+2)(r+2) - 3(r+8)}{(r-4)(r+3)} = \frac{r^2 + 4r + 4 - 3r - 24}{(r-4)(r+3)} =$$

$$= \frac{r^2 + r - 20}{(r-4)(r+3)} = \frac{(r-4)(r+5)}{(r-4)(r+3)} = \frac{r+5}{r+3}$$

Fall $r = 4$:

$$\begin{aligned} 6x_1 + 1x_2 &= 3 \quad \textbf{I} \\ 12x_1 + 2x_2 &= 6 \quad \textbf{II} \end{aligned} \quad \Rightarrow \quad \textbf{II} = 2 \cdot \textbf{I}$$

Mit $x_1 = t$ lautet die Gleichung **I**: $6t + x_2 = 3 \quad \Rightarrow \quad x_2 = 3 - 6t$

Alle Zahlenpaare $(t; 3 - 6t)$ mit $t \in \mathbb{R}$ erfüllen das Gleichungssystem.
Sie können die Lösungsmenge L auch so angeben: $L = \{(x_1; x_2) \mid 6x_1 + x_2 - 3 = 0\}$

2

Fall $r = -3$:

$$\begin{aligned} -1x_1 + 1x_2 &= 3 \quad | \cdot (-5) \quad \textbf{I} \\ 5x_1 - 5x_2 &= -1 \quad \textbf{II} \end{aligned}$$

$$\begin{aligned} 5x_1 - 5x_2 &= -15 \quad \textbf{I}' \\ 5x_1 - 5x_2 &= -1 \quad \textbf{II} \end{aligned} \quad \Rightarrow \quad -15 = -1 \quad \text{Widerspruch}$$

Für $r = -3$ hat das Gleichungssystem keine Lösung.

16.2 Das Gleichungssystem hat genau eine Lösung, wenn die Determinante D der Koeffizientenmatrix ungleich null ist.

$$D = \begin{vmatrix} r & 1 \\ 3 & r-2 \end{vmatrix} = r(r-2) - 3 = r^2 - 2r - 3 = (r-3)(r+1)$$

Für $r \in \mathbb{R} \setminus \{3; -1\}$ hat das Gleichungssystem genau eine Lösung.

$$x_1 = \frac{\begin{vmatrix} 5-r & 1 \\ 2 & r-2 \end{vmatrix}}{D} = \frac{(5-r)(r-2) - 1 \cdot 2}{(r-3)(r+1)} = \frac{5r - 10 - r^2 + 2r - 2}{(r-3)(r+1)} = \frac{-r^2 + 7r - 12}{(r-3)(r+1)} =$$

$$= \frac{-(r-4)(r-3)}{(r-3)(r+1)} = \frac{4-r}{r+1}$$

$$x_2 = \frac{\begin{vmatrix} r & 5-r \\ 3 & 2 \end{vmatrix}}{D} = \frac{2r - (5-r) \cdot 3}{(r-3)(r+1)} = \frac{2r - 15 + 3r}{(r-3)(r+1)} = \frac{5r - 15}{(r-3)(r+1)} = \frac{5(r-3)}{(r-3)(r+1)} = \frac{5}{r+1}$$

Fall $r = 3$:

$$\begin{aligned} 3x_1 + 1x_2 &= 2 \quad \textbf{I} \\ 3x_1 + 1x_2 &= 2 \quad \textbf{II} \end{aligned} \quad \Rightarrow \quad \textbf{I} = 1 \cdot \textbf{II}$$

Mit $x_1 = t$ gilt: $3t + x_2 = 2 \quad \Rightarrow \quad x_2 = 2 - 3t$

Alle Zahlenpaare $(t; 2 - 3t)$ mit $t \in \mathbb{R}$ erfüllen das Gleichungssystem. Für $r = 3$ haben wir eine unendliche einparametrige Lösungsmenge L.
Sie können diese Lösungsmenge L auch so angeben: $L = \{(x_1; x_2) \mid 3x_1 + x_2 - 2 = 0\}$

Fall $r = -1$:

$$\begin{aligned} -1x_1 + 1x_2 &= 6 \quad | \cdot (-3) \quad \textbf{I} \\ 3x_1 - 3x_2 &= 2 \quad \textbf{II} \end{aligned}$$

$$\begin{aligned} 3x_1 - 3x_2 &= -18 \quad \textbf{I}' \\ 3x_1 - 3x_2 &= 2 \quad \textbf{II} \end{aligned}$$

Aus der falschen Aussage $-18=2$ folgt aber, dass das Gleichungssystem für $r=-1$ keine Lösung hat.

16.3 Für $r \in \mathbb{R}\setminus\{-1; 3\}$ hat das Gleichungssystem die eindeutige Lösung $x_1=-\frac{1}{7}$ und $x_2=-\frac{5}{14}$.

Sonderfall $r=-1$: $L=\{(x_1; x_2) \mid 7x_1+1=0\}$
Sonderfall $r=3$: $L=\{(x_1; x_2) \mid x_1+8x_2+3=0\}$

16.4 Für $r \in \mathbb{R}\setminus\{0; 1\}$ hat das Gleichungssystem die eindeutige Lösung $x_1=3$ und $x_2=0$.

Sonderfall $r=0$: $L=\{(x_1; x_2) \mid x_1+2x_2-3=0\}$
Sonderfall $r=1$: $L=\{(x_1; x_2) \mid x_1+x_2-3=0\}$

2

Aufgabe 17
S. 84

17.1

x_1	x_2	x_3	RS
0	1	1	3
0	1	−1	1
2	1	1	5

Damit wir das GAUSS-Verfahren in der üblichen Form durchführen können, vertauschen wir die erste Zeile mit der dritten Zeile:

x_1	x_2	x_3	RS	
2	1	1	5	
0	1	−1	1	$\mid \cdot 1$
0	1	1	3	$\mid \cdot (-1)$
2	1	1	5	
0	1	−1	1	
0	0	−2	−2	

0	1	−1	1
0	−1	−1	−3
0	0	−2	−2

Die dritte Zeile lautet $-2x_3=-2$ und liefert $x_3=1$.
Zweite Zeile: $1x_2-1\cdot 1=1 \quad \Rightarrow \quad x_2=2$
Erste Zeile: $2x_1+2+1=5 \quad \Rightarrow \quad 2x_1=2 \quad \Rightarrow \quad x_1=1$

Das Gleichungssystem ist eindeutig lösbar und hat die Lösung $(x_1; x_2; x_3)=(1; 2; 1)$.

17.2

x_1	x_2	x_3	RS	
3	2	6	−2	$\mid \cdot 2$
2	4	−3	10	$\mid \cdot (-3)$
4	−5	7	7	
3	2	6	−2	$\mid \cdot 4$
0	−8	21	−34	
4	−5	7	7	$\mid \cdot (-3)$
3	2	6	−2	
0	−8	21	−34	$\mid \cdot 23$
0	23	3	−29	$\mid \cdot 8$
3	2	6	−2	
0	−8	21	−34	
0	0	507	−1014	

6	4	12	−4
−6	−12	9	−30
0	−8	21	−34

12	8	24	−8
−12	15	−21	−21
0	23	3	−29

0	−184	483	−782
0	184	24	−232
0	0	507	−1014

Aufgabe 17
S. 84
Fortsetzung

Die dritte Zeile lautet $507x_3 = -1014$ und liefert $x_3 = -2$.

Zweite Zeile: $-8x_2 + 21(-2) = -34 \Rightarrow -8x_2 - 42 = -34$

$$8x_2 = 34 - 42$$
$$8x_2 = -8 \Rightarrow x_2 = -1$$

Erste Zeile: $3x_1 + 2(-1) + 6(-2) = -2 \Rightarrow 3x_1 - 2 - 12 = -2$

$$3x_1 = 12 \Rightarrow x_1 = 4$$

Das Gleichungssystem ist eindeutig lösbar und hat die Lösung $(x_1; x_2; x_3) = (4; -1; -2)$.

17.3

x_1	x_2	x_3	RS
0	1	−1	1
1	1	0	3
2	1	1	5

2

Damit wir das GAUSS-Verfahren in der üblichen Form durchführen können, vertauschen wir die zweite und die erste Zeile.

x_1	x_2	x_3	RS	
1	1	0	3	$\vert\cdot 2$
0	1	−1	1	
2	1	1	5	$\vert\cdot(-1)$
1	1	0	3	
0	1	−1	1	$\vert\cdot 1$
0	1	−1	1	$\vert\cdot(-1)$
1	1	0	3	
0	1	−1	1	
0	0	0	0	

2	2	0	6
−2	−1	−1	−5
0	1	−1	1

0	1	−1	1
0	−1	1	−1
0	0	0	0

Da genau eine Nullzeile auftritt, können wir $x_3 = t$ mit $t \in \mathbb{R}$ als Parameter einführen.
Zweite Zeile: $1x_2 - t = 1 \Rightarrow x_2 = 1 + t$
Erste Zeile: $x_1 + 1 + t + 0 \cdot t = 3 \Rightarrow x_1 = 2 - t$

Das Gleichungssystem hat eine unendliche einparametrige Lösungsmenge, die durch $(x_1; x_2; x_3) = (2 - t; 1 + t; t)$ und $t \in \mathbb{R}$ dargestellt werden kann.

Spezielle Lösungen:

Zum Beispiel $t = 0$: $(2; 1; 0)$; $t = 4$: $(-2; 5; 4)$

17.4 Das Gleichungssystem hat die eindeutige Lösung: $x_1 = 3$, $x_2 = 1$ und $x_3 = -1$

17.5 Das Gleichungssystem hat eine unendlich einparametrige Lösungsmenge, die mit dem Parameter $x_3 = t$, $t \in \mathbb{R}$ so dargestellt werden kann:

$$x_1 = \frac{26 - 7t}{5}, \quad x_2 = \frac{t + 7}{5}, \quad x_3 = t$$

Aufgabe 18
S. 91

18.1 Beschreibt man die Gerade h mithilfe des Aufpunkts $C(2; -5)$ und des Richtungsvektors $\vec{r}_h = \overrightarrow{CD} = \vec{d} - \vec{c}$, dann lautet eine vektorielle Parameterform von h:

$\vec{x} = \vec{c} + k \cdot (\vec{d} - \vec{c})$

Mit $\vec{c} = \begin{pmatrix} 2 \\ -5 \end{pmatrix}$ und $\vec{d} - \vec{c} = \begin{pmatrix} 13 \\ 4 \end{pmatrix} - \begin{pmatrix} 2 \\ -5 \end{pmatrix} = \begin{pmatrix} 11 \\ 9 \end{pmatrix}$ erhalten wir: $h\colon \vec{x} = \begin{pmatrix} 2 \\ -5 \end{pmatrix} + k \cdot \begin{pmatrix} 11 \\ 9 \end{pmatrix}$

Um diese vektorielle Parameterform der Geraden(gleichung) in eine Normalenform überzuführen, multiplizieren wir sie skalar mit dem Vektor $\begin{pmatrix} 9 \\ -11 \end{pmatrix}$, der auf dem Richtungsvektor $\vec{r}_h = \begin{pmatrix} 11 \\ 9 \end{pmatrix}$ der Geraden h senkrecht steht. Damit erreichen wir, dass der Parameter k in der vektoriellen Parameterform den Faktor null bekommt und so verschwindet.

$$h\colon \quad \vec{x} = \begin{pmatrix} 2 \\ -5 \end{pmatrix} + k \cdot \begin{pmatrix} 11 \\ 9 \end{pmatrix} \quad \Big| \cdot \begin{pmatrix} 9 \\ -11 \end{pmatrix}$$

$$\begin{pmatrix} x_1 \\ x_2 \end{pmatrix} \cdot \begin{pmatrix} 9 \\ -11 \end{pmatrix} = \begin{pmatrix} 2 \\ -5 \end{pmatrix} \cdot \begin{pmatrix} 9 \\ -11 \end{pmatrix} + k \cdot \begin{pmatrix} 11 \\ 9 \end{pmatrix} \cdot \begin{pmatrix} 9 \\ -11 \end{pmatrix}$$

$$9x_1 - 11x_2 = 18 + 55 + k(99 - 99)$$

$$h\colon \quad 9x_1 - 11x_2 = 73 + k \cdot 0$$

$$h\colon\ 9x_1 - 11x_2 - 73 = 0 \quad \text{oder} \quad \begin{pmatrix} 9 \\ -11 \end{pmatrix} \cdot \vec{x} - 73 = 0$$

18.2 Gleichung der x_1-Achse: $\vec{x} = \vec{o} + r \cdot \vec{e}_1$ bzw. $\vec{x} = r \cdot \begin{pmatrix} 1 \\ 0 \end{pmatrix}$

Die skalare Multiplikation mit $\begin{pmatrix} 0 \\ -1 \end{pmatrix}$ liefert dann eine Normalenform der x_1-Achse:

$0x_1 - 1x_2 = 0$ oder kurz: $x_2 = 0$

Gleichung der x_2-Achse: $\vec{x} = \vec{o} + k \cdot \vec{e}_2$ bzw. $\vec{x} = k \cdot \begin{pmatrix} 0 \\ 1 \end{pmatrix}$

Die skalare Multiplikation mit $\begin{pmatrix} -1 \\ 0 \end{pmatrix}$ liefert dann eine Normalenform der x_2-Achse:

$-1x_1 + 0x_2 = 0$ oder kurz: $x_1 = 0$

Da die gesuchte Gerade h parallel zur Geraden g liegt, übernehmen wir den Richtungsvektor $\vec{r}_g = \begin{pmatrix} -4 \\ 9 \end{pmatrix}$ der Geraden g und hängen ihn im Aufpunkt $A(2; -3)$ an:

$$h\colon\ \vec{x} = \begin{pmatrix} 2 \\ -3 \end{pmatrix} + s \cdot \begin{pmatrix} -4 \\ 9 \end{pmatrix}$$

Die skalare Multiplikation mit dem Vektor $\begin{pmatrix} 9 \\ 4 \end{pmatrix}$ liefert dann eine Normalenform von h:

$9x_1 + 4x_2 - 6 = 0$ oder $\begin{pmatrix} 9 \\ 4 \end{pmatrix} \cdot \vec{x} - 6 = 0$.

3

Aufgabe 18
S. 91
Fortsetzung

18.3 Da die Gerade m senkrecht auf der Geraden g steht, nehmen wir den zum Richtungsvektor $\vec{r}_g = \begin{pmatrix} -4 \\ 9 \end{pmatrix}$ der Geraden g senkrechten Vektor $\begin{pmatrix} 9 \\ 4 \end{pmatrix}$ als Richtungsvektor für die Gerade m und den Punkt $P(2; 7)$ als Aufpunkt:

$$m\colon\ \vec{x} = \begin{pmatrix} 2 \\ 7 \end{pmatrix} + t \cdot \begin{pmatrix} 9 \\ 4 \end{pmatrix}$$

Die skalare Multiplikation mit dem Vektor $\begin{pmatrix} 4 \\ -9 \end{pmatrix}$ liefert dann eine Normalenform der Geraden m:

$$m\colon\ 4x_1 - 9x_2 + 55 = 0 \quad \text{oder} \quad \begin{pmatrix} 4 \\ -9 \end{pmatrix} \cdot \vec{x} + 55 = 0$$

3

18.4 In der Normalenform $3x_1 - 4x_2 + 20 = 0$ interessiert uns nur der Normalenvektor $\begin{pmatrix} 3 \\ -4 \end{pmatrix}$. Aus diesem Normalenvektor erhalten wir in $\begin{pmatrix} 4 \\ 3 \end{pmatrix}$ einen Richtungsvektor dieser Geraden, den wir als Richtungsvektor der gesuchten Geraden f nehmen können, da die Gerade f zu der obigen Geraden parallel liegt.

Mit $K(-5; 3)$ als Aufpunkt für f gilt dann: $f\colon\ \vec{x} = \begin{pmatrix} -5 \\ 3 \end{pmatrix} + t \cdot \begin{pmatrix} 4 \\ 3 \end{pmatrix},\ t \in \mathbb{R}$

Wir erhalten eine Normalenform der Geraden(gleichung) f, wenn wir die Vektorgleichung von f mit dem Vektor $\begin{pmatrix} 3 \\ -4 \end{pmatrix}$ skalar multiplizieren:

$$f\colon\ \vec{x} = \begin{pmatrix} -5 \\ 3 \end{pmatrix} + t \cdot \begin{pmatrix} 4 \\ 3 \end{pmatrix} \quad \Big| \cdot \begin{pmatrix} 3 \\ -4 \end{pmatrix}$$

$$\begin{pmatrix} x_1 \\ x_2 \end{pmatrix} \cdot \begin{pmatrix} 3 \\ -4 \end{pmatrix} = \begin{pmatrix} -5 \\ 3 \end{pmatrix} \cdot \begin{pmatrix} 3 \\ -4 \end{pmatrix} + t \cdot \begin{pmatrix} 4 \\ 3 \end{pmatrix} \cdot \begin{pmatrix} 3 \\ -4 \end{pmatrix}$$

$$f\colon\ 3x_1 - 4x_2 = -15 - 12 + t(12 - 12)$$

$$3x_1 - 4x_2 = -27 + t \cdot 0$$

$$f\colon\ 3x_1 - 4x_2 + 27 = 0 \quad \text{oder} \quad \begin{pmatrix} 3 \\ -4 \end{pmatrix} \cdot \vec{x} + 27 = 0$$

18.5 Aus der Normalenform $3x_1 - 4x_2 + 20 = 0$ entnehmen wir den Normalenvektor $\begin{pmatrix} 3 \\ -4 \end{pmatrix}$ dieser Geraden, den wir als Richtungsvektor $\vec{r}_b = \begin{pmatrix} 3 \\ -4 \end{pmatrix}$ für die gesuchte Gerade b nehmen können, da die Gerade b senkrecht zu der obigen Geraden liegen soll.

Mit $L(7; -3)$ als Aufpunkt der Geraden b gilt dann: $b\colon\ \vec{x} = \begin{pmatrix} 7 \\ -3 \end{pmatrix} + u \cdot \begin{pmatrix} 3 \\ -4 \end{pmatrix},\ u \in \mathbb{R}$

Aus dieser Vektorgleichung der Geraden b erhalten wir eine Normalengleichung, wenn wir sie mit dem Vektor $\begin{pmatrix} 4 \\ 3 \end{pmatrix}$, der senkrecht auf dem Richtungsvektor $\vec{r}_b = \begin{pmatrix} 3 \\ -4 \end{pmatrix}$ steht, skalar multiplizieren:

$$b\colon\ \vec{x} = \begin{pmatrix} 7 \\ -3 \end{pmatrix} + u \cdot \begin{pmatrix} 3 \\ -4 \end{pmatrix} \quad \Big| \cdot \begin{pmatrix} 4 \\ 3 \end{pmatrix}$$

$$\begin{pmatrix} x_1 \\ x_2 \end{pmatrix} \cdot \begin{pmatrix} 4 \\ 3 \end{pmatrix} = \begin{pmatrix} 7 \\ -3 \end{pmatrix} \cdot \begin{pmatrix} 4 \\ 3 \end{pmatrix} + u \cdot \begin{pmatrix} 3 \\ -4 \end{pmatrix} \cdot \begin{pmatrix} 4 \\ 3 \end{pmatrix}$$

b: $4x_1 + 3x_2 - 19 = 0$ oder $\begin{pmatrix} 4 \\ 3 \end{pmatrix} \cdot \vec{x} - 19 = 0$

Aufgabe 19
S. 102

19.1 E_1: $\vec{x} = \begin{pmatrix} -1 \\ 1 \\ -2 \end{pmatrix} + s \cdot \begin{pmatrix} 1 \\ -2 \\ 0 \end{pmatrix} + t \cdot \begin{pmatrix} 3 \\ 4 \\ 5 \end{pmatrix}$

Normalenvektor berechnen: $\begin{array}{c|cccc} 1 & -2 & 0 & 1 & -2 \\ 3 & 4 & 5 & 3 & 4 \end{array}$

$n_1 = \begin{vmatrix} -2 & 0 \\ 4 & 5 \end{vmatrix} = -10, \quad n_2 = \begin{vmatrix} 0 & 1 \\ 5 & 3 \end{vmatrix} = -5, \quad n_3 = \begin{vmatrix} 1 & -2 \\ 3 & 4 \end{vmatrix} = 10$

$\vec{n} = \begin{pmatrix} -10 \\ -5 \\ 10 \end{pmatrix} = -5 \cdot \begin{pmatrix} 2 \\ 1 \\ -2 \end{pmatrix} = -5 \cdot \vec{n}^*; \quad \vec{n}^* = \begin{pmatrix} 2 \\ 1 \\ -2 \end{pmatrix}$

Vektorgleichung von E_1 mit $\vec{n}^*$ skalar multiplizieren:

$$\begin{pmatrix} 2 \\ 1 \\ -2 \end{pmatrix} \cdot \begin{pmatrix} x_1 \\ x_2 \\ x_3 \end{pmatrix} = \begin{pmatrix} -1 \\ 1 \\ -2 \end{pmatrix} \cdot \begin{pmatrix} 2 \\ 1 \\ -2 \end{pmatrix} + s \cdot 0 + t \cdot 0$$

E_1: $2x_1 + 1x_2 - 2x_3 = -2 + 1 + 4$ $(= 3)$

E_1: $2x_1 + 1x_2 - 2x_3 - 3 = 0$ oder E_1: $\begin{pmatrix} 2 \\ 1 \\ -2 \end{pmatrix} \cdot \vec{x} - 3 = 0$

19.2 E_2: $\vec{x} = \begin{pmatrix} 3 \\ -4 \\ 7 \end{pmatrix} + s \cdot \begin{pmatrix} 2 \\ 0 \\ -1 \end{pmatrix} + t \cdot \begin{pmatrix} 2 \\ 9 \\ -1 \end{pmatrix}$

Normalenvektor berechnen: $\begin{array}{c|cccc} 2 & 0 & -1 & 2 & 0 \\ 2 & 9 & -1 & 2 & 9 \end{array}$

$n_1 = \begin{vmatrix} 0 & -1 \\ 9 & -1 \end{vmatrix} = 9, \quad n_2 = \begin{vmatrix} -1 & 2 \\ -1 & 2 \end{vmatrix} = 0, \quad n_3 = \begin{vmatrix} 2 & 0 \\ 2 & 9 \end{vmatrix} = 18$

$\vec{n} = \begin{pmatrix} 9 \\ 0 \\ 18 \end{pmatrix} = 9 \cdot \begin{pmatrix} 1 \\ 0 \\ 2 \end{pmatrix} = 9 \cdot \vec{n}^*, \quad \vec{n}^* = \begin{pmatrix} 1 \\ 0 \\ 2 \end{pmatrix}$

Vektorgleichung von E_2 mit $\vec{n}^*$ skalar multiplizieren:

$$\begin{pmatrix} 1 \\ 0 \\ 2 \end{pmatrix} \cdot \begin{pmatrix} x_1 \\ x_2 \\ x_3 \end{pmatrix} = \begin{pmatrix} 3 \\ -4 \\ 7 \end{pmatrix} \cdot \begin{pmatrix} 1 \\ 0 \\ 2 \end{pmatrix} + s \cdot 0 + t \cdot 0$$

E_2: $1x_1 + 0x_2 + 2x_3 = 3 + 0 + 14$ $(= 17)$

E_2: $1x_1 + 0x_2 + 2x_3 - 17 = 0$ oder E_2: $\begin{pmatrix} 1 \\ 0 \\ 2 \end{pmatrix} \cdot \vec{x} - 17 = 0$

19.3 E_3: $\vec{x} = \begin{pmatrix} 5 \\ 0 \\ 3 \end{pmatrix} + s \cdot \begin{pmatrix} 0 \\ 1 \\ 1 \end{pmatrix} + t \cdot \begin{pmatrix} 4 \\ 3 \\ -4 \end{pmatrix}$

Aufgabe 19
S. 102
Fortsetzung

Normalenvektor berechnen:
$$\begin{array}{c|cccc} 0 & 1 & 1 & 0 & 1 \\ 4 & 3 & -4 & 4 & 3 \end{array}$$

$$n_1 = \begin{vmatrix} 1 & 1 \\ 3 & -4 \end{vmatrix} = -7, \quad n_2 = \begin{vmatrix} 1 & 0 \\ -4 & 4 \end{vmatrix} = 4, \quad n_3 = \begin{vmatrix} 0 & 1 \\ 4 & 3 \end{vmatrix} = -4; \quad \vec{n} = \begin{pmatrix} -7 \\ 4 \\ -4 \end{pmatrix}$$

also: E_3: $-7x_1 + 4x_2 - 4x_3 = -35 + 0 - 12 \quad (= -47)$

$$E_3\!: -7x_1 + 4x_2 - 4x_3 + 47 = 0 \quad \text{oder} \quad E_3\!: \begin{pmatrix} -7 \\ 4 \\ -4 \end{pmatrix} \cdot \vec{x} + 47 = 0$$

Aufgabe 20
S. 102

Wir berechnen zunächst die fehlenden Koordinaten des Punkts P, die für einen festen Parameterwert s_0 die Koordinatengleichungen der Geraden g erfüllen:

$$\begin{array}{llcll} 7 = 3 + 4s_0 & \textbf{I} & \Rightarrow & 4s_0 = 4 \;\Rightarrow & s_0 = 1 \text{ in } \textbf{II} \text{ und } \textbf{III}: \\ p_2 = 2 - 3s_0 & \textbf{II} & & & p_2 = 2 - 3 = -1 \\ p_3 = -1 + 5s_0 & \textbf{III} & & & p_3 = -1 + 5 = 4 \;\Rightarrow\; P(7; -1; 4) \end{array}$$

Da die Gerade g senkrecht auf der Ebene E steht, können wir den Richtungsvektor $\vec{r}_g = \begin{pmatrix} 4 \\ -3 \\ 5 \end{pmatrix}$ der Geraden g als Normalenvektor $\vec{n}$ von E verwenden und mit der noch zu bestimmenden Konstante n_0 einen Ansatz für eine Normalenform von E machen:

E: $4x_1 - 3x_2 + 5x_3 + n_0 = 0$

Da der Punkt P auf der Ebene E liegt, müssen seine Koordinaten die Gleichung von E erfüllen. Nach dem Einsetzen dieser Koordinaten erhalten wir eine Bestimmungsgleichung für n_0:

$4 \cdot 7 - 3 \cdot (-1) + 5 \cdot 4 + n_0 = 0$
$28 + 3 + 20 + n_0 = 0 \quad \Rightarrow \quad n_0 = -51$

$$E\!: 4x_1 - 3x_2 + 5x_3 - 51 = 0 \quad \text{oder} \quad E\!: \begin{pmatrix} 4 \\ -3 \\ 5 \end{pmatrix} \cdot \vec{x} - 51 = 0$$

Aufgabe 21
S. 106

Die Geraden g und h liegen zueinander parallel, da für ihre Richtungsvektoren gilt: $\vec{r}_h = -2 \cdot \vec{r}_g$

Sie könnten aber noch identische Geraden sein. Dann müsste zum Beispiel der Aufpunkt $A(5; 5; 6)$ der Geraden g auf der Geraden h liegen. Es muss dann einen Parameterwert s_0 geben, sodass gilt:

$$\begin{pmatrix} 5 \\ 5 \\ 6 \end{pmatrix} = \begin{pmatrix} 3 \\ -4 \\ 7 \end{pmatrix} + s_0 \cdot \begin{pmatrix} 2 \\ 0 \\ -1 \end{pmatrix} \;\Rightarrow\; \begin{pmatrix} 2 \\ 9 \\ -1 \end{pmatrix} = s_0 \cdot \begin{pmatrix} 2 \\ 0 \\ -1 \end{pmatrix} \;\Rightarrow\; \left\{ \begin{array}{lll} 2 = 2s_0 & \Rightarrow & s_0 = 1 \\ 9 = 0 & & \text{Widerspruch} \\ -1 = -s_0 & \Rightarrow & s_0 = 1 \end{array} \right.$$

Die beiden Geraden g und h liegen also getrennt parallel und spannen eine Ebene E auf.

Wir können eine vektorielle Parameterform von E angeben durch:

- den Aufpunkt $(3; -4; 7)$ der Geraden g,
- den Richtungsvektor $\begin{pmatrix} 2 \\ 0 \\ -1 \end{pmatrix}$ der Geraden g und

- den Verbindungsvektor der Aufpunkte $A(3;-4;7)$ und $B(5;5;6)$.

$$\overrightarrow{AB} = \vec{b} - \vec{a} = \begin{pmatrix} 5 \\ 5 \\ 6 \end{pmatrix} - \begin{pmatrix} 3 \\ -4 \\ 7 \end{pmatrix} = \begin{pmatrix} 2 \\ 9 \\ -1 \end{pmatrix}$$

$$\Rightarrow \quad E: \vec{x} = \begin{pmatrix} 3 \\ -4 \\ 7 \end{pmatrix} + m \cdot \begin{pmatrix} 2 \\ 0 \\ -1 \end{pmatrix} + k \cdot \begin{pmatrix} 2 \\ 9 \\ -1 \end{pmatrix}, \quad m, k \in \mathbb{R}$$

Umformung von E in eine Normalenform:

Schema für $\vec{n}$:
$$\begin{array}{c|cccc} 2 & 0 & -1 & 2 & 0 \\ 2 & 9 & -1 & 2 & 9 \end{array}$$

$$n_1 = \begin{vmatrix} 0 & -1 \\ 9 & -1 \end{vmatrix} = 0 \cdot 1 - (-1) \cdot 9 = 0 + 9 = 9$$

$$n_2 = \begin{vmatrix} -1 & 2 \\ -1 & 2 \end{vmatrix} = -1 \cdot 2 - 2 \cdot (-1) = -2 + 2 = 0$$

$$n_3 = \begin{vmatrix} 2 & 0 \\ 2 & 9 \end{vmatrix} = 2 \cdot 9 - 0 \cdot 2 = 18 - 0 = 18$$

$$\vec{n} = \begin{pmatrix} 9 \\ 0 \\ 18 \end{pmatrix} = 9 \cdot \begin{pmatrix} 1 \\ 0 \\ 2 \end{pmatrix} = 9 \cdot \vec{n}^* \text{ mit } \vec{n}^* = \begin{pmatrix} 1 \\ 0 \\ 2 \end{pmatrix}$$

Die Vektorform von E wird nun skalar mit $\vec{n}^*$ multipliziert:

$$\vec{x} \cdot \begin{pmatrix} 1 \\ 0 \\ 2 \end{pmatrix} = \begin{pmatrix} 3 \\ -4 \\ 7 \end{pmatrix} \cdot \begin{pmatrix} 1 \\ 0 \\ 2 \end{pmatrix} + m \cdot 0 + k \cdot 0$$

$$1x_1 + 0x_2 + 2x_3 = 3 - 0 + 14 \quad (= 17)$$

$$E: \ 1x_1 + 0x_2 + 2x_3 - 17 = 0 \quad \text{oder} \quad E: \begin{pmatrix} 1 \\ 0 \\ 2 \end{pmatrix} \cdot \vec{x} - 17 = 0$$

Aufgabe 22
S. 122

22.1
$$\begin{array}{lll} g: 2x_1 - x_2 = 7 & |\cdot 2 & \\ h: 4x_1 + x_2 = 5 & |\cdot 1 & \end{array} \Rightarrow \begin{array}{l} g: 4x_1 - 2x_2 = 14 \\ h: 4x_1 + 1x_2 = 5 \end{array}$$

Aus $\vec{n}_g = \begin{pmatrix} 4 \\ -2 \end{pmatrix}$ und $\vec{n}_h = \begin{pmatrix} 4 \\ 1 \end{pmatrix}$ folgt $\vec{n}_g \neq k \cdot \vec{n}_h$ und die Geraden müssen sich in einem Punkt schneiden. Wir bilden in der neuen Darstellung der beiden Geraden die Differenz $h - g$: $\quad 3x_2 = -9 \quad \Rightarrow \quad x_2 = -3$

Eingesetzt in g: $4x_1 + 6 = 14 \quad \Rightarrow \quad 4x_1 = 8 \quad \Rightarrow \quad x_1 = 2$

Die Geraden g und h schneiden sich im Punkt $S(2;-3)$.

22.2
$$\begin{array}{ll} g: 2x_1 - x_2 = 7 & |\cdot 2 \\ h: 4x_1 - 2x_2 = 10 & |\cdot 1 \end{array} \Rightarrow \begin{array}{l} g: 4x_1 - 2x_2 = 14 \\ h: 4x_1 - 2x_2 = 10 \end{array}$$

Aus $\vec{n}_g = \begin{pmatrix} 4 \\ -2 \end{pmatrix}$ und $\vec{n}_h = \begin{pmatrix} 4 \\ -2 \end{pmatrix}$ folgt, dass die Geraden g und h parallel liegen. Da aber die Gleichung von g durch Multiplikation *nicht* in die Gleichung von h übergeht, sind die beiden Geraden echt (getrennt) parallel.

22.3 $g\colon\ 2x_1 - x_2 = 7 \quad | \cdot 2$ $\quad\Rightarrow\quad$ $g\colon\ 4x_1 - 2x_2 = 14$
$h\colon\ 4x_1 - 2x_2 = 14 \quad | \cdot 1$ $\qquad\qquad$ $h\colon\ 4x_1 - 2x_2 = 14$

Nach der Multiplikation der Gleichung von g sehen wir, dass beide Geraden in der Normalenform durch dieselbe Gleichung beschrieben werden können. Die Geraden sind daher identisch.

Aufgabe 23
S. 122

$g\colon\ 1x_1 - 2x_2 = a(a+2) \quad | \cdot 1$ $\quad\Rightarrow\quad$ $g\colon\ 1x_1 - 2x_2 = a(a+2)$
$h\colon\ -1x_1 - ax_2 = 0 \quad | \cdot (-1)$ $\qquad$ $h\colon\ 1x_1 + ax_2 = 0$

Aus $\vec{n}_g = \begin{pmatrix} 1 \\ -2 \end{pmatrix}$ und $\vec{n}_h = \begin{pmatrix} 1 \\ a \end{pmatrix}$ folgt nun $\vec{n}_g \neq k \cdot \vec{n}_h$, da $a \neq -2$ ist.

Für $a \neq -2$ sind die beiden Normalenvektoren $\vec{n}_g$ und $\vec{n}_h$ daher linear unabhängig und die Geraden schneiden sich in genau einem Punkt S.

Wir bilden die Differenz $h - g$: $\quad (a+2)\, x_2 = -a(a+2) \quad | : (a+2) \neq 0$

$$x_2 = -a$$

Jetzt setzen wir $x_2 = -a$ in h ein: $x_1 - a^2 = 0 \quad \Rightarrow \quad x_1 = a^2$

Schnittpunkt $S(a^2; -a)$

Aufgabe 24
S. 122

$g\colon\ 3x_1 + 2x_2 = 2$
$h\colon\ 5x_1 + 4x_2 = a$

Da die Normalenvektoren $\vec{n}_g = \begin{pmatrix} 3 \\ 2 \end{pmatrix}$ und $\vec{n}_h = \begin{pmatrix} 5 \\ 4 \end{pmatrix}$ linear unabhängig und von a unabhängig sind, schneiden sich die beiden Geraden für jede Wahl von a in einem Punkt S.

$$\begin{array}{lll} 3x_1 + 2x_2 = 2 \quad | \cdot 2 & \Rightarrow & 6x_1 + 4x_2 = 4 \\ 5x_1 + 4x_2 = a \quad | \cdot (-1) & \Rightarrow & -5x_1 - 4x_2 = -a \\ \hline & & x_1 = 4 - a \end{array}$$

Setzen wir nun $x_1 = 4 - a$ zum Beispiel in die Gleichung der Geraden g ein, dann können wir x_2 berechnen:

$$\begin{aligned} 3 \cdot (4 - a) + 2x_2 = 2 \quad \Rightarrow \quad 12 - 3a + 2x_2 &= 2 \\ 2x_2 &= 2 - 12 + 3a \\ 2x_2 &= 3a - 10 \\ x_2 &= \frac{3}{2}a - 5 \end{aligned}$$

Schnittpunkt $S\left(4 - a; \frac{3}{2}a - 5\right)$

Aufgabe 25
S. 125

25.1 $g\colon\ 12x_1 + 5x_2 - 65 = 0,\ h\colon\ -3x_1 - 4x_2 + 19 = 0$

$\cos\varphi = \dfrac{|\vec{n}_g \cdot \vec{n}_h|}{|\vec{n}_g| \cdot |\vec{n}_h|}$ $\qquad$ $\vec{n}_g = \begin{pmatrix} 12 \\ 5 \end{pmatrix}$, $\vec{n}_h = \begin{pmatrix} -3 \\ -4 \end{pmatrix}$, also: $\vec{n}_g \neq k \cdot \vec{n}_h$

Nebenrechnungen: $|\vec{n}_g| = \sqrt{12^2 + 5^2} = \sqrt{144 + 25} = \sqrt{169} = 13$

$|\vec{n}_h| = \sqrt{(-3)^2 + (-4)^2} = \sqrt{9 + 16} = \sqrt{25} = 5$

$|\vec{n}_g \cdot \vec{n}_h| = \left|\begin{pmatrix} 12 \\ 5 \end{pmatrix} \cdot \begin{pmatrix} -3 \\ -4 \end{pmatrix}\right| = |-36 - 20| = |-56| = 56$

Damit erhalten wir: $\cos\varphi = \frac{56}{13 \cdot 5} = 0{,}8615 \quad \Rightarrow \quad \varphi = 30{,}51°$

25.2 $g\colon\ 9x_1 + 7x_2 - 52 = 0, \quad h\colon\ 7x_1 - 9x_2 - 26 = 0$

$\vec{n}_g = \begin{pmatrix} 9 \\ 7 \end{pmatrix} \qquad \vec{n}_h = \begin{pmatrix} 7 \\ -9 \end{pmatrix}$

Die Geraden g und h müssen sich wegen $\vec{n}_g \neq k \cdot \vec{n}_h$ in einem Punkt schneiden.

Wegen $\vec{n}_g \cdot \vec{n}_h = \begin{pmatrix} 9 \\ 7 \end{pmatrix} \cdot \begin{pmatrix} 7 \\ -9 \end{pmatrix} = 63 - 63 = 0$ stehen die Vektoren aufeinander senkrecht.

Die Geraden g und h schneiden sich daher unter dem Winkel $\varphi = 90°$.

Aufgabe 26
S. 128

Wir stellen zunächst als „Durchgangsgleichung" eine vektorielle Parameterform von g auf und formen diese dann in eine Normalenform um:

$g\colon\ \vec{x} = \vec{a} + s \cdot \overrightarrow{AB} \quad \text{mit} \quad \vec{a} = \begin{pmatrix} -2 \\ 5 \end{pmatrix} \quad \text{und} \quad \overrightarrow{AB} = \vec{b} - \vec{a} = \begin{pmatrix} 7 \\ 3 \end{pmatrix} - \begin{pmatrix} -2 \\ 5 \end{pmatrix} = \begin{pmatrix} 9 \\ -2 \end{pmatrix}$

$g\colon\ \vec{x} = \begin{pmatrix} -2 \\ 5 \end{pmatrix} + s \cdot \begin{pmatrix} 9 \\ -2 \end{pmatrix} \qquad | \cdot \begin{pmatrix} 2 \\ 9 \end{pmatrix}$

$g\colon\ 2x_1 + 9x_2 = \begin{pmatrix} -2 \\ 5 \end{pmatrix} \cdot \begin{pmatrix} 2 \\ 9 \end{pmatrix} + s \cdot 0$

$g\colon\ 2x_1 + 9x_2 = -4 + 45 \quad (= 41)$

$g\colon\ 2x_1 + 9x_2 - 41 = 0$

Der Abstand des Punktes $P(2; 9)$ wird mit der Abstandsformel berechnet:

$$d_{P;g} = \frac{|2 \cdot 2 + 9 \cdot 9 - 41|}{\sqrt{2^2 + 9^2}} = \frac{|4 + 81 - 41|}{\sqrt{85}} = \frac{|44|}{\sqrt{85}} = \frac{44}{\sqrt{85}}$$

Der Punkt $P(2; 9)$ hat von der Geraden g den Abstand $d_{P;g} = \frac{44}{\sqrt{85}}$.

Aufgabe 27
S. 128

27.1 $d_{O;g} = \frac{|4 \cdot 0 - 3 \cdot 0 + 10|}{\sqrt{4^2 + (-3)^2}} = \frac{|10|}{\sqrt{25}} = \frac{10}{5} = 2$

$d_{R;g} = \frac{|4 \cdot 2 - 3 \cdot (-8) + 10|}{\sqrt{4^2 + (-3)^2}} = \frac{|8 + 24 + 10|}{\sqrt{25}} = \frac{|42|}{5} = \frac{42}{5}$

$d_{S;g} = \frac{|4 \cdot (-5) - 3 \cdot 3 + 10|}{5} = \frac{|-20 - 9 + 10|}{5} = \frac{|-19|}{5} = \frac{19}{5}$

27.2 Wir suchen auf der Geraden $g_1\colon\ 4x_1 - 3x_2 + 30 = 0$ einen Punkt P mit ganzzahligen Koordinaten: $P(0; 10)$

Der Abstand $d_{P;g}$ ist dann der gesuchte Abstand der parallelen Geraden g und g_1.

$$d_{P;g} = \frac{|4 \cdot 0 - 3 \cdot 10 + 10|}{5} = \frac{|0 - 30 + 10|}{5} = \frac{|-20|}{5} = \frac{20}{5} = 4$$

27.3 Wir erhalten den Abstand der parallelen Geraden g_1 und g_2, wenn wir den Abstand eines beliebigen Punktes der Geraden g_1, etwa $P(0; 10)$, von der Geraden g_2 berechnen:

$$d_{P;g_2} = \frac{|4 \cdot 0 - 3 \cdot 10 - 30|}{5} = \frac{|0 - 30 - 30|}{5} = \frac{|-60|}{5} = \frac{60}{5} = 12$$

Die parallelen Geraden g_1 und g_2 haben den Abstand 12 L. E.

Aufgabe 28
S. 129

Die Gerade g: $3x_1 - 4x_2 + 20 = 0$ hat den Normalenvektor $\vec{n} = \begin{pmatrix} 3 \\ -4 \end{pmatrix}$.

Damit gilt: $n_1^2 + n_2^2 = 3^2 + (-4)^2 = 9 + 16 = 25$

Für den Punkt $Q(-3; 9)$ stellen wir nun den Lotvektor $\overrightarrow{FQ}$ auf:

$$\overrightarrow{FQ} = \frac{3 \cdot (-3) - 4 \cdot 9 + 20}{3^2 + (-4)^2} \cdot \begin{pmatrix} 3 \\ -4 \end{pmatrix} = \frac{-9 - 36 + 20}{25} \cdot \begin{pmatrix} 3 \\ -4 \end{pmatrix} = \frac{-25}{25} \cdot \begin{pmatrix} 3 \\ -4 \end{pmatrix} =$$

$$= -1 \cdot \begin{pmatrix} 3 \\ -4 \end{pmatrix} = \begin{pmatrix} -3 \\ 4 \end{pmatrix}$$

$$\overrightarrow{FQ} = \begin{pmatrix} -3 \\ 4 \end{pmatrix}$$

$$\vec{q}^* = \vec{q} - 2 \cdot \overrightarrow{FQ} = \begin{pmatrix} -3 \\ 9 \end{pmatrix} - 2 \cdot \begin{pmatrix} -3 \\ 4 \end{pmatrix} = \begin{pmatrix} -3 + 6 \\ 9 - 8 \end{pmatrix} = \begin{pmatrix} 3 \\ 1 \end{pmatrix} \quad \Rightarrow \quad Q^*(3; 1)$$

Der Punkt $Q(-3; 9)$ geht bei Spiegelung an der Geraden g in den Punkt $Q^*(3; 1)$ über.

3

Aufgabe 29
S. 131

29.1 Normalenformen von g und h angeben:

$$g\text{: } \vec{x} = \begin{pmatrix} -2 \\ 13 \end{pmatrix} + t \cdot \begin{pmatrix} -5 \\ 12 \end{pmatrix} \quad | \cdot \begin{pmatrix} 12 \\ 5 \end{pmatrix}$$

$$12x_1 + 5x_2 = \begin{pmatrix} -2 \\ 13 \end{pmatrix} \cdot \begin{pmatrix} 12 \\ 5 \end{pmatrix} + t \cdot 0 \quad (= -24 + 65)$$

g: $12x_1 + 5x_2 - 41 = 0$

$$h\text{: } \vec{x} = \begin{pmatrix} -1 \\ 4 \end{pmatrix} + u \cdot \begin{pmatrix} 4 \\ -3 \end{pmatrix} \quad | \cdot \begin{pmatrix} 3 \\ 4 \end{pmatrix}$$

$$3x_1 + 4x_2 = \begin{pmatrix} -1 \\ 4 \end{pmatrix} \cdot \begin{pmatrix} 3 \\ 4 \end{pmatrix} + u \cdot 0 \quad (= -3 + 16)$$

h: $3x_1 + 4x_2 - 13 = 0$

Schnittpunkt S der Geraden g und h berechnen:

$$\begin{array}{llll} g\text{: } 12x_1 + 5x_2 = 41 & & \textbf{I} & 12x_1 + 5x_2 = 41 \\ h\text{: } 3x_1 + 4x_2 = 13 & | \cdot (-4) & \textbf{II} & -12x_1 - 16x_2 = -52 \\ \hline & & & -11x_2 = -11 \\ & & & x_2 = 1 \end{array}$$

Mit $x_2 = 1$ folgt aus Gleichung **I**:
$12x_1 + 5 = 41 \Rightarrow 12x_1 = 36 \Rightarrow x_1 = 3$ } $S(3; 1)$

29.2 Die Gleichungen der Winkelhalbierenden erhalten wir mithilfe der Abstandsformel über die Bedingung $d_{X;g} = d_{X;h}$.

Mit $|\vec{n}_g| = \sqrt{12^2 + 5^2} = \sqrt{169} = 13$ und $|\vec{n}_h| = \sqrt{3^2 + 4^2} = 5$ erhalten wir zunächst:

$$d_{X;g} = \frac{|12x_1 + 5x_2 - 41|}{13}, \quad d_{X;h} = \frac{|3x_1 + 4x_2 - 13|}{5}$$

Die Bedingung $d_{X;g} = d_{X;h}$ liefert dann die Betragsgleichung:

$$\frac{|12x_1+5x_2-41|}{13}=\frac{|3x_1+4x_2-13|}{5} \qquad |\cdot(13\cdot 5)$$

$$5\cdot|12x_1+5x_2-41| = 13\cdot|3x_1+4x_2-13|$$
$$|60x_1+25x_2-205| = |39x_1+52x_2-169|$$

Muster: $|A| = |B| \quad \Leftrightarrow \quad A = B$ oder $A = -B$

$$60x_1+25x_2-205 = 39x_1+52x_2-169 \quad \Rightarrow \quad 21x_1-27x_2-36=0 \qquad |:3$$
$$w_1:\ 7x_1-9x_2-12=0$$

oder:

$$60x_1+25x_2-205 = -39x_1-52x_2+169 \quad \Rightarrow \quad 99x_1+77x_2-374=0 \qquad |:11$$
$$w_2:\ 9x_1+7x_2-34=0$$

Aus den Koordinatengleichungen von g: $\begin{cases} x_1 = 5 \\ x_2 = s \\ x_3 = 3+s \end{cases}$ erhalten wir mit der noch unbekannten, aber festen reellen Zahl s_0 den Punkt $F(5;\ s_0;\ 3+s_0)$ auf der Geraden g, sodass $\vec{r}_g\cdot\overrightarrow{FP}=0$ ist.

Aufgabe 30
S. 140

$$\overrightarrow{FP}=\vec{p}-\vec{f}=\begin{pmatrix}-2\\7\\2\end{pmatrix}-\begin{pmatrix}5\\s_0\\3+s_0\end{pmatrix}=\begin{pmatrix}-7\\7-s_0\\-1-s_0\end{pmatrix}$$

$$\vec{r}_g\cdot\overrightarrow{FP}=0 \quad\Rightarrow\quad \begin{pmatrix}0\\1\\1\end{pmatrix}\cdot\begin{pmatrix}-7\\7-s_0\\-1-s_0\end{pmatrix}=0$$

$$0\cdot(-7)+1(7-s_0)+1(-1-s_0)=0$$
$$7-s_0-1-s_0=0$$
$$-2s_0+6=0 \quad\Rightarrow\quad s_0=3 \quad\Rightarrow\quad F(5;3;6)$$

$$\overrightarrow{FP}=\begin{pmatrix}-7\\7-3\\-1-3\end{pmatrix}=\begin{pmatrix}-7\\4\\-4\end{pmatrix};\qquad \overline{FP}=\sqrt{49+16+16}=\sqrt{81}=9$$

Der Punkt $P(-2;7;2)$ hat von der Geraden g den Abstand 9 L.E.

Der Punkt F auf der Geraden g, für den $\vec{r}_g\cdot\overrightarrow{FP}=0$ gilt, ist festgelegt durch: $F(s_0;\ 2+2s_0;\ 1-3s_0)$

Aufgabe 31
S. 141

$$\overrightarrow{FP}=\vec{p}-\vec{f}=\begin{pmatrix}9\\15\\-6\end{pmatrix}-\begin{pmatrix}s_0\\2+2s_0\\1-3s_0\end{pmatrix}=\begin{pmatrix}9-s_0\\13-2s_0\\-7+3s_0\end{pmatrix}$$

$$\vec{r}_g\cdot\overrightarrow{FP}=0 \quad\Rightarrow\quad \begin{pmatrix}1\\2\\-3\end{pmatrix}\cdot\begin{pmatrix}9-s_0\\13-2s_0\\-7+3s_0\end{pmatrix}=0$$

$$1(9-s_0)+2(13-2s_0)-3(-7+3s_0)=0$$
$$9-s_0+26-4s_0+21-9s_0=0$$
$$-14s_0+56=0 \quad\Rightarrow\quad s_0=4 \quad\Rightarrow\quad F(4;10;-11)$$

$$\overrightarrow{FP}=\vec{p}-\vec{f}=\begin{pmatrix}9\\15\\-6\end{pmatrix}-\begin{pmatrix}4\\10\\-11\end{pmatrix}=\begin{pmatrix}5\\5\\5\end{pmatrix};\qquad \overline{FP}=\sqrt{25+25+25}=\sqrt{25\cdot 3}=5\cdot\sqrt{3}$$

Der Punkt $P(9;15;-6)$ hat von der Geraden g den Abstand $5\cdot\sqrt{3}$ L.E.

Aufgabe 32 *S. 153*

Lösungsweg 1

$E: \; 1x_1 - 2x_2 + 2x_3 = -8$ **I**

$E^*: \; 2x_1 - 4x_2 - 4x_3 = -6$ **II**

$\mathbb{R}^3: \; 0x_1 + 0x_2 + 0x_3 = 0$ **III**

GAUSS-Verfahren:

x_1	x_2	x_3	RS	
1	−2	2	−8	$\lvert \cdot 2$
2	−4	−4	−6	$\lvert \cdot (-1)$
0	0	0	0	
1	−2	2	−8	
0	0	8	−10	$\Rightarrow \; 8x_3 = -10 \; \Rightarrow \; x_3 = -\frac{10}{8} = -\frac{5}{4}$
0	0	0	0	

2	−4	4	−16
−2	4	4	6
0	0	8	−10

Wir wählen $x_2 = t \in \mathbb{R}$ als Parameter und erhalten damit durch Rückeinsetzen:

$$1x_1 - 2 \cdot t + 2 \cdot \left(-\frac{5}{4}\right) = -8$$

$$x_1 = -8 + \frac{10}{4} + 2 \cdot t$$

$$x_1 = -\frac{22}{4} + 2 \cdot t, \quad x_1 = -\frac{11}{2} + 2 \cdot t$$

Lösung:

$$\left.\begin{aligned} x_1 &= -\frac{11}{2} + t \cdot (2) \\ x_2 &= \;\; 0 + t \cdot (1) \\ x_3 &= -\frac{5}{4} + t \cdot (0) \end{aligned}\right\} \text{ Schnittgerade } g\text{: } \vec{x} = \begin{pmatrix} -\frac{11}{2} \\ 0 \\ -\frac{5}{4} \end{pmatrix} + t \cdot \begin{pmatrix} 2 \\ 1 \\ 0 \end{pmatrix}, \quad t \in \mathbb{R}$$

Lösungsweg 2

Richtungsvektor $\vec{r}_g = \vec{n} \times \vec{n}^*$

$$\begin{array}{c|ccccc} 1 & -2 & 2 & 1 & -2 \\ 2 & -4 & -4 & 2 & -4 \end{array}$$

$$r_1 = \begin{vmatrix} -2 & 2 \\ -4 & -4 \end{vmatrix} = 8 + 8 = 16, \quad r_2 = \begin{vmatrix} 2 & 1 \\ -4 & 2 \end{vmatrix} = 8, \quad r_3 = \begin{vmatrix} 1 & -2 \\ 2 & -4 \end{vmatrix} = 0$$

$$\vec{r}_g = \begin{pmatrix} 16 \\ 8 \\ 0 \end{pmatrix} = 8 \cdot \begin{pmatrix} 2 \\ 1 \\ 0 \end{pmatrix}, \text{ Ansatz für } g\text{: } \vec{x} = \begin{pmatrix} a_1 \\ a_2 \\ a_3 \end{pmatrix} + t \cdot \begin{pmatrix} 2 \\ 1 \\ 0 \end{pmatrix}, \; t \in \mathbb{R}$$

Speziellen Aufpunkt $A(a_1; a_2; a_3)$ bestimmen:

$A \in E\text{: } \; 1a_1 - 2a_2 + 2a_3 = -8$ **I**

$A \in E^*\text{: } \; 2a_1 - 4a_2 - 4a_3 = -6$ **II**

Die Wahl $a_3 = 0$ liefert das Gleichungssystem:

$1a_1 - 2a_2 = -8$ **I′**

$2a_1 - 4a_2 = -6$ **II′**

Wegen $\begin{vmatrix} 1 & -2 \\ 2 & -4 \end{vmatrix} = 1 \cdot (-4) - (-2) \cdot 2 = -4 + 4 = 0$ können die Variablen a_1 und a_2 nicht eindeutig bestimmt werden! $\Rightarrow$ Neue Wahl: $a_2 = 0$

$$1a_1 + 2a_3 = -8 \quad |\cdot(-2) \qquad \mathbf{I''} \qquad -2a_1 - 4a_3 = 16$$
$$2a_1 - 4a_3 = -6 \qquad \mathbf{II''} \qquad 2a_1 - 4a_3 = -6$$

$$-8a_3 = 10$$
$$a_3 = -\frac{10}{8} = -\frac{5}{4}$$

$a_3 = -\frac{5}{4}$ in Gleichung **I''** einsetzen:

$$a_1 + 2\cdot\left(-\frac{5}{4}\right) = -8 \quad\Rightarrow\quad a_1 = -8 + \frac{5}{2} \quad\Rightarrow\quad a_1 = -\frac{11}{2}$$

Damit erhalten wir den speziellen Aufpunkt $A\left(-\frac{11}{2};0;-\frac{5}{4}\right)$ und können die Gleichung der Schnittgeraden g angeben:

$$g\colon \vec{x} = \begin{pmatrix} -\frac{11}{2} \\ 0 \\ -\frac{5}{4} \end{pmatrix} + t\cdot\begin{pmatrix} 2 \\ 1 \\ 0 \end{pmatrix},\quad t\in\mathbb{R}$$

33.1

Aufgabe 33
S. 158

$$d_{B;E} = \frac{|\vec{n}\cdot\vec{b} + n_0|}{|\vec{n}|} = \frac{|7\cdot 2 - 4\cdot 10 + 4\cdot(-2) - 47|}{\sqrt{7^2 + (-4)^2 + 4^2}} =$$
$$= \frac{|14 - 40 - 8 - 47|}{\sqrt{49 + 16 + 16}} = \frac{|-81|}{\sqrt{81}} = \frac{81}{9} = 9$$

Der Punkt B hat von der Ebene E den Abstand 9 L.E.

33.2 Wir stellen zunächst den Lotvektor $\overrightarrow{FB}$ auf:

$$\overrightarrow{FB} = \frac{\vec{n}\cdot\vec{b} + n_0}{|\vec{n}|^2}\cdot\vec{n} = \frac{-81}{81}\cdot\begin{pmatrix} 7 \\ -4 \\ 4 \end{pmatrix}$$ (Vergleichen Sie die Rechungen in 33.1 .)

$$\overrightarrow{FB} = -1\cdot\begin{pmatrix} 7 \\ -4 \\ 4 \end{pmatrix} = \begin{pmatrix} -7 \\ 4 \\ -4 \end{pmatrix}$$

Ortsvektor $\vec{b}^*$ des Spiegelpunktes B^* berechnen:

$$\vec{b}^* = \vec{b} - 2\cdot\overrightarrow{FB} = \begin{pmatrix} 2 \\ 10 \\ -2 \end{pmatrix} - 2\cdot\begin{pmatrix} -7 \\ 4 \\ -4 \end{pmatrix} = \begin{pmatrix} 2+14 \\ 10-8 \\ -2+8 \end{pmatrix} = \begin{pmatrix} 16 \\ 2 \\ 6 \end{pmatrix}$$

Der Spiegelpunkt B^* lautet: $B^*(16;2;6)$

33.3 Das Aufstellen der Verbindungsgeraden durch die Punkte B und B^* und die Berechnung des Schnittpunktes F dieser Geraden mit der Ebene E können Sie vermeiden, wenn Sie so vorgehen:

Unter Verwendung der Ortsvektoren der Punkte B und F gilt:

$$\overrightarrow{FB} = \vec{b} - \vec{f} \quad\Rightarrow\quad \vec{f} = \vec{b} - \overrightarrow{FB}$$

Aufgabe 33
S. 158
Fortsetzung

$$\vec{f} = \begin{pmatrix} 2 \\ 10 \\ -2 \end{pmatrix} - \begin{pmatrix} -7 \\ 4 \\ -4 \end{pmatrix} = \begin{pmatrix} 2+7 \\ 10-4 \\ -2+4 \end{pmatrix} = \begin{pmatrix} 9 \\ 6 \\ 2 \end{pmatrix}$$

Der gesuchte Punkt F hat die Koordinaten: $F\,(9;\,6;\,2)$
Dieser Punkt F ist nach der Aufgabenstellung auch der Lotfußpunkt, wenn man vom Punkt B das Lot auf die Ebene E fällt.

Aufgabe 34
S. 166

3

34.1 Die Koordinaten des Punktes B erfüllen die Koordinatengleichungen der Geraden g für einen bestimmten Parameterwert s_0:

$$\begin{pmatrix} 0 \\ b_2 \\ b_3 \end{pmatrix} = \begin{pmatrix} -2 \\ 0 \\ 4 \end{pmatrix} + s_0 \cdot \begin{pmatrix} 2 \\ 1 \\ -2 \end{pmatrix} \quad \Rightarrow \quad \begin{cases} 0 = -2 + 2s_0 & \textbf{I} \\ b_2 = s_0 & \textbf{II} \\ b_3 = 4 - 2s_0 & \textbf{III} \end{cases}$$

Aus der Gleichung **I** folgt: $2s_0 = 2 \quad \Rightarrow \quad s_0 = 1$
Mit $s_0 = 1$ erhalten wir dann: $b_2 = 1$ und $b_3 = 4 - 2 = 2 \quad \Rightarrow \quad B\,(0;\,1;\,2)$

Ist B Mittelpunkt der Strecke $[AC]$, dann gilt: $\overrightarrow{AB} = \overrightarrow{BC}$ oder in Ortsvektoren:

$$\vec{b} - \vec{a} = \vec{c} - \vec{b} \quad \Rightarrow \quad \vec{c} = 2\vec{b} - \vec{a}$$

$$\vec{c} = 2 \cdot \begin{pmatrix} 0 \\ 1 \\ 2 \end{pmatrix} - \begin{pmatrix} -2 \\ 0 \\ 4 \end{pmatrix} = \begin{pmatrix} 0+2 \\ 2-0 \\ 4-4 \end{pmatrix} = \begin{pmatrix} 2 \\ 2 \\ 0 \end{pmatrix} \quad \Rightarrow \quad C\,(2;\,2;\,0)$$

34.2 Wir betrachten eine Schar von parallelen Ebenen H_k, die senkrecht auf der Geraden g stehen, also den Richtungsvektor $\vec{r}_g$ als Normalenvektor haben.
H_k: $2x_1 + 1x_2 - 2x_3 + k = 0$

Durch Einsetzen der Koordinaten des Punktes O bestimmen wir nun diejenige Ebene der Schar, die den Punkt O enthält:

$2 \cdot 0 + 1 \cdot 0 - 2 \cdot 0 + k = 0 \quad \Rightarrow \quad k = 0$, also H: $2x_1 + 1x_2 - 2x_3 = 0$

Zur Bestimmung des Abstands des Punktes O von der Geraden g gehen wir nun so vor:
Wir bestimmen den Durchstoßpunkt S der Geraden g mit der Ebene H und berechnen dann die Länge des Vektors $\overrightarrow{OS} = \vec{s}$.
Diese Länge $|\overrightarrow{OS}|$ ist gleich dem Abstand des Punktes O von der Geraden g.

Wir berechnen nun den Durchstoßpunkt S der Geraden g mit der Ebene H, indem wir die Koordinatengleichungen von g in die Ebene H einsetzen:

$$\begin{aligned} 2(-2 + 2s) + 1(0 + s) - 2(4 - 2s) &= 0 \\ -4 + 4s + s - 8 + 4s &= 0 \\ 9s - 12 &= 0 \quad \Rightarrow \quad 9s = 12 \quad \Rightarrow \quad s = \frac{4}{3} \end{aligned}$$

Mit $s = \frac{4}{3}$ werden jetzt die Koordinaten des Punktes S berechnet:

$$\vec{s} = \begin{pmatrix} -2 \\ 0 \\ 4 \end{pmatrix} + \frac{4}{3} \cdot \begin{pmatrix} 2 \\ 1 \\ -2 \end{pmatrix} = \begin{pmatrix} \frac{2}{3} \\ \frac{4}{3} \\ \frac{4}{3} \end{pmatrix} \quad \Rightarrow \quad S\left(\frac{2}{3};\,\frac{4}{3};\,\frac{4}{3}\right)$$

$$\overline{OS} = |\vec{s}| = \sqrt{\frac{4}{9} + \frac{16}{9} + \frac{16}{9}} = \sqrt{\frac{36}{9}} = \sqrt{4} = 2$$

34.3 Die Punkte A, B und C liegen auf der Geraden g. Außerdem ist B der Mittelpunkt der Strecke $[AC]$. Die gesuchte Ebene E steht daher senkrecht auf der Geraden g ($\vec{r}_g$ ist Normalenvektor von E) und enthält den Punkt $B(0; 1; 2)$.

$$\begin{aligned} E\colon\ 2x_1 + 1x_2 - 2x_3 + n_0 &= 0 \qquad |\ B \text{ einsetzen} \\ 2 \cdot 0 + 1 \cdot 1 - 2 \cdot 2 + n_0 &= 0 \\ -3 + n_0 &= 0 \quad \Rightarrow \quad n_0 = 3 \end{aligned}$$

$$E\colon\ 2x_1 + x_2 - 2x_3 + 3 = 0$$

34.4 Die gesuchte Ebene F hat den Aufpunkt $A(-2; 0; 4)$ der Geraden g und wird von den beiden linear unabhängigen Vektoren $\vec{r}_g$ und $\overrightarrow{AO} = \vec{o} - \vec{a} = -\vec{a} = \begin{pmatrix} 2 \\ 0 \\ -4 \end{pmatrix}$ aufgespannt.

$$F\colon\ \vec{x} = \begin{pmatrix} -2 \\ 0 \\ 4 \end{pmatrix} + s \cdot \begin{pmatrix} 2 \\ 1 \\ -2 \end{pmatrix} + t \cdot \begin{pmatrix} 2 \\ 0 \\ -4 \end{pmatrix}$$

Den Normalenvektor der Ebene F bestimmen wir nach dem bekannten Schema:

$$\begin{array}{c|cccc} 2 & 1 & -2 & 2 & 1 \\ 2 & 0 & -4 & 2 & 0 \end{array}$$

$$n_1 = \begin{vmatrix} 1 & -2 \\ 0 & -4 \end{vmatrix} = -4, \quad n_2 = \begin{vmatrix} -2 & 2 \\ -4 & 2 \end{vmatrix} = -4 + 8 = 4, \quad n_3 = \begin{vmatrix} 2 & 1 \\ 2 & 0 \end{vmatrix} = -2; \quad \vec{n} = \begin{pmatrix} -4 \\ 4 \\ -2 \end{pmatrix}$$

Umformung von F in eine Normalenform:

$$\begin{pmatrix} -4 \\ 4 \\ -2 \end{pmatrix} \cdot \begin{pmatrix} x_1 \\ x_2 \\ x_3 \end{pmatrix} = \begin{pmatrix} -2 \\ 0 \\ 4 \end{pmatrix} \cdot \begin{pmatrix} -4 \\ 4 \\ -2 \end{pmatrix} \quad \Rightarrow \quad -4x_1 + 4x_2 - 2x_3 = 8 + 0 - 8 \ (= 0) \quad |:(-2)$$

$$F\colon\ 2x_1 - 2x_2 + 1x_3 = 0$$

34.5 Die Gleichung der Schnittgeraden h der Ebenen E und F berechnen wir mithilfe des GAUSS'schen Eliminationsverfahrens.
Zu den Gleichungen der Ebenen E und F nehmen wir noch die Normalenform des $\mathbb{R}^3$: $0x_1 + 0x_2 + 0x_3 = 0$ dazu.

$$\begin{aligned} E\colon&\ \ 2x_1 + x_2 - 2x_3 = -3 \\ F\colon&\ \ 2x_1 - 2x_2 + x_3 = 0 \\ \mathbb{R}^3\colon&\ \ 0x_1 + 0x_2 + 0x_3 = 0 \end{aligned}$$

x_1	x_2	x_3	RS	
2	1	−2	−3	$\|\cdot 1$
2	−2	1	0	$\|\cdot(-1)$
0	0	0	0	
2	1	−2	−3	
0	1	−1	−1	
0	0	0	0	

	2	1	−2	−3
	−2	2	−1	0
	0	3	−3	−3
bzw.	0	1	−1	−1

Aufgabe 34
S. 166
Fortsetzung

3

Wir wählen $x_3 = t \in \mathbb{R}$ als Parameter und erhalten damit aus der zweiten Zeile:

$$1x_2 - 1 \cdot t = -1 \quad \Rightarrow \quad x_2 = -1 + t$$

Mit $x_2 = -1 + t$ und $x_3 = t$ folgt aus der ersten Zeile:

$$\begin{aligned} 2x_1 + 1 \cdot (-1 + t) - 2 \cdot t &= -3 \\ 2x_1 - 1 + t - 2t &= -3 \\ 2x_1 &= -3 + 1 + t \\ 2x_1 &= -2 + t \quad \Rightarrow \quad x_1 = -1 + \frac{1}{2} \cdot t \end{aligned}$$

Lösung:

$$\left.\begin{aligned} x_1 &= -1 + t \cdot \left(\frac{1}{2}\right) \\ x_2 &= -1 + t \cdot (1) \\ x_3 &= 0 \quad + t \cdot (1) \end{aligned}\right\} \qquad h\colon \vec{x} = \begin{pmatrix} -1 \\ -1 \\ 0 \end{pmatrix} + t \cdot \begin{pmatrix} \frac{1}{2} \\ 1 \\ 1 \end{pmatrix},\ t \in \mathbb{R}$$

Wenn Sie den Richtungsvektor der Schnittgeraden h verdoppeln, dann erhalten Sie eine vektorielle Parameterform für h ohne Brüche:

$$h\colon \vec{x} = \begin{pmatrix} -1 \\ -1 \\ 0 \end{pmatrix} + s \cdot \begin{pmatrix} 1 \\ 2 \\ 2 \end{pmatrix},\ s \in \mathbb{R}$$

A

Abhängigkeit, lineare 26 ff.
Abstand 21
–, Lotabstand 127
– paralleler Geraden im $\mathbb{R}^2$ 120
– paralleler Geraden im $\mathbb{R}^3$ 141
– Punkt – Ebene 113, 153 f.
– Punkt – Gerade im $\mathbb{R}^2$ 113, 126 f.
– Punkt – Gerade im $\mathbb{R}^3$ 139, 162 f.
– windschiefer Geraden 141 ff., 154 ff.
Abstandsformel 113
Achsenabschnittsform
– einer Ebene 109
– einer Geraden im $\mathbb{R}^2$ 92
Addition von Vektoren 14 f.
analytisch 85
assoziativ 17
Aufpunkt 86

B

Basis 35
– eines Vektorraums 35
–, kanonische 35
Basisvektor 35

C

CRAMER'sche Regel 68

D

Determinante 62
Dimension eines Vektorraums 36
Dreibein 64
Dreiecksregel 15
Durchgangsgleichung 88
Durchstoßpunkt 98, 160 f.

E

Ebenen
–, Achsenabschnittsform 109
–, besondere 110 f.
–, gegenseitige Lage von 146 f.
–, Gleichung aufstellen 102 ff.
–, Normalenform 100 ff.
–, Schnittgerade zweier Ebenen 149 ff.
–, vektorielle Parameterform 99 f.
–, winkelhalbierende 158
echt parallel 119
Einheitspunkte 7, 8
Einheitsvektor 25 f.

F

Flächeninhalt
– eines Dreiecks 57 f.
– eines Parallelogramms 57 f.

G

GAUSS'sches Eliminationsverfahren 72 ff., 76 ff.
Gegenvektor 16
Geraden im Raum 94
– als Punktmenge 97 f.
–, gegenseitige Lage 132 f.
–, Gleichungen der Koordinatenachsen 96 f.
–, Gleichungen der Koordinatenebenen 109
–, Koordinatengleichungen 95

–, Schnittpunkt berechnen 134 f.
–, Schnittwinkel 137 f.
–, vektorielle Parameterform 94
Geraden in der Ebene 118 ff.
–, Achsenabschnittsform 92
– als Punktmenge 91 f.
–, gegenseitige Lage 118
–, identische Geraden 118
–, Normalenform 88
–, parallele 119
–, Schnittwinkel 122 ff.
–, Steigungsform 93
–, Ursprungsgeraden 121 f.
–, vektorielle Parameterform 86
–, winkelhalbierende 129 f.
getrennt parallel 119
Gleichheit
– von Vektoren 13
– von Zahlentripeln 13
Gleichungssysteme 66 ff.
–, CRAMER'sche Regel 68
–, GAUSS'sches Eliminationsverfahren 72 ff., 76 ff.
–, homogene 84
–, inhomogene 84
– in drei Variablen 76 f.
– in zwei Variablen 66
–, überbestimmte 135
Gruppe 17

H

harmonische Teilung 48 f.
Hauptdiagonale 62
HESSE-Form 126
HESSE'sche Normalenform 115 ff.
homogene Gleichung 84, 121

K

kanonische Basis 35
kartesisches Koordinatensystem 7
kommutativ 17, 51
kommutative Gruppe 17
komplanar 30, 64
Komponenten 32, 34
Koordinaten 7, 12
Koordinatengleichungen 95
Koordinatensystem 7
Kreuzprodukt s. Vektorprodukt 60 ff.

L

Länge eines Vektors 20 f.
linear 66
lineare Abhängigkeit 26 ff.
lineare Unabhängigkeit als Beweisprinzip 37 ff.
Linearkombination 27
Lotabstand 113, 127
Lotfußpunkt 112
Lotvektor 111, 113

M

Matrix 62
Mittelpunkt einer Strecke 46
Multiplikation
–, S-Multiplikation 22 f.

N

Nebendiagonale 62
Normalenform
– einer Ebene 100 ff.
– einer Geraden im $\mathbb{R}^2$ 88
Normalenvektor 87, 101
Nullvektor 11 f., 16
Nullzeile 82

O

Ortsvektor 10

P

parallelgleich 11
Parallelogramm 20, 24, 57 f.
Pfeil 10
Pfeiladdition 14
Projektion eines Vektors 54 f.

R

Rauminhalt 64
Raute 144
Rechtsschraube 8, 61
Rechtssystem 8, 61
Repräsentant 12
Richtungseinheitsvektor 144
Richtungsvektor 86

S

S-Multiplikation 22 f.
Schnittgerade zweier Ebenen 146, 149 ff.
Schnittwinkel 122 ff., 137 f., 148
Schwerpunkt 41
Seitenhalbierende 38
senkrechte Projektion 54
Skalar 22, 50
Skalarfaktor 27
Skalarprodukt 50 ff.
–, gemischtes 64
Spaltendarstellung von Vektoren 12
Spat 64
Spatprodukt 64
Spiegelpunkt 128 f.
Standardbasis 35
Steigungsform 93
Strecke
–, Teilung 43
Subtraktion eines Vektors 18
Summenvektor 15

T

Teilpunkt 43
Teilung 43
–, harmonische 48 f.
Teil(ungs)verhältnis 44
Trapezform 75
Tripel 9
triviale Lösung 84

U

überbestimmt 135
umkehrbar eindeutig 8
Ursprung 7
Ursprungsgerade 121 f.

V

Vektoraddition 14 f.
Vektoren 10 ff.,
–, Gleichheit 13
–, Länge 20
–, Spaltendarstellung 12
vektorielle Parameterform
– einer Ebene 99 f.
– einer Geraden 86, 94
Vektorgleichung 86
Vektorkette 15
–, geschlossene 16
Vektorprodukt 60 ff.
–, praktische Berechnung 62
Vektorraum 35
Verbindungsvektor 21
–, Länge berechnen 21
Volumen eines Spats 64

W

windschiefe Geraden 132, 135
–, Abstand 141 ff., 154 f.
–, Winkel 138 f.

Winkel
– **zwischen Gerade und Ebene** 164 f.
– **zwischen windschiefen Geraden** 138 f.
– **zwischen zwei Ebenen** 148 f.
– **zwischen zwei Geraden** 122 ff.
– **zwischen zwei Vektoren** 52 f.
winkelhalbierende Ebenen 158 f.
winkelhalbierende Geraden
– **im Raum** 144 f.
– **in der Ebene** 129 f.
Winkelmessung 53

Z

Zahlenpaar 7
Zahlentripel 9